高等职业教育机电类专业"十三五"规划教材

电气控制与 PLC 应用技术
（西门子系列）

文晓娟　陈光伟　主编

王丽平　岳丽敏　李春亚　王文超　参编

中国铁道出版社有限公司

CHINA RAILWAY PUBLISHING HOUSE CO., LTD.

内 容 简 介

本书是将继电器-接触器控制系统与 PLC 控制系统结合起来,根据职业院校人才培养的目标和特点,结合专业教学的实践经验,以项目化教学的原则编写而成的。全书共分 8 个项目,内容包括:认识低压电器、电动机的基本控制、典型机械设备电气控制系统、了解 PLC 基础知识、西门子 S7-200 PLC 的基本指令及应用、S7-200 PLC 的功能指令及应用、PLC 通信与网络、PLC 综合实训。各项目的排列顺序由易到难,由浅入深,结合相应的项目训练,将知识目标和能力目标贯穿于一体,可充分满足职业教育工学结合的要求。

本书适合作为高等职业院校自动控制、电气技术、机电一体化及相关专业的教材,也可以作为从事电气控制技术、PLC 程序设计及维护开发等工程技术人员的参考书。

图书在版编目(CIP)数据

电气控制与 PLC 应用技术:西门子系列/文晓娟,陈光伟主编. —北京:中国铁道出版社,2017.8(2020.8 重印)
高等职业教育机电类专业"十三五"规划教材
ISBN 978-7-113-23105-7

Ⅰ. ①电… Ⅱ. ①文… ②陈… Ⅲ. ①电气控制-高等职业教育-教材②PLC 技术-高等职业教育-教材 Ⅳ. ①TM571. 2 ②TM571. 61

中国版本图书馆 CIP 数据核字(2017)第 164878 号

书　　名:电气控制与 PLC 应用技术(西门子系列)
作　　者:文晓娟　陈光伟

策　　划:何红艳　　　　　　　　　　读者热线:(010)83552550
责任编辑:何红艳　彭立辉
封面设计:付　巍
封面制作:刘　颖
责任校对:张玉华
责任印制:樊启鹏

出版发行:中国铁道出版社有限公司(100054,北京市西城区右安门西街 8 号)
网　　址:http://www.tdpress.com/51eds/
印　　刷:北京建宏印刷有限公司
版　　次:2017 年 8 月第 1 版　　2020 年 8 月第 4 次印刷
开　　本:787 mm×1 092 mm　1/16　印张:18.25　字数:470 千
印　　数:3 501~4 000 册
书　　号:ISBN 978-7-113-23105-7
定　　价:43.00 元

　　"电气控制与 PLC 应用技术"是高等职业院校电类专业最重要的专业基础课程之一，包含电气控制技术和可编程控制器原理及应用两部分内容。本书根据高等职业院校人才培养目标，结合专业教育教学改革与实践经验，本着"教、学、做"一体化的原则而编写。

　　本书在编写过程中力求突出以下特色：

　　①采用项目形式编写，将知识点贯穿于各个项目中，每个项目都由学习目标、相关知识、项目训练、习题等环节组成，内容由浅入深，实现理论与实践一体化的教学。

　　②每个项目中的项目训练，都是从社会生活、工作需求中提取的实际项目，将知识点和实做能力紧密结合，注重培养学生实际动手能力和解决工程实际问题的能力，突出高等职业教育的应用特色和能力本位。

　　③本书电气控制部分采用电气系统文字表示符号国家标准（GB/T 5094—2003、2005 和 GB/T 20939—2007），PLC 部分选用 SIEMENS 公司 S7-200 为对象讲解可编程控制器的原理及应用，保证了在电气控制技术及可编程控制器教学方面的先进性与实用性。

　　本书共分为 8 个项目，其中：项目一主要讲解开关电器、熔断器、主令电器、接触器、继电器等常用低压电器的基础知识；项目二主要讲解电气控制电路制图与识图方法，三相异步电动机的启动控制、制动控制、正反转控制、调速控制及其他控制电路，以及正反转电路和星形-三角形降压启动控制线路的装调训练；项目三主要讲解普通车床、铣床、桥式起重机 3 种典型机械设备电气控制系统；项目四主要讲解 PLC 的基本知识，以及 S7-200 PLC 基本模块的使用；项目五主要讲解 S7-200 PLC 的基本指令及应用，包括梯形图编程的基本规则、基本逻辑指令、定时器与计数器指令、比较指令、程序控制类指令，以及相关的实验；项目六主要讲解 S7-200 PLC 的主要功能指令；项目七主要讲解 PLC 通信与网络；项目八列出一些 PLC 综合实训，供实训教学参考使用。

　　本书由郑州铁路职业技术学院文晓娟、陈光伟任主编，王丽平、岳丽敏、李春亚、王文超参与编写。具体编写分工如下：李春亚编写项目一，文晓娟编写项目二，王文超编写项目三、项目四，王丽平编写项目五，陈光伟编写项目六、项目七，岳丽敏编写项目八。郑州铁路职业技术学院戴明宏、张君霞审阅了全书并提出了许多宝贵意见和建议。

　　尽管编者在编写本书时做出了很大努力，但由于水平有限，书中难免存在疏漏与不妥之处，恳切希望读者在使用本书的过程中给予关注，将意见和建议及时反馈给我们，以便修订时加以完善。

编　者

2017 年 4 月

绪论

电气控制技术是一项在生产过程、科学研究，以及其他各个领域应用十分广泛的技术，是在以生产机械的驱动装置——电动机为控制对象，以微电子装置为核心，以电力电子装置为执行机构而组成的电气控制系统中，按规定的规律调节电动机的转速或转向，使之满足生产工艺最佳要求的技术。它具有提高效率、降低能耗、提高产品质量、降低劳动强度的最佳效果。

1. 电气控制技术的发展

19 世纪末，发电机和各类电动机相继问世，揭开了电气控制技术的序幕。20 世纪初，电动机逐步取代蒸汽机用来驱动生产机械，拖动方式由集中拖动发展为单独拖动。为了简化机械传动系统，采用了一台机器的几个运动部件由几台电动机分别拖动的方式，这种方式称为多电机拖动。在这种情况下，机器的电气控制系统不但可对各台电动机的启动、制动、反转、停车等进行控制，还具有对各台电动机之间实行协调、连锁、顺序切换、显示工作状态的功能。对生产过程比较复杂的系统还要求对影响产品质量的各种工艺参数如温度、压力、流量、速度、时间等能够自动测量和自动调节，这样就构成了功能相当完善的电气自动化系统。到 20 世纪 30 年代，继电器、接触器、按钮、开关等元器件已经形成了功能齐全的多种系列，基本控制已形成规范，并可以实现远距离控制。这种主要由继电器、接触器、控制按钮等电器元件组成的控制系统称为继电器-接触器控制系统。

继电器-接触器控制系统取代了传统的手动控制方式，具有结构简单、价格低廉、抗干扰能力强等优点，在 20 世纪 70 年代之前应用十分广泛，至今仍在许多简单的机械设备中应用。但这种控制系统缺点也非常明显，它采用固定的硬接线方式来完成控制逻辑，具有单一性。另外，由于机械式触点工作频率低，易损坏，工作可靠性较低。在工业生产现场，随着产品机型的更新换代，生产线承担的加工对象也随之改变，这就需要改变控制程序，使生产线的机械设备按新的工艺过程运行。为了解决这个问题，20 世纪 60 年代初期利用电子技术研制出矩阵式顺序控制器和晶体管逻辑控制系统来代替继电器-接触器控制系统，对复杂的自动控制系统则采用电子计算机控制，由于控制装置体积大，功能少，并未得到广泛的应用。

随着微处理器和大规模集成电路的发展和应用，在 1969 年美国数字设备公司（DEC）率先研制出世界上第一台可编程控制器（PLC）。它把计算机的完备功能以及灵活性、通用性好等优点和继电器-接触器控制系统的简单易懂、操作方便、价格便宜等优点结合起来，做成一种能适应工业环境的通用控制装置，同时依据现场电气操作维护人员和工程技术人员的技能和习惯，把编程方法和程序输入方式加以简化，使得不熟悉计算机的人员也能很快掌握它的使用技术。从此以后，许多国家的著名厂商竞相研制，各自形成系列，而且品种更新很快，功能不断增强，从最初的逻辑控制为主发展到能进行模拟量控制，具有数据运算、数据处理和通信联网等多种功能。PLC还具有可靠性高的优点，平均无故障运行时间可达 10 万小时以上，可以大大减少设备维修费用和停产造成的经济损失。当前，PLC 已经成为电气自动控制系统中应用最广泛的核心装置。

电气控制技术综合了计算机、自动控制、电子技术和精密测量等许多先进科学技术成果。目前,PLC、CAD/CAM 和机器人技术组成了当代工业自动化应用技术领域的三大支柱。

2. 本课程的性质与任务

本课程是一门实用性很强的专业课。电气控制技术在生产过程、科学研究和其他各个领域的应用十分广泛。本课程的主要内容是以电动机或其他执行电器为控制对象,介绍和讲解继电器-接触器控制系统和可编程控制器控制系统的工作原理、设计方法和实际应用。其中,可编程控制器的飞速发展和其强大的功能,使它已成为实现工业自动化的主要手段之一。所以,本课程重点是可编程控制器,但这并不意味着继电器-接触器控制系统就不重要。这是因为:首先,继电器-接触器控制在小型电气系统中还普遍使用,而且它是组成电气控制系统的基础;其次,尽管可编程控制器取代了继电器,但它所取代的主要是逻辑控制部分,而电气控制系统中的信号采集和驱动输出部分仍然要由电气元器件及控制电路来完成。所以,对继电器-接触器控制系统的学习是非常必要的。该课程的目标是让学生掌握一门非常实用的工业控制技术,以及培养和提高学生的实际应用和动手能力。

电气控制技术是机电类专业学生所必须掌握的基础实际应用课程之一,具体要求如下:

①熟悉常用控制电器的工作原理和用途,达到正确使用和选用的目的,并了解一些新型元器件的用途。

②熟练掌握电气控制电路的基本环节,并具备阅读和分析电气控制电路的能力,从面能设计简单的电气控制电路,较好地掌握电气控制电路的简单设计方法。

③了解电气控制电路分析的步骤,熟悉典型生产设备的电气控制系统的工作原理。

④了解电气控制电路设计的基础,能够根据要求设计出一般的电气控制电路。

⑤掌握 PLC 的基本原理及编程方法,能够根据工艺过程和控制要求进行系统设计和编制应用程序。

⑥具有设计和改进一般机械设备电气控制线路的基本能力。

⑦具有调试、维护 PLC 控制系统的基本能力。

项目一 认识低压电器

 **学习目标**

- 掌握常用低压电器的工作原理。
- 掌握常用低压电器的符号与作用。
- 熟悉常用低压电器的应用场合。
- 能够对常用低压电器进行选型。

随着科学技术的飞速发展、工业自动化程度的不断提高,低压电器作为基本元件广泛运用于发电厂、变电所、交通运输等电力输送配电系统。低压供电的输送、分配和保护,以及设备的运行和控制是靠低压电器来实现的,因此低压电器的控制技术和质量水平直接影响低压供电系统和控制系统的质量。本项目主要介绍常用低压电器的工作原理、型号、图形符号、规格和用途等相关知识。

相关知识

一、低压电器基本知识

1. 低压电器的分类

电器按其工作电压等级可分为高压电器和低压电器。低压电器是指工作在交流 50 Hz、额定电压 1 200 V 或直流额定电压 1 500 V 及以下的电路中起通断、保护、控制或调节作用的电器产品。低压电器种类繁多、结构各异、功能多样、用途广泛。电器分类方法很多,下面介绍低压电器的常用分类方法。

按动作方式可分为手动电器(依靠外力直接操作进行切换的电器,如刀开关、转换开关、按钮等)和自动电器(依靠指令或物理量变化而自动动作的电器,如接触器、继电器等);按执行机理可分为触点电器和无触点电器;按工作原理可分为电磁式电器(利用电磁感应原理通过触点接通或分断电路)和非电量控制电器(靠非电量的变化而动作,如时间、压力、温度等);按用途可分为配电电器、主令电器、保护电器、执行电器。

按控制对象不同可分为以下几类:

①低压配电电器主要用于低压配电系统中,实现电能输送、分配及电路和用电设备的保护等作用,包括刀开关、自动开关、熔断器和断路器等。主要技术要求是分断能力强、工作可靠,有足够的动稳定及热稳定性能。

②低压控制电器主要用于电气控制系统中,实现发出命令、控制系统状态及执行动作等作用。这类电器有接触器、继电器、行程开关、主令电器等。主要技术要求是使用寿命长、具有一定的通断能力、操作频率高、维修方便。

有些低压电器具有双重作用,如低压断路器既能实现短路、过载及欠电压保护,又能控制电路的通断。

2. 低压电器的作用

电器作为构成控制系统的最基本元件，其性能好坏直接影响控制系统能否正常工作。电器能够依据操作信号或外界现场信号的要求，自动或手动地改变系统的状态、参数，实现对电路或被控对象的控制、保护、测量、指示、调节。它的工作进程是将一些电量信号或非电量信号转变为非通即断的开关信号或随信号变化的模拟量信号，实现对被控对象的控制。

在实际应用中，低压电器能够实现电梯的上下移动及快慢速自动切换，电动机的过热保护、电网的短路保护、漏电保护，电流、功率、转速、温度、压力等的测量，电动机速度的调节、柴油机节气门的调整，绝缘检测等作用。随着科学技术的发展，低压电器的作用将越来越完善，新功能、新设备会不断出现。

常用低压电器的主要种类及用途如表 1-1 所示。

表 1-1　常用低压电器的主要种类及用途

序　号	类　别	主要品种	主要用途
1	断路器	框架式断路器	主要用于电路的过载、短路、欠电压、漏电保护，也可用于不需要频繁接通和断开的电路
		塑料外壳式断路器	
		快速直流断路器	
		限流式断路器	
		漏电保护式断路器	
2	接触器	交流接触器	主要用于远距离频繁控制负载，切断带电负荷电路
		直流接触器	
3	继电器	电磁式继电器	主要用于控制电路中，将被控量转换成控制电路所需电量或开关信号
		时间继电器	
		温度继电器	
		热继电器	
		速度继电器	
		干簧继电器	
4	熔断器	瓷插式熔断器	主要用于电路短路保护，也用于电路的过载保护
		螺旋式熔断器	
		有填料封闭管式熔断器	
		无填料封闭管式熔断器	
		快速熔断器	
		自复式熔断器	
5	主令电器	控制按钮	主要用于发布控制命令，改变控制系统的工作状态
		位置开关	
		万能转换开关	
		主令控制器	
6	刀开关	胶盖闸刀开关	主要用于不频繁地接通和分断电路
		封闭式负荷开关	
		熔断器式刀开关	

序　号	类　别	主要品种	主要用途
7	转换开关	组合开关	主要用于电源切换,也可用于负荷通断或电路切换
		换向开关	
8	控制器	凸轮控制器	主要用于控制回路的切换
		平面控制器	
9	启动器	电磁启动器	主要用于电动机的启动
		星形-三角形启动器	
		自耦降压启动器	
10	电磁铁	制动电磁铁	主要用于起重、牵引、制动等场合
		起重电磁铁	
		牵引电磁铁	

3. 低压电器的基本结构特点

低压电器一般都有两个基本部分。一是感测部分:它感测外界的信号做出有规律的反应;在自动电器中感测部分大多由电磁机构组成;在手动电器中,感测部分通常为操作手柄等。二是执行部分,如触点是根据指令进行电路的接通或切断的。

二、开关电器

开关电器主要用于低压配电系统及电气控制系统中,对电路和电气设备进行不频繁地接通或分断控制电路或直接控制小容量电动机,也可以用来隔离或自动切断电源而起到保护作用。开关电器应用十分广泛,种类很多,主要包括刀开关、组合开关、低压断路器等。

1. 刀开关

刀开关是具有刀形触片的各类开关电器的总称,可分为不带熔断器式和带熔断器式两大类,用于隔离电源和无负载情况下的电路转换,其中后者还具有短路保护功能。常用的刀开关有开启式负荷开关和封闭式负荷开关两种。

开启式负荷开关又称瓷底胶盖刀开关,它由刀开关和熔断器组合而成,常用作照明电路的电源开关或用于 5.5 kW 以下三相异步电动机不频繁启动和停止的控制开关。常用的开启式负荷开关有 HK1、HK2 系列,如图 1-1 所示。

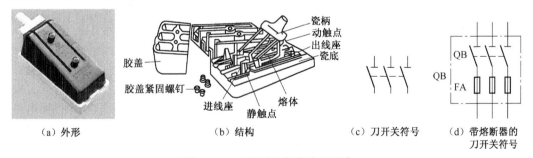

（a）外形　　　　（b）结构　　　　（c）刀开关符号　　（d）带熔断器的
刀开关符号

图 1-1　HK 系列瓷底胶盖刀开关

开启式负荷开关具有实用方便,价格低廉等优点。但在控制电动机时易出现一相熔丝熔断,电动机由于缺相运行而烧坏的现象,且该开关无灭弧装置,分断大电流时产生的电弧很大,易出现人身安全事故,现已逐渐被塑料外壳式低压断路器取代。

封闭式负荷开关是将一个三极刀开关与 3 个熔断器串联组装在一个铁壳内,故又称铁壳开关。封闭式负荷开关可用于配电电路中作电源开关、手动不频繁地接通或断开带负荷电路,还可作为小型异步电动机的非频繁全压启动的控制开关。常用的封闭式负荷开关有 HH 系列,如图 1-2 所示。

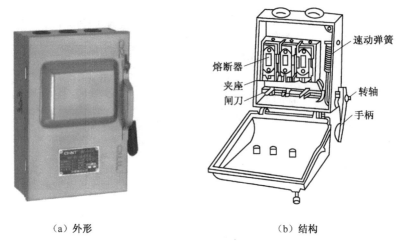

（a）外形　　　　　　　　　　　　　（b）结构

图 1-2　HH 系列封闭式负荷开关

负荷开关在选用时的注意事项:

①负荷开关的额定电压应大于或等于负载的额定电压。

②对于照明或电热电路,负荷开关的额定电流等于或大于被控制电路中各负载的额定电流之和。

③对于电动机电路,根据经验,开启式负荷开关的额定电流一般是电动机额定电流的 3 倍;封闭式负荷开关的额定电流一般是电动机额定电流的 1.5 倍。

④为保证可靠灭弧及用电安全,封闭式负荷开关不宜用于电流超过 60 A 以上负载的控制。

负荷开关在安装时的注意事项:

①负荷开关不准横装或倒装,更不允许将开关放在地面上使用,而必须垂直地安装在控制柜或开关板上;开启式负荷开关闸刀在合闸状态时,手柄应朝上,不准倒装或平装。

②负荷开关安装接线时,应注意电源进线和出线不能接反。开启式负荷开关电源进线应接在静触点一边的进线端(进线座在上方),而用电设备应接在动触点一边的出线端(出线座在下方),即“上进下出”,不准颠倒,以方便更换熔断器及确保用电安全。封闭式负荷开关接线时,电源线接在静触座的接线端上,负载则接在熔断器一端,不得接反,确保操作安全。

③封闭式负荷开关安装时应保证外壳可靠接地,以防漏电而发生意外。

2. 组合开关

组合开关因其可实现多组触点组合,故又称转换开关,是一种变形刀开关,结构上用动触片代替了闸刀,以左右旋转代替刀开关的上下分合动作,有单极、双极和多极之分。组合开关安装尺寸小,操作方便,多用于不频繁接通和断开电路,或无电切换电路。例如,用作机床照明电路的控制开关,或 5 kW 以下小容量电动机的启动、停止和正反转控制。

常用的组合开关型号有 HZ 等系列。图 1-3(a)、(b)所示为 HZ-10/3 型组合开关的外形与结构,其图形符号如图 1-3(c)所示。HZ-10/3 型组合开关共有三副静触片,每一副静触片的一边固定在绝缘垫板上,另一边则伸出盒外,并附有接线螺钉,以便和电源及用电器相连接。3 个动触片装在另外的绝缘垫板上,并套在方轴上,通过手柄可使方轴作 90°的正反向转动,并带动 3 个动触片分别与对应的三副静触片保持接通或断开。在开关转轴上装有扭簧储能机构,使开关能快速闭合或分断,有效地抑制了电弧过大。

组合开关在选用时,可根据电压等级、额定电流大小和所需触点数选定。

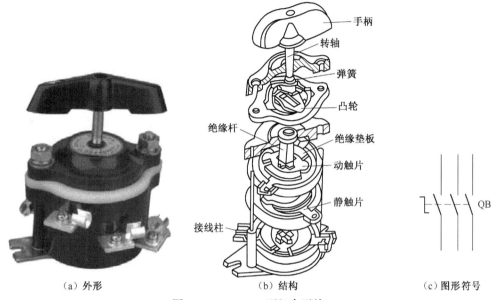

（a）外形　　　　　　　　　　　（b）结构　　　　　　　（c）图形符号

图1-3　HZ-10/3型组合开关

3. 低压断路器

低压断路器,简称断路器。它是一种既可用来接通和分断负载电路,又具有电路自动保护功能的低压电器,用于电动机或其他用电设备做不频繁通断操作的电路转换。低压断路器具有多种保护功能,当电路发生过载、短路、欠电压、失电压等非正常情况时,能自动切断与它串联的电路,有效地保护故障电路中的用电设备。漏电保护断路器除具备一般断路器的功能外,还可以在电路出现漏电(如人触电)时自动切断电路进行保护。由于低压断路器具有动作电流可调、分断能力高、操作方便、安全等优点,在各种电气控制系统中得到广泛应用。

（1）低压断路器的结构和工作原理

低压断路器主要由操作机构、触点系统、灭弧装置、保护装置(各种脱扣器)及外壳等组成。图1-4所示为常见自动空气开关的外形。

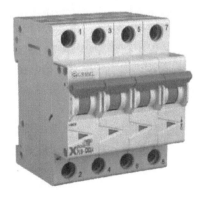

图1-4　常见自动空气开关的外形

　　图 1-5 所示为低压断路器的工作原理图及图形符号。其中,图 1-5(a)中的 2 是自动空气断路器的三对主触点,与被保护的三相主电路相串联。

　　当电路正常工作,按下接通按钮时,在外力的作用下,锁链 3 克服弹簧 1 的斥力,将固定在锁链上的动触点与静触点闭合,锁链钩住搭钩 4,主电路处于接通状态。

　　当主电路发生短路或产生较大电流时,电磁脱扣器 6 中线圈所产生的电磁吸合力随之增大,直至将衔铁 8 吸合,并推动杠杆 7,把搭钩 4 顶离。在弹簧 1 的作用下主触点断开,切断主电路,起到保护作用。

　　当电路电压严重下降或消失时,欠电压脱扣器 11 中的吸力减少或失去吸力,衔铁 10 被弹簧 9 拉开,推动杠杆 7,将搭钩 4 顶开,断开主触点。

　　当电路发生一般过载时,过载电流虽不能使电磁脱扣器 6 动作,但能使产生一定的热量,使双金属片 12 受热向上弯曲,将杠杆 7 推动,锁链 3 与搭钩 4 脱开,断开主触点,从而起到保护作用。

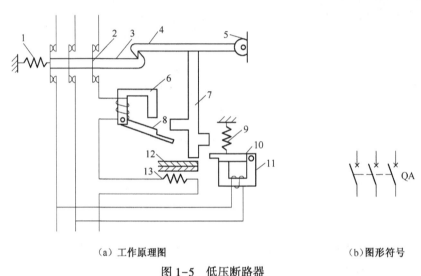

(a)工作原理图　　　　　　　　　　　　　(b)图形符号

图 1-5　低压断路器

1,9—弹簧;2—主触点;3—锁链;4—搭钩;5—轴;6—电磁脱扣器;7—杠杆;8、10—衔铁;

11—欠电压脱扣器;12—双金属片;13—发热元件

　　(2)智能化低压断路器

　　随着电气设备的智能化发展,对低压断路器的性能有了更高的要求,新型智能化的断路器成为发展趋势。传统断路器的保护功能是利用了热效应或电磁效应原理,通过机械结构动作来实现的。智能化的断路器采用了以微处理器或单片机为核心的智能控制器(智能脱扣器),它不仅具有普通断路器的各种保护功能,同时还具有实时显示电路中各种电气参数(如电流、电压、功率因数等),对电路进行在线监测、试验、自诊断和通信等功能;还能够对各种保护功能的动作参数进行显示、设置和修改。将电路动作时的故障参数存储在非易失存储器中以便查询。智能化断路器的原理框图如图 1-6 所示。

　　目前,国内生产的智能化断路器有框架式和塑料外壳式两种。框架式断路器主要用于智能化自动配电系统中的主断路器;塑料外壳式断路器主要用在配电网络中分配电能和作为电路及配电设备的控制和保护,也可用作三相笼形异步电动机的控制。图 1-7 所示为 CFW45 系列智能型框架断路器。

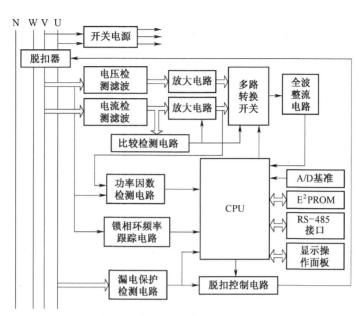

图 1-6 智能化断路器的原理框图

（3）低压断路器的类型及其主要参数

低压断路器的分类方式有多种，按极数可分为：单极、两极、三极和四极；按保护形式可分为：电磁脱扣器式、热脱扣器式、复合脱扣器式和无脱扣器式，其中以复合脱扣器式最为常用；按分断时间可分为：一般式和快速式（先于脱扣机构动作，脱扣时间在 0.02 s 以内）；按结构形式可分为：塑壳式、框架式和模块式等。

目前，国内常用的塑料外壳式断路器有 DZ5、DZ10、DZ15、DZ20、DW10、DW15 等系列，低压断路器的型号意义如下：

图 1-7 CFW45 系列智能型框架断路器

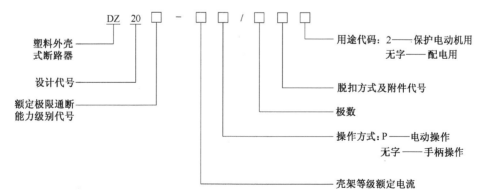

低压断路器的主要技术参数除额定电压、额定电流（脱扣额定电流）之外，还有：

①壳架等级额定电流是指同一规格的断路器中能装的最大脱扣器额定电流。

②额定极限短路分断能力（I_{CN}）是指断路器在规定试验电压及其他规定条件下的极限短路分

断电流值,可用预期短路电流表示。

③额定运行短路分断能力(I_{CS})是指断路器在规定试验电压及其他规定条件下的一种比 I_{CN} 小的分断电流值,不同使用类别下的 I_{CS} 和 I_{CN} 标准比例关系的数据系列可查阅相关手册。

选用低压断路器的一般原则:

①低压断路器的额定电压不低于电路的额定电压。

②低压断路器的额定电流不小于负载电流。

③热脱扣器的整定电流不小于负载额定电流。

④极限分断能力不小于电路中最大短路电流。

⑤电磁脱扣器的瞬时脱扣整定电流应大于负载电路正常工作时的最大电流。保护电动机时,电磁脱扣器的瞬时脱扣整定电流为电动机启动电流的 1.7 倍。

⑥欠压脱扣器额定电压应等于电路额定电压。

三、熔断器

熔断器是一种简单而有效的保护电器,主要用于低压配电系统和电力拖动系统中,起短路保护作用。使用时串联在被保护的电路中,当电路发生短路故障时,通过熔断器的电流达到或超过某一规定值时,以其自身产生的热量使熔体熔断,从而自动分断电路,起到保护作用。熔断器与开关电器组合可构成各种熔断器组合电器,使开关电器具有短路保护功能。

熔断器主要由熔体(俗称保险丝)、安装熔体的熔管和熔座三部分组成。熔体作为熔断器的核心,其常用材料分为两种:一种采用低熔点的铅、铅锡合金或锌等材料所制成,多用于小电流电路;另一种采用较高熔点的银铜等金属制成,多用于大电流电路。

熔断器按其结构形式可分为半封闭插入式、无填料封闭管式、有填料封闭管式和快速熔断器四种。

1. 熔断器的结构和类型

(1)RC1A 系列瓷插式熔断器的结构

常用的插入式熔断器为 RC1A 系列,俗称"瓷插保险",其外形和结构如图 1-8 所示。RC1A 熔断器由动触点、熔丝、瓷座、静触点和瓷盖五部分组成。该熔断器分断能力较小,主要用于交流 50 Hz、额定电压 380 V 及以下、额定电流 220 A 及以下的低压电路的末端或分支电路中,作为电气设备的短路保护及一定程度的过载保护,多用于民用和照明电路中。

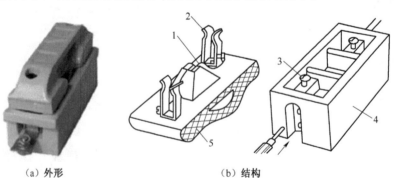

(a)外形　　　　　　　　　　　(b)结构

图 1-8　RC1A 系列瓷插式熔断器的外形和结构

1—熔丝;2—动触点;3—静触点;4—瓷座;5—瓷盖

(2)RL1 系列螺旋式熔断器的结构

RL1 系列螺旋式熔断器的外形和结构如图 1-9 所示,主要由瓷帽、金属螺管、指示器、熔断管、瓷套、下接线端、上接线端及瓷座等几部分组成,它属于有填料封闭管式熔断器。该系列熔断器熔管内装有石英砂或惰性气体,用于熄灭电弧,具有较高的分断能力,且带有熔断指示器,当熔体熔断时指示器弹出。

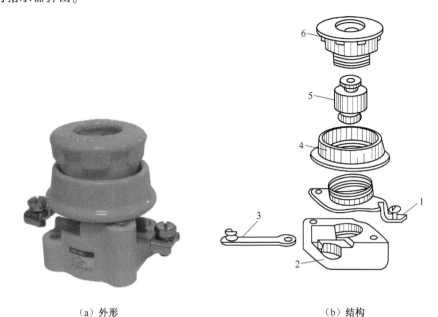

（a）外形　　　　　　　　　　　　（b）结构

图 1-9　RL1 系列螺旋式熔断器的外形和结构

1—上接线端;2—瓷座;3—下接线端;4—瓷套;5—熔断管;6—瓷帽

（3）其他熔断器

其他常见的熔断器还有 RT14 系列有填料封闭管式圆筒形帽熔断器、RM10 系列无填料封闭管式熔断器、RT0 系列有填料封闭管式熔断器、快速熔断器和自复式熔断器。

RT14 系列有填料封闭管式圆筒形帽熔断器适用于交流 50~60 Hz,额定电压 380 V,额定电流 63 A 以下的工业电气装置的配电设备中,作为电路严重过载和短路保护之用。常见 RT14 系列有填料封闭管式圆筒形帽熔断器外形如图 1-10 所示。

图 1-10　RT14 系列有填料封闭管式圆筒形帽熔断器

RM10 系列无填料封闭管式熔断器的外形和结构如图 1-11 所示,主要由夹座、钢纸管、黄铜套管、黄铜帽、插刀、熔体等组成。无填料封闭管式熔断器主要用作低压配电电路短路和过载保护,此类熔断器分断能力低,限流特性较差,优点是熔体拆卸方便。

RT0 系列有填料封闭管式熔断器的外形和结构如图 1-12 所示,主要由熔断指示器、石英砂填料、熔丝、插刀、熔体、夹座和熔管组成。它适用于交流 50 Hz、额定电压 380 V 或直流 440 V 及以下电压等级的动力网络和成套配电设备中,可作为导线、电缆及较大容量电气设备的短路和连续过载保护。有填料封闭管式熔断器具有较高的分断能力,限流特性好,保护特性稳定。

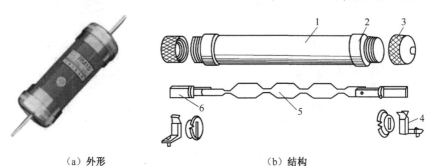

(a)外形　　　　　　　　　　　　　(b)结构

图 1-11　RM10 系列无填料封闭管式熔断器的外形和结构
1—钢纸管;2—黄铜套管;3—黄铜帽;4—夹座 ;5—熔体;6—插刀

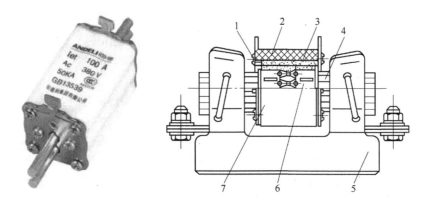

(a)外形　　　　　　　　　　　　　(b)结构

图 1-12　RT0 系列有填料封闭管式熔断器外形和结构
1—熔断指示器;2—石英砂填料;3—熔丝;4—插刀;5—熔体;6—夹座;7—熔管

快速熔断器又称半导体保护熔断器,主要用于半导体功率元件的过电流保护。其结构简单,使用方便,动作灵敏可靠。快速熔断器结构和有填料封闭管式熔断器结构基本相同,但熔体材料和形状不同。目前常用的快速熔断器有RS0、RS3、RLS2 等系列。

自复式熔断器是一种新型熔断器,如图 1-13所示。它以金属钠做熔体,在常温下钠的电阻很小,电导率高,允许通过正常的工作电流。当

图 1-13　常见自复式熔断器

电路发生短路故障时,短路电流产生的高温使钠迅速气化,气态钠呈高阻态,从而限制了短路电流。当故障排除后,温度下降,金属钠重新固化,恢复良好的导电性能。该熔断器的优点是能重复使用,不必更换熔体;缺点是只能限制故障电流,而不能分断故障电路。

（4）熔断器型号含义、图形符号和文字符号

熔断器型号含义如下:

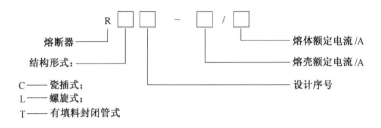

熔断器的图形符号和文字符号如图 1-14 所示。

图 1-14　熔断器的图形符号和文字符号

2. 熔断器的保护特性和主要技术参数

（1）熔断器的保护特性

熔断器的保护特性是指通过熔体的电流与熔体熔断时间的关系曲线,也称安秒特性,其规律是熔断时间与电流的二次方成反比,各类熔断器的保护特性曲线均不相同,与熔断器的结构形式有关。图 1-15 所示为一条熔断器的保护特性曲线。图中 I_{min} 称为最小熔化电流或临界电流,当流过的熔体电流等于 I_{min} 时,熔体能够达到稳定温度并熔断。I_N 为熔体额定电流,熔体在 I_N 下不会熔断,即熔体的额定电流 I_N 小于最小熔化电流 I_{min}。I_{min} 与 I_N 的比值称为最小熔化系数 β,通常取 1.6 左右,因此该系数是表征熔断器保护灵敏度的特性之一。

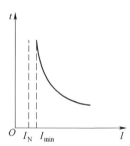

图 1-15　熔断器的保护
特性曲线

（2）熔断器的主要技术参数

在选择熔断器时,通常需要考虑以下主要技术参数:

①额定电压:指熔断器(熔壳)长期工作时以及分断后能够承受的电压值,其值取决于电路的额定电压,它必须大于或等于电路的额定电压。

②额定电流:指熔断器(熔壳)长期通过的、不超过允许温升的最大工作电流值,其值根据被保护的电路(支路)及设备的额定负载电流选择。

③极限分断能力:指熔断器在故障条件下,能够可靠地分断电路的最大短路电流值。

④熔体的额定电流:指熔体允许长期通过而不熔断的最大电流。

⑤熔体的熔断电流:指通过熔体并使其熔化的最小电流。

3. 熔断器的技术数据

常用熔断器的技术数据如表 1-2 所示。

表 1-2 常用熔断器的技术数据

型 号	熔管额定电压/V	熔管额定电流/A	熔体额定电流等级/A	短路分断能力/kA
RC1A-5		5	2、5	0.25
RC1A-10		10	2、4、6、10	0.5
RC1A-15		15	6、10、15	0.5
RC1A-30	~380 ~220	30	20、25、30	1.5
RC1A-60		60	40、50、60	3
RC1A-100		100	80、100	3
RC1A-200		200	120、150、200	3
RL1-15		15	2、4、6、10、15	2
RL1-60		60	20、25、30、35、40、50、60	3.5
RL1-100	~500	100	60、80、100	20
RL1-200	~380 ~220	200	100、125、150、200	50
RL2-25		25	2、4、6、15、20	1
RL2-60		60	25、35、50、60	2
RL2-100		100	80、100	3.5
RM10-15		15	6、10、15	1.2
RM10-60	~500	60	15、20、25、30、40、50、60	3.5
RM10-100	~380	100	60、80、100	10
RM10-200	~220	200	100、125、160、200	10
RM10-350	~440	350	200、240、260、300、350	10
RM10-600	~220	600	350、450、500、600	12
RM10-1 000		1000	600、700、850、1 000	12
RT0-50	~380	50	5、10、15、20、30、40、50	
RT0-100		100	30、40、50、60、80、100	
RT0-200		200	80、100、120、150、200	
RT0-400	~440	400	150、200、250、300、350、400	50
RT0-600		600	350、400、450、500、550、600	
RT0-1000	~380 ~440	1 000	700、800、900、1 000	
RT0-200	~1140	200	30、60、80、100、120、160、200	

4. 熔断器的使用及维护

①正确选用熔体及熔断器。有分支电路时，分支电路的熔体额定电流应比前一级小 2~3 级；对不同性质的负载，如照明电路、电动机电路的主电路和控制电路等，应尽量分别进行保护，装设单独的熔断器。

②安装熔断器时的注意事项。螺旋式熔断器安装时，必须注意将电源线接到瓷座的下接线端，以保证其安全；瓷插式熔断器在安装熔丝时，熔丝应顺着螺钉旋紧方向绕过去，同时应注意不

要划伤熔丝,也不要把熔丝绷紧以免减小熔丝截面尺寸或插断熔丝。

③拆换熔体注意事项。安装新熔体前,要找出熔体熔断原因,如果未确定熔断原因,不要拆换熔体试送;更换熔体时应切断电源,并应换上相同额定电流的熔体,不能随意加大熔体。

④常见熔断器故障。电动机启动瞬间熔体即熔断,其故障的原因一般是熔体安装时受损伤或熔体规格太小,以及负载侧短路或接地;熔丝未熔断但电路不通,其故障原因一般是熔体两端或接线端接触不良。

四、主令电器

主令电器是用来发布命令或信号、改变控制系统工作状态的电器,主要用来接通和分断控制电路,也可以通过电磁式电器的转换对电路实现控制。主令电器应用广泛,种类繁多,主要类型有控制按钮、行程开关、接近开关、万能转换开关、凸轮控制器、主令控制器等。

1. 控制按钮

控制按钮是一种结构简单、使用广泛的主令电器,用于短时间接通或断开小电流的控制电路,从而控制电动机或其他电器设备的运行。

(1)控制按钮的外形和结构

典型控制按钮的外形和结构如图 1-16 所示,它由常闭触点、桥式触点、常开触点、复位弹簧、按钮帽组成。常态时,在复位弹簧的作用下,由桥式动触点将静触点 3、7 闭合,静触点 5、6 断开;当按下按钮时,桥式动触点将 3、7 分断,5、6 闭合。其中,3、7 被称为常闭触点或动断触点,5、6 被称为常开触点或动合触点。

按照按钮的用途和触点的配置情况,可把按钮分为常开按钮、常闭按钮和复合按钮 3 种。按钮在停按后,一般能自动复位。在电气控制电路中,常开按钮常用来启动电动机;常闭按钮常用于控制电动机停车;复合按钮常用于连锁控制电路中。

控制按钮的图形符号和文字符号如图 1-17 所示。

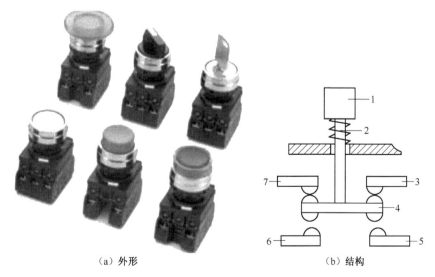

（a）外形　　　　　　　　（b）结构

图 1-16　典型控制按钮的外形和结构

1—按钮帽;2—复位弹簧;3、7—常闭触点;4—桥式触点;5、6—常开触点

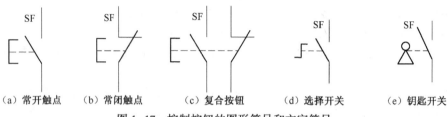

图 1-17　控制按钮的图形符号和文字符号

（2）控制按钮的型号及含义

常用的控制按钮型号有 LA2、LA18、LA19、LA20 及新型号 LA25 等系列。引进生产的有瑞士 EAO 系列、德国 LAZ 系列等。其中，LA2 系列有一对常开和一对常闭触点，具有结构简单、动作可靠、坚固耐用的优点。LA18 系列按钮采用积木式结构，触点数量可按需要进行拼装。LA19 系列为按钮开关与信号灯的组合，按钮兼作信号灯灯罩，用透明塑料制成。新型的按钮不但要求动作精度高，通断绝对可靠，电气性能良好，而且还要求造型新颖美观、手感好、功能齐全、安装使用方便。

LA25 系列按钮的型号意义如下：

为标明各个按钮的作用，避免误操作，通常将按钮帽做成红、绿、黑、黄、蓝、白、灰等色。颜色的使用符合国家标准 GB 5226.1—2008：

①“停止”和“急停”按钮必须是红色。当按下红色按钮时，必须停止工作或断电。

②“启动”按钮的颜色是绿色。

③“启动”与“停止”交替动作的按钮必须是黑色、白色或灰色，不得用红色和绿色。

④“点动”按钮必须是黑色。

⑤“复位”按钮（如保护继电器的复位按钮）必须是蓝色。当复位按钮兼具“停止”作用时，则必须是红色。

另外，控制按钮还有形象化符号可供选用，如图 1-18 所示。

图 1-18　控制按钮的形象化符号

2. 行程开关与接近开关

（1）行程开关

行程开关又称限位开关，是根据运动部件的行程位置而切换电路的电器，其主要作用是限定运动部件的行程。行程开关主要由三部分组成：操作机构、触点系统和外壳。行程开关种类很多,按其结构可分为直动式、滚轮式和微动式3种。直动式行程开关的工作原理与控制按钮相同,但它的缺点是触点分合速度取决于生产机械的移动速度,当移动速度低于0.4 m/min时,触点分断太慢,易受电弧烧损。为此,应采用有弹簧机构瞬时动作的滚轮式行程开关。滚轮式行程开关和微动式行程开关的结构与工作原理这里不再介绍。

图1-19所示为LXK3系列直动式行程开关的外形和结构。

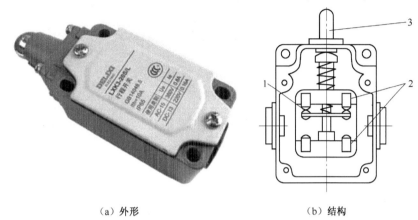

（a）外形 　　　　　　　　　　（b）结构

图1-19　LXK3系列直动式行程开关的外形和结构

1—动触点;2—静触点;3—推杆

LXK3系列行程开关型号意义如下:

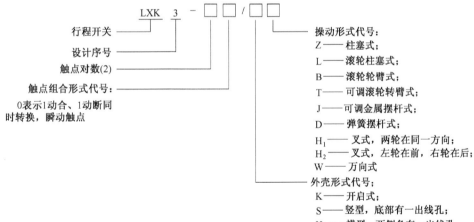

行程开关的图形符号和文字符号如图1-20所示。

（2）接近开关

随着电子技术的发展,出现了一种非接触式开关,即接近开关,它是靠移动物体与接近开关的感应头接近时,使其输出一个电信号,故又称为无触点开关。接近开关的应用已超出一般行程控制和限位保护的范畴,它还可用于检测、计数、测速,以及直接与计算机PLC的接口电路连接,作为它们之间的传感器用。即使仅用于一般的行程控制,接近开关的定位精度、操作频率、使用寿命、安装调整的方便性、耐磨性

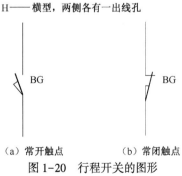

（a）常开触点 　　　（b）常闭触点

图1-20　行程开关的图形
符号和文字符号

和耐腐蚀性也是一般机械行程开关所不能比的。

接近开关分为电感式、电容式和霍尔式等几种，其中以电感式接近开关较为常用。

电感式接近开关的感应头是一个具有铁氧体磁芯的电感线圈，图 1-21 所示为 LJ12 系列电感式接近开关的外形和工作原理图。接近开关由一个高频振荡器和整形放大器（晶体管放大电路）组成。其工作原理是高频振荡器线圈在检测面产生一个交变的磁场，当金属体接近检测面时，金属体产生涡流。由于涡流的去磁作用，导致振荡回路的谐振频率和谐振阻抗改变，振荡减弱以致停止。振荡器的振荡和停振信号，经过整形放大器后转换成开关信号输出。电感式接近开关只能检测金属物体的接近，常用的型号有 LJ1、LJ2、LJ5、LXJ6 等系列。

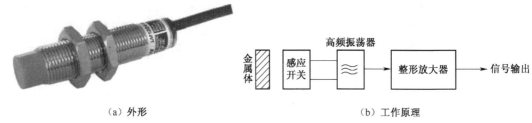

（a）外形 　　　　　　　　　　　（b）工作原理

图 1-21　LJ12 系列电感式接近开关的外形和工作原理

电容式接近开关的感应头是一个圆形平板电极，这个电极与振荡电路的地线形成一个分布电容，当有导体或介质接近感应头时，电容量增大而使振荡器停振，输出电路发出电信号。电容式接近开关可用各种材料触发。

霍尔式接近开关是由霍尔元件组成，是将磁信号转换成电信号输出，内部的磁敏元件仅对垂直于检测断面的磁场敏感。当 S 极正对接近开关时，接近开关输出为高电平；当 N 极正对接近开关时，接近开关输出为低电平。霍尔式接近开关只能用磁性物体触发。

接近开关的图形符号和文字符号如图 1-22 所示。

3. 万能转换开关

万能转换开关是一种多挡位且能对电路进行多种转换的主令电器，当操作手柄转动时，带动开关内部的凸轮转动，使触点按规定顺序闭合或断开。万能转换开关一般用于交流500 V、直流 440 V、约定发热电流 20 A 以下的电路中，作为电气控制电路的转换和配电设备的远距离控制、电气测量仪表转换，也可用于小容量异步电动机、伺服电动机，以及微电动机的启动、制动、调速和换向。

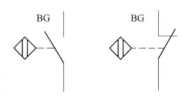

（a）常开触点　　（b）常闭触点

图 1-22　接近开关的图形符号和文字符号

常用的万能转换开关有 LW5、LW6 系列。图 1-23 所示为 LW6D 万能转换开关的外形和结构。它主要由触点座、凸轮、手柄等部分组成，其操作位置有 0~12 个，触点底座有 1~10 层，每层底座均可装三对触点和一个装在转轴上的凸轮，每层凸轮均可做成不同形状，当操作手柄带动凸轮转到不同位置时，可使各对触点按设置的规律接通和分断，因此这种开关可以组成多种接线方式，以适应各种复杂要求，故称为"万能"转换开关。

4. 凸轮控制器

凸轮控制器是一种大型的手动控制电器，也是多挡位、多触点，利用手动操作，转动凸轮去接通和分断大电流的触点转换开关。凸轮控制器主要用于起重设备的中、小型绕线转子异步电动机的启动、制动、调速和换向的控制。

（a）外形

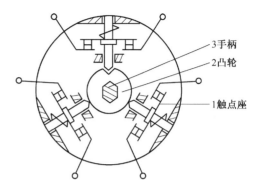

（b）结构

图1-23 LW6D系列万能转换开关的外形和结构

KT24系列凸轮控制器的外形和结构如图1-24所示,它主要由触点、触点弹簧、复位弹簧、滚子、绝缘方轴和凸轮等及部分组成。凸轮控制器工作原理与万能转换开关相似,当手柄转动时,在绝缘方轴上的凸轮随之转动,从而使触点组按顺序接通、分断电路,改变绕线转子异步电动机定子电路的接法和转子电路的电阻值,可直接控制电动机的启动、调速、换向及制动。由于凸轮控制器可直接用于控制电动机工作,所以其触点容量大且有灭弧装置,体积大,操作时比较费力。凸轮控制器与万能转换开关虽然都是用凸轮来控制触点的动作,但两者的用途则完全不同。

国内生产的凸轮控制器系列有KT10、KT14及KT15系列,其额定电流有25 A、60 A、32 A、63 A等规格。

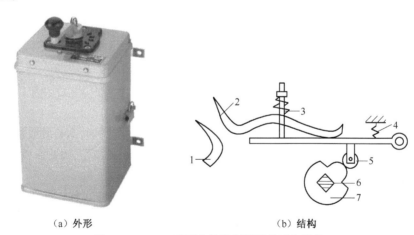

（a）外形 （b）结构

图1-24 KT24系列凸轮控制器的外形和结构

1—静触点;2—动触点;3—触点弹簧;4—复位弹簧;5—滚子;6—绝缘方轴;7—凸轮

凸轮控制器文字符号为SA,图形符号及触点通断表示方法如图1-25所示。它与转换开关、万能转换开关的表示方法相同,操作位置分为向左、向右挡位和零位。型号不同,其触点数目的多少也不同。图中数字1~4表示触点号,2、1、0、1、2表示挡位(即操作位置)。图中虚线表示操作位置,在不同操作位置时,各对触点的通断状态示于触点的下方或右侧与虚线相交位置,在触点右下方涂黑圆点,表示在对应操作位置时触点接通,没涂黑圆点的触点在该操作位置不接通。

5. 主令控制器

主令控制器又称主令开关,适用于频繁切换复杂的多回路控制电路中。广泛应用于起重机、轧钢机及其他生产机械磁力控制盘的主令控制。

主令控制器的结构与工作原理基本上与凸轮控制器相同,一般由触点系统、操作机构、转轴、齿轮减速机构、凸轮、外壳等几部分组成,也是利用凸轮来控制触点的断合的。在方形转轴上安装一串不同形状的凸轮块,当手柄在不同位置时,就能获得同一触点接通或断开的效果。再由这些触点去控制接触器,装一串不同形状的凸轮块,就可获得按一定顺序动作的触点。由于主令电器的控制对象是二次电路,所以其触点也是按小电流设计的。

目前,生产和使用的主令控制器主要有 LK14、LK15、LK16 型。其主要技术性能为:额定电压为交流 50 Hz、380 V 以下及直流 220 V 以下;额定操作频率为 1 200 次/h。

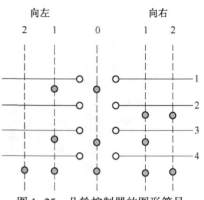

图 1-25　凸轮控制器的图形符号及触点通断表示法

主令控制器的图形符号和文字符号与凸轮控制器相同。其外形如图 1-26 所示。

图 1-26　LK14 型主令控制器的外形

五、接触器

接触器是一种用来自动接通或断开大电流电路的电器,当电动机启动频繁或功率稍大时,使用手动开关控制既不安全又不方便,也无法实现自动控制和远距离操作,因此需要自动电器来替代普通的手动开关。

接触器不仅可以用来频繁地接通或分断交、直流电路,而且还能实现远距离控制,还具有失电压保护功能,主要用于控制电动机、电热设备、变压器、电焊机和电容器组等。它是电力拖动自动控制系统中使用最广泛的电器元件之一。

接触器种类繁多,按其使用电路类型的不同可分为交流接触器和直流接触器。由于它们的结构大致相同,因此下面以应用比较广泛的交流接触器为例,来分析接触器的组成部分和作用。

1. 交流接触器的结构及工作原理

交流接触器的外形和结构如图 1-27 所示,其图形符号和文字符号如图 1-28 所示。

交流接触器主要由电磁机构、触点系统、灭弧罩和其他部分组成。

①电磁机构:主要由线圈、衔铁和铁芯等组成,其中铁芯与线圈固定不动,衔铁可以移动。其工作原理是电磁能转换成机械能产生电磁吸力,驱使触点动作。在铁芯头部平面上都装有短路环,如图 1-29 所示。当交变电流过零时,电磁铁的吸力为零,衔铁被释放,当交变电流过了零值

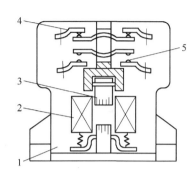

（a）外形　　　　　　　　　　　　（b）结构

图 1-27　CJX2 系列交流接触器的外形和结构

1—铁芯；2—线圈；3—衔铁；4—常闭触点；5—常开触点

后,衔铁又被吸合,产生的吸力是脉动的,这将引起衔铁振动。安装短路环的目的是消除交流电磁铁吸合时可能产生的衔铁振动和噪声。当装上短路环后,短路环中产生感应电流能阻止交变电流过零时磁场的消失,使衔铁与铁芯之间始终保持一定的吸力,消除了振动现象。

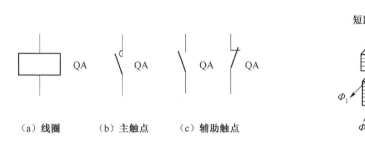

（a）线圈　　　　（b）主触点　　　（c）辅助触点

图 1-28　交流接触器的图形符号和文字符号　　　　　　　图 1-29　短路环

②触点系统:包括主触点和辅助触点。主触点一般为三对常开触点,用于接通和分断主电路。辅助触点一般有常开、常闭触点各两对,用于控制电路,起电气连锁作用,故又称连锁触点。线圈未通电时(即平常状态下),处于相互断开状态的触点称为常开触点,又称动合触点;处于相互接触状态的触点称为常闭触点,又称动断触点。接触器中的常开和常闭触点是联动的,当线圈通电时,所有的常闭触点先行分断,所有的常开触点闭合;当线圈断电时,在反力弹簧的作用下,所有触点都恢复平常状态。

③灭弧罩:能迅速切断触点在分断时所产生的电弧,避免发生触点烧毛或熔焊。在额定电流20 A 以上的交流接触器中通常都设有陶瓷灭弧罩,有的带有栅片和磁吹灭弧装置。

④其他部分:主要包括反力弹簧、触点压力簧片、缓冲弹簧、接线柱和底座等。当线圈断电时衔铁和触点在反力弹簧的作用下复位。触点闭合时,在触点压力簧片的作用下压力变大,从而增大触点接触面积,避免因接触电阻增大而产生触点烧毛现象。缓冲弹簧可以吸收衔铁吸合时产生的冲击力,起到保护底座的作用。

交流接触器的工作原理:当线圈通电后,铁芯中产生磁通及电磁吸力,此时电磁吸力克服弹簧弹力,衔铁吸合,衔铁带动动触点动作,使常闭触点断开,常开触点闭合。当线圈断电时或线圈两端电压显著降低时,电磁吸力消失小于弹簧反力,衔铁在反力弹簧的作用下释放,各触点随之复位。

交流接触器有触点系统包括主触点和辅助触点。如图 1-30 所示,接触器上面标注有 L1、L2、L3 和 T1、T2、T3 接主触点,对应的线圈接线柱标有 A1、A2。主触点一般接到主回路上,先后顺序没有特别要求,辅助触点接到控制回路上,一般要根据具体情况选择是常开触点(NO)还是常闭触点(NC)。如果交流接触器常开、常闭触点不够用,可以通过加装辅助触点组件来解决。

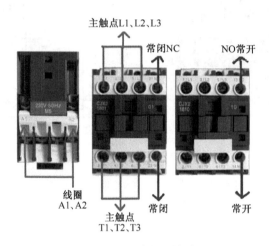

图 1-30 交流接触器接线图

2. 交流接触器的型号与主要技术参数

交流接触器的型号意义如下:

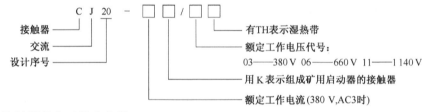

交流接触器的主要技术参数:

①额定电压:指主触点的额定电压,常用的交流电压的等级有 127 V、220 V、380 V 和 500 V。

②额定电流:指主触点的额定电流,常用的交流电流的等级有 5 A、10 A、20 A、40 A、60 A、100 A、150 A、250 A、400 A 和 600 A。

主触点的额定电压和额定电流是接触器最重要的参数,均标注在接触器的铭牌上。

③线圈的额定电压:即接触器线圈正常工作的电压。交流电压的等级有 36 V、110 V、127 V、220 V 和 380 V。

④额定操作频率:指每小时的接通次数。交流接触器的最高次数为 600 次/h。

CJ20 系列交流接触器的技术参数如表 1-3 所示。

3. 直流接触器结构和工作原理

直流接触器的结构和工作原理基本上与交流接触器相同,主要由电磁机构、触点系统、灭弧罩和其他部分组成。它主要用于额定电压至 440 V、额定电流至 1 600 A 的直流电力电路中,用于远距离接通和分断直流电路以及频繁地启动、停止、反转和反接制动直流电动机,也用于频繁地接通和断开起重电磁铁、电磁阀、离合器的电磁线圈等。

直流接触器的电磁机构通以直流电,铁芯中无涡流和磁滞损耗,因而铁芯不发热。铁芯是由整块软钢组成的,端面上无须安装短路环。而吸引线圈的匝数多,电阻大、铜耗大,线圈本身发热,因此吸引线圈做成长而薄的圆筒状,且不设线圈骨架,使线圈与铁芯直接接触,以便散热。

表 1-3　CJ20 系列交流接触器的技术参数

型　号	频率/Hz	辅助触点额定电流/A	吸引线圈电压/V	主触点额定电流/A	额定电压/V	可控制电动机最大功率/kW
CJ20-10				10	380/220	4/2.2
CJ20-16				16	380/220	7.5/4.5
CJ20-25				25	380/220	11/5.5
CJ20-40				40	380/220	22/11
CJ20-63	50	5	~36、~127、~220、~380	63	380/220	30/18
CJ20-100				100	380/220	50/28
CJ20-160				160	380/220	85/48
CJ20-250				250	380/220	132/80
CJ20-400				400	380/220	220/115

触点系统也分为主触点与辅助触点。主触点一般做成单极或双极,单极直流接触器用于一般的直流回路中,双极直流接触器用于分断后电路完全隔断的电路,以及控制电动机的正、反转电路中。由于主触点通断电流大,通电次数多,通常采用滚动接触的指形触点。辅助触点通断电流小,通常采用点接触的双断点桥式触点。

直流接触器主触点在分断较大电流时,往往会产生强烈的电弧,易烧伤触点和延时断电,为避免此现象,直流接触器一般采用磁吹灭弧装置。国内常用的直流接触器有 CZ18、CZ21、CZ22 等系列。直流接触器的图形符号和文字符号同交流接触器。

4. 接触器的选择

接触器使用广泛,其额定工作电流或额定控制功率随使用条件的不同而变化,只有根据不同使用条件正确选用,才能保证接触器的可靠运行。接触器选用主要依据以下几方面:

(1)接触器使用类别的选择

接触器的使用类别不同对主触点的接通和分断能力的要求也不一样,而不同使用类别的接触器可根据其不同控制对象的控制方式而定。根据低压电器基本标准的规定,具体使用类别比较多。但在电力拖动控制系统中常见的接触器使用类别及其典型用途如表 1-4 所示。

表 1-4　常见的接触器使用类别及其典型用途

电流种类	使用类别	典　型　用　途
交流(AC)	AC1	无感或微感负载、电阻炉
	AC2	绕线式电动机的启动和分断
	AC3	笼形电动机的启动和分断
	AC4	笼形电动机的启动、反接制动、反向和点动
直流(DC)	DC1	无感或微感负载、电阻炉
	DC3	并励电动机的启动、反接制动、反向和点动
	DC5	笼形电动机的启动、反接制动、反向和点动

接触器的使用类别和代号通常标注在产品的铭牌上。表 1-4 中要求接触器主触点达到的接

通和分断能力如下：

①AC1 和 DC1 类允许接通和分断额定电流。

②AC2、DC3 和 DC5 类允许接通和分断 4 倍的额定电流。

③AC3 类允许接通 6 倍的额定电流和分断额定电流。

④AC4 类允许接通和分断 6 倍的额定电流。

根据所控制负载的工作任务选择相应类别的接触器。生产中广泛使用中小容量的笼形电动机，其中大部分负载属于一般任务，相当于 AC3 使用类别。对于控制机床电动机的接触器，其负载情况比较复杂，既有 AC3 类也有 AC4 类，还有 AC1 类和 AC4 类混合的负载，这些都属于重任务范畴。如果负载明显属于重任务类，则应选用 AC4 类接触器。如果负载为一般任务与重任务混合的情况，则应根据实际情况选用 AC3 或 AC4 类接触器。若确定选用 AC3 类接触器，它的容量应降低一级使用，即使这样，其寿命仍有不同程度的降低。

适用于 AC2 类的接触器，一般也不宜用来控制 AC3 和 AC4 类的负载，因为它的接通能力较低，在频繁接通这类负载时容易发生触点熔焊现象。

（2）接触器主触点电流等级的选择

根据电动机（或其他负载）的功率和操作情况确定接触器主触点的电流等级。当接触器的使用类别与所控制负载的工作任务相对应时，一般应使主触点的电流等级大于或等于控制的负载电流等级。若接触器使用类别与负载不对应，如用 AC3 类的接触器控制 AC3 与 AC4 混合类负载时，则接触器须降低电流等级使用。

（3）接触器线圈电压等级的选择

接触器的线圈电压和额定电压是两个不同的概念，线圈电压应与控制电路的电压一致。

接触器是电气控制系统中不可缺少的执行器件，而三相笼形电动机也是最常用的被控对象。在实际工作中，接触器的选择通常采取一些简单的方法实现。对额定电压为 AC 380 V 的接触器，如果知道电动机的额定功率，则相应的接触器其额定电流的数值也基本可以确定。对于功率 5.5 kW 以下的电动机，其控制接触器的额定电流为电动机额定功率数值的 2～3 倍；对于功率 5.5～11 kW 的电动机，其控制接触器的额定电流为电动机额定功率数值的 2 倍；对于功率11 kW 以上的电动机，其控制接触器的额定电流为电动机额定功率数值的 1.5～2 倍。记住这些关系，对在实际工作中迅速选择接触器非常有用。

六、继电器

继电器是一种自动控制电器，能根据外界输入的信号（电量或非电量）来控制电路中电流通断的自动切换，起到保护和控制电路的作用。其输入量可以是电流、电压等电量，也可以是温度、压力、速度等非电量，当输入达到规定值时继电器动作，继电器触点接通或断开控制电路。其触点通常接在控制电路中。

由于继电器控制的是小功率信号系统，流过触点的电流很弱（一般在 5 A 以下），所以不需要灭弧装置。另外，继电器可以对各种输入量做出反应，而接触器只有在一定的电压信号下才能动作。

继电器种类繁多，按照输入信号性质的不同可分为：电流继电器、电压继电器、时间继电器、温度继电器、速度继电器、压力继电器等；按照工作原理不同可分为：电磁式继电器、电动式继电器、感应式继电器、热继电器和电子式继电器等；按照用途不同可分为：控制用继电器和保护用继电器。下面对几种经常使用的继电器进行简单介绍。

1. 电流、电压继电器

根据输入电流大小而触点动作的继电器称为电流继电器。使用时,电流继电器的线圈与被测电路串联,以反映电流的变化,其触点接在控制电路中,用于控制接触器线圈或信号指示灯的通断。为了不影响被测电路的正常工作,电流继电器线圈阻抗应比被测电路的等效阻抗小得多。因此,电流继电器的线圈匝数少、导线粗。图1-31所示为JI18系列电流继电器。电流继电器按电流种类可分为直流电流继电器和交流电流继电器;按用途可分为过电流继电器和欠电流继电器。

图1-31　JI18系列电流继电器

对于过电流继电器,正常工作时,线圈中有负载电流,但电流值小于整定电流,触点不动作;当电路发生短路及过电流时,电流值超过整定电流,触点动作,立即将电路切断。过电流继电器的动作电流整定范围:交流过电流继电器为$(110\% \sim 350\%)I_N$;直流过电流继电器为$(70\% \sim 300\%)I_N$。

对于欠电流继电器,正常工作时,线圈中流过的负载电流大于整定电流,衔铁处于吸合状态;当负载电流低于整定电流时,则衔铁释放。欠电流继电器动作电流整定范围,吸合电流为$(30\% \sim 50\%)I_N$,释放电流为$(10\% \sim 20\%)I_N$,欠电流继电器一般是自动复位的。

电压继电器是根据输入电压大小而触点动作的继电器,其结构与电流继电器相似,不同的是电压继电器的线圈与被测电路并联,以反映电压的变化,其线圈匝数多、导线细、电阻大。电压继电器按电流的种类可分为交流电压继电器和直流电压继电器;按用途可分为过电压继电器和欠电压继电器。

对于过电压继电器,当线圈为额定电压时,衔铁无吸合动作;只有线圈电压高于额定电压某一值时衔铁吸合。由于直流电路中不会产生波动较大的过电压现象,所以产品中没有直流过压继电器。过电压继电器动作电压整定范围为$(105\% \sim 120\%)U_N$。

对于欠电压继电器,当线圈电压低于其额定电压时,衔铁释放。欠电压继电器吸合电压调整范围为$(30\% \sim 50\%)U_N$,释放电压调整范围为$(7\% \sim 20\%)U_N$。

电流、电压继电器的图形符号和文字符号如图1-32所示。

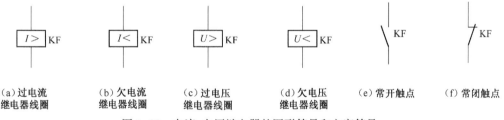

| (a)过电流
继电器线圈 | (b)欠电流
继电器线圈 | (c)过电压
继电器线圈 | (d)欠电压
继电器线圈 | (e)常开触点 | (f)常闭触点 |

图1-32　电流、电压继电器的图形符号和文字符号

2. 中间继电器

中间继电器是一个将输入信号变成多个输出信号或将信号放大(即增大触点容量)的继电器。其实质上是一种电压继电器,不同的是它的触点对数较多(可达8对),容量较大(5~10 A),动作灵敏。图1-33所示为常见中间继电器。

中间继电器按电压可分为两类:一类是用于交直流电路中的JZ系列;另一类是只用于直流操

（a）JZ7系列中间继电器　　　　（b）CR-MX插拔式中间继电器

图 1-33　常见中间继电器

作的各种继电保护电路中的 DZ 系列。

常用的中间继电器有 JZ7 系列。以 JZ7-62 中间继电器为例,JZ 为中间继电器的代号,7 为设计序号,6 为常开触点对数,2 为常闭触点对数。表 1-5 所示为 JZ7 系列中间继电器技术数据。

表 1-5　JZ7 系列中间继电器技术数据

型　号	触点额定电压/V	触点额定电流/A	触点对数		吸引线圈电压/V	额定操作频率/(次/h)
			常开	常闭		
JZ7-44			4	4	交流 50 Hz 时	
JZ7-62	500	5	6	2	12、36、127、	1 200
JZ7-80			8	0	220、380	

新型中间继电器触点闭合过程中动、静触点间有一段滑擦、滚压过程,能有效地清除触点表面的各种生成膜及尘埃,减小了接触电阻,提高了接触的可靠性,有的还装有防尘罩或采用密封结构,同样提高了继电器的可靠性。有些中间继电器安装在插座上,插座有多种类型可供选择,有些中间继电器可直接安装在导轨上,安装和拆卸均很方便。常用的有 JZ18、MA、K、HH5、RT11 等系列。中间继电器的图形符号和文字符号如图 1-34 所示。

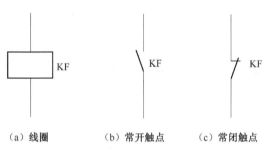

（a）线圈　　　（b）常开触点　　　（c）常闭触点

图 1-34　中间继电器的图形符号和文字符号

3. 时间继电器

继电器接收到外界信号后,经过一段时间才能使执行元件动作的继电器,叫作时间继电器。即当线圈通电或断电以后,触点经过一定的延时才动作,以控制电路的接通或分断。

时间继电器的延时方式有两种:通电延时和断电延时。通电延时是指继电器接收输入信号后,延时一段时间输出信号才有变化,当输入信号消失后,输出信号立即复原;断电延时是指接收输入信号时,立即产生相应的输出信号,当输入信号消失后,延时一段时间后,输出信号才复原。

时间继电器的种类很多,主要有直流电磁式、空气阻尼式、电动机式、电子式等几类。

(1)直流电磁式时间继电器

直流电磁式时间继电器采用阻尼原理来延缓磁通变化的速度,以达到延时的目的。该继电器结构简单,价格低廉,寿命长,允许通电次数多,适应能力较强,输出容量较大,但延时精度低,稳定性不高,且仅适用于直流电路,延时时间较短。一般通电延时仅为 0.1~0.5 s,而断电延时可达 0.2~10 s。因此,直流电磁式时间继电器主要用于一些要求不高、工作条件比较恶劣的场合(如起重机控制系统)。

(2)空气阻尼式时间继电器

空气阻尼式时间继电器是利用空气阻尼作用达到延时目的的,是应用比较广泛的一种时间继电器。该类继电器由电磁机构、工作触点及气室三部分组成,常见的型号有 JS7-A 系列,按其控制原理可分为通电延时和断电延时两种类型。图 1-35 所示为 JS7-A 系列时间继电器的工作原理图。

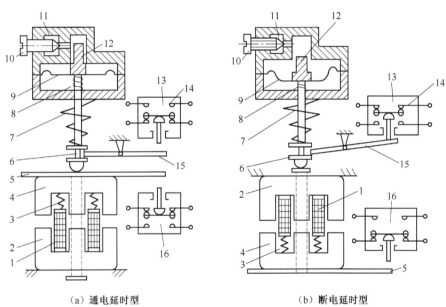

(a)通电延时型　　　　　　　　(b)断电延时型

图 1-35　JS7-A 系列时间继电器工作原理图

1—线圈;2—静铁芯;3、7、8—弹簧;4—衔铁;5—推板;6—顶杆;9—橡皮膜;10—螺钉;
11—进气孔;12—活塞;13、16—微动开关;14—延时触点;15—杠杆

如图 1-35(a)所示,当通电延时型时间继电器电磁铁线圈 1 通电后,衔铁 4 克服弹簧阻力与静铁芯 2 吸合,于是顶杆 6 与衔铁间出现一个空隙,与顶杆相连的活塞 12 在弹簧 7 的作用下由上向下移动时,在橡皮膜 9 上面形成空气稀薄的空间(气室),与橡皮膜下方空气形成一定的压差,空气由进气孔 11 逐渐进入气室,活塞因受到空气的阻力,不能迅速下降。当活塞下降到一定位置时,杠杆 15 使延时触点 14 动作(常开触点闭合,常闭触点断开)。延时时间为电磁铁通电时刻起到触点动作的这段时间,延时时长可通过调节螺钉 10 调节进气量的大小来实现。线圈 1 断电时,弹簧使衔铁和活塞等复位,空气经橡皮膜与顶杆之间推开的空气迅速排出,触点迅速复位。

如图 1-35(b)所示,断电延时型时间继电器与通电延时型时间继电器的原理和结构均相同,只是将其电磁机构翻转 180°后再安装,工作原理请读者自行分析。

空气阻尼式时间继电器延时时间有 0.4~180 s 和 0.4~60 s 两种规格,具有延时范围较宽、结构简单、寿命长、价格低廉等优点，是机床交流控制电路中常用的时间继电器。它的缺点是延时误差大（±10% ~ ±20%），延时值易受环境温度影响。

常用的空气阻尼式时间继电器有 JS7、JS16、JS23 等系列。表 1-6 列出了 JS7-A 型空气阻尼式时间继电器技术数据，其中 JS7-2A 型和 JS7-4A 型既带有延时动作触点，又带有瞬时动作触点。

表 1-6　JS7-A 型空气阻尼式时间继电器技术数据

型　号	触点额定容量		延时触点对数				瞬时动作触点数量		线圈电压/V	延时范围/s
	电压/V	电流/A	线圈通电延时		线圈断电延时					
			常开	常闭	常开	常闭	常开	常闭		
JS7-1A	380	5	1	1					~36、127、220、380	0.4~60 及 0.4~180
JS7-2A			1	1			1	1		
JS7-3A					1	1				
JS7-4A					1	1	1	1		

JS23 系列时间继电器的型号意义如下：

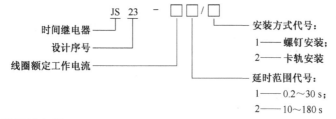

时间继电器 —— JS
设计序号 —— 23
线圈额定工作电流

安装方式代号：
1 —— 螺钉安装；
2 —— 卡轨安装

延时范围代号：
1 —— 0.2~30 s；
2 —— 10~180 s

（3）电动机式时间继电器

电动机式时间继电器由同步电动机、减速齿轮机构、电磁离合系统及执行机构组成，电动机式时间继电器延时时间长且精度高，延时可达数十小时，但其结构复杂，体积较大，常用的有 JS10、JS11 系列和 7PR 系列。

（4）电子式时间继电器

电子式时间继电器是利用电子电路来达到延时目的的。该类继电器近年来发展十分迅速，早期产品多为阻容式，近期开发的产品多为数字式，又称计数式。它是由脉冲发生器、计数器、数字显示器、放大器及执行机构组成的，与传统电磁式、空气式和同步电动机式时间继电器相比，具有延时时间长、精度高、工作可靠、体积小等优点，有的还带有数字显示，应用很广。从发展趋势来看，电子式时间继电器势必取代传统时间继电器。该类时间继电器只有通电延时型，延时触点均为两对常开、两对常闭，无瞬时动作触点。

国内生产的电子式时间继电器产品有 JSS1 系列（见图 1-36），引进生产的有日本富士公司生产的 ST、HH、AR 系列等。JSS1 系列电子式时间继电器型号意义如下：

图 1-36　JSS1 系列电子式时间继电器

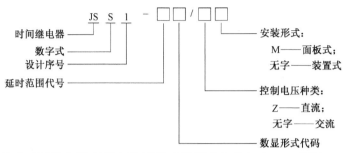

JSS1 系列电子式时间继电器型号中数显形式代码的含义如表 1-7 所示。

表 1-7 JSS1 系列数显形式代码的含义

代码	无	A	B	C	D	E	F
意义	不带数显	2 位数显递增	2 位数显递减	3 位数显递增	3 位数显递减	4 位数显递增	4 位数显递减

时间继电器的图形符号和文字符号如图 1-37 所示。

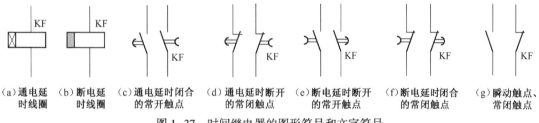

图 1-37 时间继电器的图形符号和文字符号

4. 热继电器

热继电器是利用电流的热效应使触点动作的保护电器,它在电路中用作电动机负载的过载保护。电动机在实际运行中经常遇到过载情况,若过载不严重,时间较短,绕组不超过允许的温升,这种情况是允许的;若长时间过载、频繁启动、欠电压或断相运行时都可能使电动机的电流超过额定值,如果超载值不大,该情况下熔断器不会熔断,但绕组超过允许温升,这将会引起电动机过热,加剧绕组绝缘的老化,缩短电动机的使用年限,严重时会烧毁电动机。因此,应采用热继电器作为电动机的过载保护。

(1)热继电器的结构及工作原理

热继电器主要由加热元件、双金属片和触点组成,其外形和结构如图 1-38 所示。热元件 4 串联在电动机定子绕组中,电动机绕组电流即为流过热元件的电流。双金属片是它的温度测量元件,由两种具有不同线膨胀系数的金属通过机械辗压成一体,线膨胀系数大的称为主动层,一般采用铁、镍、铬合金、铜合金等材料制成;线膨胀系数小的称为被动层,一般采用铁镍类材料制成。常闭触点串联于电动机的控制电路中。

当电动机正常运行时,热元件 4 产生的热量虽能使双金属片 2 弯曲,但还不足以使触点动作;当电动机过载时,热元件通过电流增大,产生的热量增多,使双金属片的弯曲位移增大,过载一定时间后,双金属片弯曲程度足以推动导板 3,并通过补偿双金属片 5 与推杆 11 将触点 7 和 6 分开,切断电动机的控制电路,最终切断电动机电源,起到过载保护作用。调节旋钮 14 是一个偏心轮,它与支撑杆 13 构成一个杠杆,转动偏心轮,改变它的半径,即可改变补偿双金属片 5 与导板 3 接触的距离,因而达到调节整定动作电流的目的。此外,靠调节复位螺钉 9 来改变常开触点 8 的位置,使热继电器能工作在手动复位和自动复位两种工作状态。手动复位时,在故障排除后要按下按钮 10 才能使触点恢复与静触点 6 相接触的位置。

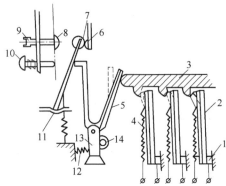

(a)外形　　　　　　　　　(b)结构

图 1-38　JR20 系列热继电器的外形和结构

1—固定支点;2—双金属片;3—导板;4—热元件;5—补偿双金属片;6—静触点;7—动触点;
8—常开触点;9—复位螺钉;10—按钮;11—推杆;12—压簧;13—支撑杆;14—调节旋钮

(2)带断相保护的热继电器

三相电动机的一根接线松开或一相熔丝熔断,是造成三相异步电动机烧坏的主要原因之一。

如果热继电器所保护的电动机是星形接法,那么当电路发生一相断电时,另外两相电流增大很多,由于线电流等于相电流,流过电动机绕组的电流和流过热继电器的电流增加比例相同,普通的两相或三相热继电器可以对此做出保护。如果电动机是三角形接法,则发生断相时,由于电动机的相电流与线电流不等,流过电动机绕组的电流和流过热继电器的电流增加比例不同,而热元件又串联在电动机的电源进线中,按电动机的额定电流即线电流来整定,整定值较大。因此,当故障线电流达到额定电流时,在电动机绕组内部,电流较大的那一相绕组的故障电流将超过额定相电流,有过热烧毁的危险。所以,三角形接法必须采用带断相保护的热继电器。带有断相保护的热继电器是在普通热继电器的基础上增加一个差动机构,对 3 个电流进行比较。带断相保护的热继电器结构如图 1-39 所示。

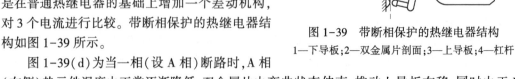

图 1-39　带断相保护的热继电器结构

1—下导板;2—双金属片剖面;3—上导板;4—杠杆

图 1-39(d)为当一相(设 A 相)断路时,A 相(右侧)热元件温度由正常逐渐降低,双金属片由弯曲状态伸直,推动上导板右移;同时由于 B、C 相电流较大,温度逐渐上升,推动下导板向左移,上下导板一左一右移动,使杠杆扭转,继电器动作,常闭触点打开,起到断相保护作用。值得注意的是,由于热继电器具有热惯性,不能瞬时动作,故不能用作短路保护。

（3）热继电器的主要参数及常用型号

热继电器的主要参数有：

①热继电器的额定电流：热继电器中可以安装的热元件的最大整定电流值。

②热元件的额定电流：热元件的最大整定电流值。

③整定电流：能够长期通过热元件而不会引起热继电器动作的最大电流值。通常热继电器的整定电流取（0.95~1.05）倍电动机的额定电流。对于某一热继电器，可手动调节整定电流旋钮，通过偏心轮机构，调整双金属片与导板的距离，能在一定范围内调节其电流的整定值，使热继电器更好地起到保护作用。

目前，广泛应用的热继电器是 JR16、JR20 系列，其型号意义如下：

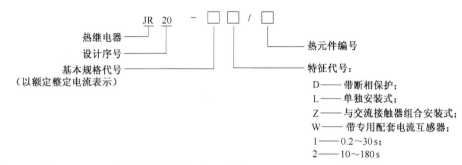

表 1-8 列出了 JR16 系列热继电器的主要参数。

表 1-8　JR16 系列热继电器的主要参数

型　号	额定电流/A	热元件规格	
		额定电流/A	电流调节范围/A
JR16-20/3 JR16-20/3D	20	0.35	0.25~0.35
		0.5	0.32~0.5
		0.72	0.45~0.72
		1.1	0.68~1.1
		1.6	1.0~1.6
		2.4	1.5~2.4
		3.5	2.2~3.5
		5.0	3.2~5.0
		7.2	4.5~7.2
		11.0	6.8~11
		16.0	10.0~16
		22	14~22

随着技术的不断进步，新型热继电器也在不断推广使用，如德国西门子的 3UA5、3UA6 系列热继电器，法国专有技术生产的 LRl-D 系列热继电器，德国 BBC 公司技术生产的 T 系列热继电器等。

热继电器的图形符号和文字符号如图 1-40 所示。

（4）热继电器的正确使用及维护

①热继电器的额定电流等级不多，但其发热元件编号很多，每一种编号都有一定的电流整定范围。在使用时应使发热元件的电流整定范围中间值与保护电动机的额定电流值相等，再根据电动机运行情况通过调节旋钮去调节整定值。

（a）热元件　　　　　（b）常开触点　　　　　（c）常闭触点

图 1-40　热继电器的图形符号和文字符号

②对于重要设备，热继电器动作后，需检查电动机与拖动设备，为防止热继电器再次脱扣，应采用手动复位方式；若电气控制柜距离操作地点较远，且从工艺上又易于看清过载情况，则可采用自动复位方式。

③热继电器和被保护电动机的周围介质温度尽量相同，否则会破坏已调整好的配合情况。

④热继电器必须按照产品说明书中的要求安装。当与其他电器装在一起时，应将热继电器置于其他电器下方，以免其动作特性受其他电器发热的影响。

⑤使用中应定期去除尘埃和污垢并定期通电校验其动作特性。

5. 速度继电器

速度继电器是速度达到规定值时动作的继电器，又称反接制动继电器。它主要用于三相异步电动机反接制动的控制电路中，通过与接触器配合，实现对电动机的制动。

图 1-41 所示为 JY1 型速度继电器的外形和结构。其结构主要由转子、圆环（笼形空心绕组）和触点三部分组成。速度继电器转子的轴与被控电动机的轴相连，定子套在转子上。转子由一块永久磁铁制成，用以接收转动信号。定子结构与笼形异步电动机相似，是一个由硅钢片冲压而成的笼形空心圆环，并装有笼形绕组。当电动机旋转时，速度继电器的笼形绕组切割转子磁场产生感应电动势，形成环内电流，且转子转速越高，电流越大。此电流与旋转的转子磁场相作用，产生电磁转矩，圆环在力矩的作用下带动摆锤，克服弹簧片弹力动作，并拨动触点改变其通断状态（在摆杆左右各设一组切换触点，分别在速度继电器正转和反转时发生作用）。当电动机转速低于规定值时，定子产生的转矩减小，触点在弹簧作用下复位。当调节弹簧弹力时，可使速度继电器在不同转速时切换触点，改变通断状态。

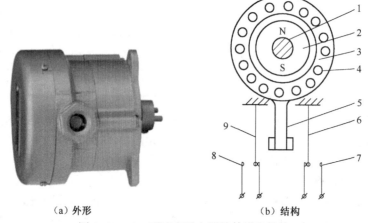

（a）外形　　　　　　　（b）结构

图 1-41　JY1 型速度继电器的外形和结构

1—转轴；2—转子；3—定子；4—绕组；5—摆锤；6、9—弹簧片；7、8—静触点

常见的速度继电器有 JY1 型和 JFZ0 型。JY1 型可在 700~3 600 r/min 范围内可靠地工作；JFZ0-1 型适用于 300~1 000 r/min；JFZ0-2 型适用于 1 000~3 600 r/min。速度继电器的动作速度一般不低于 120 r/min，复位转速约在 100 r/min 以下，该数值可以调整。

速度继电器的图形符号和文字符号如图 1-42 所示。

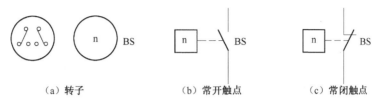

（a）转子　　　　　　　（b）常开触点　　　　　　　（c）常闭触点

图 1-42　速度继电器的图形符号和文字符号

七、常用电气安装附件

安装附件是保证电气安装质量及电气安全所必需的一种工艺材料，主要用于配电箱柜及电气成套设备内电器元件、到线的固定和安装。采用安装件后可使导线走向美观、元器件装卸容易、维修方便，并加强电气安全。安装附件种类很多，新产品不断涌现，常用的主要有以下几种：

①走线槽：由锯齿形的塑料槽和盖组成，有宽有窄等多种规格。它用于配电箱柜及电气成套设备内作布线工艺槽用，对置于其内的导线起防护作用，如图 1-43（a）所示。

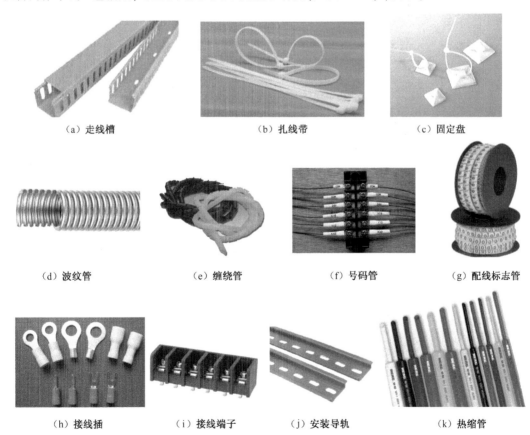

（a）走线槽　　　　（b）扎线带　　　　（c）固定盘

（d）波纹管　　　（e）缠绕管　　　（f）号码管　　　（g）配线标志管

（h）接线插　　　（i）接线端子　　　（j）安装导轨　　　（k）热缩管

图 1-43　常见电气安装附件

②扎线带和固定盘:尼龙扎线带可以把一束导线扎紧到一起,根据长短和粗细有多种型号,如图 1-43(b)所示。固定盘上面有小孔,背面有黏胶,它可以粘贴到其他平面物体上,用来配合扎线带的使用,如图 1-43(c)所示。扎线带和固定盘广泛用于电气仪表装置等配线的线束固定。

③波纹管、缠绕管:采用 PVC 软质塑料制造而成,用于控制柜中裸露出来的导线部分的缠绕或作为外套,保护导线,如图 1-43(d)、(e)所示。

④号码管、配线标志管:空白号码管由 PVC 软质塑料制成,管、线上面可用专门的打号机打印上各种需要的符号,可单独套在导线上作线号标记管用,如图 1-43(f)所示。配线标志管则已经把各种数字或字母印在了塑料管上,并分割成小段,使用时可随意组合,如图 1-43(g)所示。

⑤接线插、接线端子:接线插俗称线鼻子,用来连接导线,并使导线方便、可靠地连接到端子排或接线座上。它有各种型号和规格,图 1-43(h)所示为其中的几种。接线端子为两段分断的导线提供连接。接线插可以方便地连接到它的上面,现在新型的接线端子技术含量很高,接线更加方便快捷,导线直接可以连接到接线端子的插孔中。图 1-43(i)所示为接线端子。

⑥安装导轨:由合金或铝材制成,用来安装各种有标准卡槽的元器件。工业上最常用的是 35 mm 的 U 形导轨,如图 1-43(j)所示。

⑦热缩管:预热后能够收缩的特种塑料管,用来包裹导线或导体的裸露部分,起绝缘保护作用。有各种颜色和粗细的品种,如图 1-43(k)所示。

项目训练

任务 单向启动控制回路元器件选择与接线安装

1. 任务目的
①掌握常用低压电器元件的用途与各自适用场合。
②了解常用低压电器元件的类型与型号。
③掌握常用低压电器元件的选择方法。
④掌握正确使用电工工具对常见低压电器元件进行安装接线的方法。

2. 任务内容
图 1-44 和图 1-45 所示为电动机单向点动控制及单向连续运行控制电路。刀开关 QB 作为

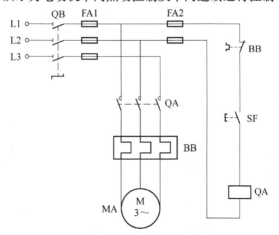

图 1-44 单向点动控制电路

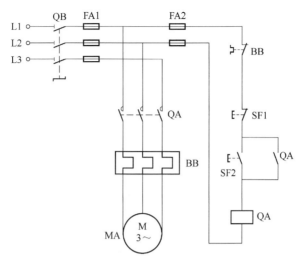

图 1-45 单向连续运行控制电路

电源的隔离开关;熔断器 FA1、FA2 分别作为主电路、控制电路的短路保护。按钮开关 SF1、SF2 控制接触器 QA 线圈通电与断电;接触器 QA 的主触点控制电动机的启动与停止;当电动机长期过载时,热继电器 BB 的常闭触点把控制电路断开,使交流接触器 QA 的线圈失电,QA 的主触点断开,电动机停止运行,完成长期过载保护。

电路中电动机 MA 为 J02-22-4 型、2.2 kW、380 V、4.9 A、1 450 r/min。要求:

①对电路中所有低压电器元件进行选型,列出电器元件明细表,格式如表 1-9 所示。

表 1-9 电器元件明细表

序 号	符 号	名 称	型 号	规 格	数 量
1	MA	异步电动机	J02-22-4	2.2 kW、380 V、1 450 r/min	1
2	QB	组合开关	J		
3	…				
4	…				

②利用电工工具固定安装电器元件,并进行接线试车。

3. 任务准备

(1)低压电器的选择

①刀开关和铁壳开关的选择。刀开关和铁壳开关一般根据电流种类、电压等级、用电设备容量(电路电流)、所需极数及使用场合进行选用。用于照明电路时,刀开关和铁壳开额定电压应大于或等于电路的最大工作电压,额定电流应大于或等于电路的最大工作电流。对于电动机负载,额定电压应大于或等于电路的最大工作电压,额定电流应大于或等于电动机额定电流的 3 倍。

②主令电器的选择。主令电器的额定电压可参考控制电路的工作电压选择。由于控制电路的工作电流一般都小于 5 A,所以其额定电流一般都选定为 5 A。

③熔断器的选择。熔断器的类型应根据负载的保护特性和短路电流的大小进行选择。

a. 熔体额定电流选择:

● 对于无启动过程的平稳负载,如照明回路、信号指示回路、电阻炉等回路,熔体的额定电流略大于或等于实际负载的额定电流。

- 对于电动机的短路保护与它的台数多少有关。

对于单台电动机:

$$I_{NF} = (1.5 \sim 2.5)I_{NM} \tag{1-1}$$

式中:I_{NF}——熔体额定电流(A);

I_{NM}——电动机额定电流(A)。

当电动机轻载启动或启动时间较短时,式(1-1)中的系数取 1.5;当电动机重载启动或频繁启动时,式中的系数可适当加大至 3~3.5。

对于多台电动机:

$$I_{NF} = (1.5 \sim 2.5)I_{N_{mmax}} + \sum I_{NM} \tag{1-2}$$

式中:$I_{N_{mmax}}$——容量最大单电动机的额定电流(A);

$\sum I_{NM}$——其余各台电动机额定电流之和(A)。

b. 熔断器(熔壳)的规格选择:熔断器(熔壳)的额定电压必须大于或等于电路的工作电压,熔断器(熔壳)的额定电流必须大于或等于所装熔体的额定电流。

④接触器的选择:

- 使用类别的选择:接触器分为交流接触器和直流接触器两大类,控制交流负载应选用交流接触器,控制直流负载应选用直流接触器。接触器的使用类别应与负载性质相一致。具体参考表 1-4 常见的接触器使用类别及其典型用途。

- 额定电压与额定电流的选择:一般接触器的选用主要考虑主触点的额定电压与额定电流。主触点的额定电压应大于或等于主电路的工作电压。

主触点的额定电流应大于或等于主电路的工作电流(负载电流)。应注意,当所选择的接触器的使用类别与负载不一致时,接触器应降低一级容量使用。

若已知三相电动机额定功率和额定电压,电动机工作电流(负载电流)计算公式如下:

电动机工作电流(A)= 额定功率(kW)×103/1.73×380×功率因数×效率

也可按下列经验公式计算:

$$I_f = P_N \times 10/KU_N \tag{1-3}$$

式中:I_f——电动机工作电流(A);

P_N——电动机额定功率(W);

U_N——电动机额定电压(V);

K——经验系数,取决于电动机的性能,范围在 1~1.4 之间。一般来说,功率因数取 0.85,效率取 0.85,K 可取 1.24。

接触器如使用在频繁启动、制动和正反转的场合,一般其额定电流降一个等级来选用。

- 控制线圈电压种类与额定电压的选择:接触器控制线圈的电压种类(交流或直流电压)与电压等级应根据控制电路要求选用。

- 辅助触点的种类及数量的选择:接触器辅助触点的种类及数量必须满足控制要求。当辅助触点的对数不能满足要求时,可通过增设中间继电器的方法来解决。

⑤继电器的选择:

- 电磁式通用继电器:继电器选用时首先需要考虑的是交流类型还是直流类型,然后根据控制电路需要,决定采用电压继电器还是电流继电器。作为保护用的继电器应该考虑过电压(或电流)、欠电压(或电流)继电器的动作值和释放值、中间继电器触点的类型和数量,以及电磁线圈的额定电压或额定电流。

- 时间继电器:首先根据时间继电器的延时方式、延时范围、延时精度要求、触点数目,以及工作环境等因素,确定采用何种时间继电器,是通电延时型还是断电延时型,且线圈的额定电压等级应满足控制电路的要求。
- 热继电器:其结构型式的选择,主要取决于电动机绕组接法,以及是否要求断相保护。热继电器热元件的整定电流可按下式选取:

$$I_{NFR} = (0.95 \sim 1.05)I_{NM} \tag{1-4}$$

式中:I_{NFR}——热元件整定电流(A);

$\quad I_{NM}$——电动机额定电流(A)。

工作环境比较恶劣时,启动频繁的电动机的整定电流则按下式选取:

$$I_{NFR} = (1.15 \sim 1.5)I_{NM} \tag{1-5}$$

对于过载能力差的电动机,热元件的整定电流为电动机额定电流的60%~80%;对于重复短时工作制的电动机,其过载保护不宜选用热继电器,而应选用电流继电器。

④速度继电器:根据生产机械设备的实际安装情况及电动机额定工作转速,选择合适的速度继电器型号。

(2)电气控制电路分析

①单向点动电路。合上三相电源开关QB,可实现以下控制:

- 启动:按下启动按钮SF→QA线圈通电→QA主触点吸合→电动机启动旋转。
- 停止:松开启动按钮SF→QA线圈断开→QA主触点断开→电动机停止运转。

启动按钮SF的按下时间的长短直接决定了电动机接通电源运转时间的长短。

②单向连续控制电路分析。若要使点动控制电路连续运行,启动按钮必须始终用手按住,显然很不方便。为实现电动机连续运行,可用图1-45所示电路实现。图1-45所示电路是在图1-44的基础上,在启动按钮SF2的两端并联了接触器的一个常开触点,在控制电路上串联接触器的一个停止按钮。

合上电源开关QB,可实现如下控制:

- 启动:

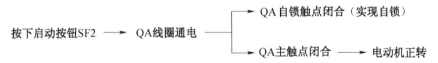

- 停止:

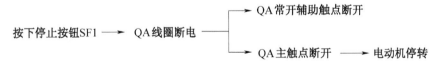

单向点动控制与连续运行控制的根本区别在于电动机的控制电路中是否有自锁电路,其次二者的主电路上,电动机连续运转电路应装有热继电器作长期过载保护,而点动控制电路则可不接热继电器。

4. 任务实施

(1)工具、仪表及器材建议

①工具:测电笔、螺钉旋具、尖嘴钳、斜口钳、剥线钳等常用电工工具。

②仪表:绝缘电阻表(兆欧表)、钳型电流表、数字万用表等。

③器材:三相笼形异步电动机、刀开关、螺旋熔断器、交流接触器、热继电器、控制按钮、控制板、端子排、塑铜线。

(2)建议安装步骤及工艺要求

①安装电气元件。按照图 1-46,在控制板上将所需电气元件摆放均匀、整齐、紧凑、合理,用螺钉进行固定,并在旁边贴上醒目的文字符号。图中 XT 为接线端子排。

安装工艺要求:

• 刀开关、熔断器的受电端子安装在网孔板的外侧,便于手动操作。

• 各元器件间距合理,便于元件的更换和检修。

• 紧固各元器件时用力应均匀,紧固程度适当。用手轻摇,以确保其稳固。

②布线。按照图 1-47 进行布线。

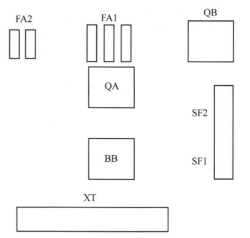

图 1-46　控制电路电器元件布置图

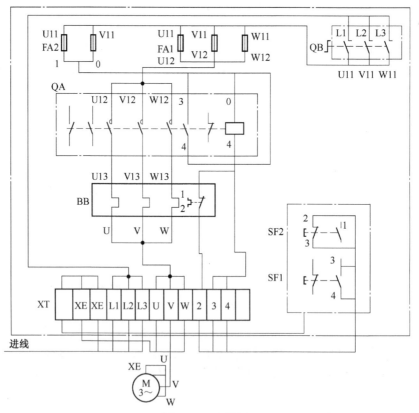

图 1-47　布线图

布线工艺要求:

• 尽可能靠近元器件走线;尽量用导线颜色分相,必须符合平直、整齐、走线合理等要求。

● 布线通道要尽可能少。同路并行导线按主、控电路要分类集中,同一类电路要单层密排,紧贴安装面布线。

● 同一平面内的导线要横平竖直,尽量避免交叉。若必须交叉,布线电路要清晰,便于识别;走线改变方向时,应垂直转向。

● 布线一般以接触器为中心,由里向外、由低至高,先控制电路,后主电路的顺序,以不妨碍后续布线为原则。对于电气元件的进出线,必须按照"上进下出"和"左进右出"的原则接线。

● 控制线应紧贴控制板布线,主回路线相邻元件之间距离较短的可"架空走线"。

● 可移动控制按钮连接线必须用软线,与其他元器件连接时必须通过接线端,并加以编号。

● 导线与接线端子或接线柱连接时,应不压绝缘层、不反圈及不露铜过长,并做到同一元器件、同一回路的不同接点的导线间距离保持一致;严禁损伤线芯和导线绝缘。

● 所有导线从一个端子到另一个端子的走线必须是连续的,中间不允许有接头。

● 布线时,不在控制板上的电气元件,要从端子排上引出。

● 布线时,要确保连接牢靠,用手轻拉,不会松动或脱落。

③通电前检查:

● 按接线图从电源端开始,逐段核对接线及接线端子处线号,重点检查主回路中是否有漏接、错接及控制回路中容易接错的线号,还应核对同一导线两端线号是否一致。

● 用万用表进行检查时,应选用适当倍率的电阻挡,并进行校零,以防错漏短路故障。检查控制电路时,可将表笔分别搭在连接控制电路的两根电源线的接线端上,读数应为"∞",按下点动控制按钮 SF 时,读数应为接触器线圈的直流电阻阻值。

● 检查主电路时,可以用手动操作来代替接触器线圈吸合时的情况。

④通电试车:控制电路连接完毕,经指导教师检查无误后可进行通电试车。

● 接通电源,合上刀开关。

● 单向点动控制地进行启停操作。按下点动控制按钮 SF,电动机启动,观察电路和电动机运行有无异常现象;松开按钮 SF,电动机停转。

● 单向连续运行控制的启停操作。按下启动按钮 SF2,电动机启动,观察电路和电动机运行有无异常现象,松开按钮 SF2,电动机依然运行;按下停止按钮 SF1,电动机停转。

⑤注意事项:

● 螺旋式熔断器的接线要正确,以确保用电安全。

● 电动机和按钮的金属外壳必须可靠接地。

● 接至电动机的导线必须结实,并且有良好的绝缘性能。

● 安装完毕的控制电路必须经过认真检查并经过指导教师允许后方可通电试车,以防事故发生。

● 电动机的启动不宜太频繁,否则会引起电动机过热。

● 工具和仪表的使用方法要准确,同时要做到安全操作和文明生产。

5. 任务评价

(1)纪律要求

训练期间不准穿裙子、西服、皮鞋,必须穿工作服(或学生服)、胶底鞋;注意安全,遵守纪律,有事请假,不得无故不到或随意离开;训练过程中要爱护器材,节约用料。

（2）评分标准（见表 1-10）

表 1-10 元器件安装与布线评分标准

项目内容	分配	评 分 标 准		得分
安装元器件	15	①元器件布置不整齐、不匀称、不合理，每个	扣 3 分	
		②元器件安装不牢固，每个	扣 4 分	
		③损坏元器件	扣 5~15 分	
布线	35	①不按电气原理图接线	扣 15 分	
		②布线不符合要求：		
		• 主回路，每根	扣 2 分	
		• 控制回路，每根	扣 1 分	
		• 节点松动、露铜过长、反圈、压绝缘层，每根	扣 1 分	
		• 损伤导线绝缘部分或线芯，每根	扣 4 分	
元器件选择	50	根据元器件数目，每个元器件选型不合适	扣 3~5 分	
开始时间		结束时间	实际时间	
成绩				

思考：

①电路中已经用了热继电器，为什么还要装熔断器？

②为什么接触器控制的电动机启动运行电路都具有失电压保护作用？

③实训过程中是否发生了故障？若有故障是如何解决的？

习 题

1. 常用的低压刀开关有几种？分别用在什么场合？

2. 刀开关的选用方法及安装注意事项有哪些？

3. 常用熔断器的种类有哪些？熔断器如何选择？

4. 两台电动机不同时启动，一台电动机额定电流为 14.8 A，另一台电动机额定电流为 6.47 A，试选择用作短路保护熔断器的额定电流及熔体的额定电流。

5. 常用主令电器有哪些？在电路中各起什么作用？

6. 写出下列电器的作用、图形符号和文字符号：

组合开关、低压断路器、熔断器、按钮开关、交流接触器、热继电器、时间继电器

7. 简述交流接触器在电路中的作用、结构和工作原理。

8. 中间继电器与交流接触器有什么差异？在什么条件下中间继电器也可以用来启动电动机？

9. 时间继电器 JS7 的原理是什么？如何调整延时时间？画出图形符号并解释各触点的动作特点。

10. 在电动机的控制电路中，熔断器和热继电器保护功能有何不同之处？为什么？

11. 电动机的启动电流大，启动时热继电器应不应该动作？为什么？

项目 **二** 电动机的基本控制

 学习目标

- 掌握常用的电气控制电路的图形符号、文字符号的国家标准。
- 掌握电气原理图的绘图原则及读图方法。
- 掌握三相异步电动机的全压、降压启动控制电路的工作原理和性能。
- 能够根据控制要求,简单设计制作出降压启动电气控制电路。
- 掌握三相异步电动机变极调速、变频调速的原理,并能够正确分析电路工作原理。
- 能够正确分析能耗制动、反接制动、电动机正反转控制、点动与长动控制、多地点多条件控制、顺序控制、自动循环控制等电路的工作原理。
- 能够正确使用电工工具制作正反转控制电路与双速异步电动机控制电路,并调试运行。
- 能够设计简单功能的电气控制电路。

电气控制电路通常指根据一定的控制方式,用导线把开关、继电器、接触器、保护电器等器件连接起来组成的自动控制电路。其控制对象大多是各类电动机或其他执行电器。不同的生产工业和生产过程具有不同的控制电路要求,但无论哪一种控制电路,都是由一些基本的控制环节组合而成的。因此,只要掌握电动机控制电路的基本环节,掌握典型电路的工作原理、分析方法和设计方法,就能掌握复杂电气控制电路的分析方法和设计方法,结合具体的工艺生产要求,通过基本环节的组合,设计出复杂的电气控制电路。

 相关知识

一、电气控制电路制图与识图方法

1. 电气图识图及制图标准

电气控制电路是由许多电气元器件按具体要求而组成的一个系统。为了表达生产机械电气控制系统的原理、结构等设计意图,同时也为了方便电气元器件的安装、调整、使用和维修,必须将电气控制系统中各电气元器件的连接用一定的图形表示出来,这种图就是电气控制系统图。为了便于设计、阅读分析、安装和使用控制电路,电气控制系统图必须采用统一规定的符号、文字和标准的画法。

电气控制系统图一般有 3 种:电气原理图、电器布置图和电气安装接线图。各种图的图纸尺寸一般选用 297 mm×210 mm、297 mm×420 mm、用 420 mm×594 mm、594 mm×841 mm 四种幅面,特殊需要可按《机械制图》国家标准选用其他尺寸。

电气控制系统图中电器元件的图形符号必须符合国家标准规定。一般来说,国家标准是参照国际电工委员会(IEC)和国际标准化组织(ISO)所颁布的标准来制定的。目前,与电气制图有关的主要国家标准有:《电气简图用图形符号》GB/T 4728—2005、2008;《电气设备用图形符号》

GB/T 5465—2008、2009;《简图用图形符号》GB/T 20063—2006、2009;《工业系统、装置与设备以及工业产品-结构原则与参照代号》GB/T 5094—2003、2005 等。常用电气控制系统的图示符号包括图形符号、文字符号、接线端子标记、项目代号等。

(1)图形符号

图形符号通常用于图样或其他文件,以表示一个设备或概念,它包括符号要素、一般符号和限定符号。

①符号要素:它是一种具有确定意义的简单图形,必须同其他图形组合才能构成一个设备或概念的完整符号。例如,接触器常开主触点的符号就由接触器触点功能符号和常开触点符号组合而成。

②一般符号:用以表示一类产品或此类产品特征的一种简单的符号。例如,电动机的一般符号为"⊛"," * "号用 M 代替可以表示电动机,用 G 代替可以表示发电机。

③限定符号:用于提供附加信息的一种加在其他符号上的符号。限定符号一般不能单独使用,但它可以使图形符号更具多样性。例如,在电阻器一般符号 —☐— 的基础上分别加上不同的限定符号,就可以得到可调电阻器 —☐— 、带滑动触点的电位器 —☐— 等。

(2)文字符号

文字符号适用于电气技术领域中技术文件的编制,用以标明电气设备、装置和元器件的名称及电路的功能、状态和特征。文字符号分为基本文字符号和辅助文字符号。

①基本文字符号:有单字母符号和双字母符号两种。单字母符号是按拉丁字母顺序将各种电气设备、装置和元器件划分为 23 个大类,每一类用一个专用单字母符号表示,如 CA 表示电容器类,RA 表示电阻器类。

双字母符号是由一个表示种类的单字母符号与另一字母组成,组合形式是按单字母符号在前,另一个字母在后的次序列出。例如,F 表示保护器件类,FA 则表示熔断器。

②辅助文字符号:用以表示电气设备、装置和元器件,以及电路的功能、状态和特征的,如 L 表示限制,RD 表示红色等。辅助文字符号也可以放在表示种类的单字母符号后面组成双字母符号,如 BP 表示压力传感器,MB 表示电磁制动器等。为简化文字符号,若辅助文字符号由两个以上字母组成,允许只采用其第一位字母进行组合,如 MS 表示同步电动机。辅助文字符号还可以单独使用,如 ON 表示接通,OFF 表示断开,M 表示中间线等。

③补充文字符号的原则:如果基本文字符号和辅助文字符号不能满足使用要求,可按国家标准中文字符号组成原则予以补充。

在不违背国家标准文字符号编制原则的条件下,可采用国际标准中规定的电气技术文字符号。

在优先采用基本文字符号和辅助文字符号的前提下,可补充国家标准中未列出的双字母符号和辅助文字符号。

使用文字符号时,应按有关电气名词术语国家标准或专业技术标准中规定的英文术语缩写而成。基本文字符号不得超过 2 个字母,辅助文字符号一般不能超过 3 个字母。例如,表示"启动",采用 START 的前两位字母 ST 作为辅助文字符号;而表示"停止(STOP)"的辅助文字符号必须再加一个字母,为 STP。因拉丁字母"I"和"O"容易同阿拉伯数字"1"和"0"混淆,所以不允许单独作为文字符号使用。

常用的图形符号和文字符号如表 2-1 所示。

表 2-1　常用的图形符号和文字符号

名　　称	图形符号	文字符号 新国标 (GB/T5094—2003 GB/T20939—2007)	文字符号 旧国标 (GB7159—1987)	说　　明
1. 电源				
正极	+	—	—	正极
负极	–	—	—	负极
中性(中性线)	N	—	—	中性(中性线)
中性线	M	—	—	中性线
直流系统 电源线	L+ L–	—		直流系统正电源线 直流系统负电源线
交流电源三相	L1 L2 L3	—	—	交流电源第一相 交流电源第二相 交流电源第三相
交流设备三相	U V W	—	—	交流系统设备端第一相 交流系统设备端第二相 交流系统设备端第三相
2. 接地和接地壳、等电位				
接地	（图形符号 XE） （图形符号） （图形符号） （图形符号） （图形符号）	PE	接地一般符号 地一般符号	保护接地 外壳接地 屏蔽层接地 接地壳/接地板
3. 导体和连接器件				
导线	（图形符号 3） （图形符号） （图形符号）	WD	W	连线、连接、连线组: 示例:导线、电缆、电线、传输通路,如用单线表示一组导线时,导线的数目可标以相应数量的短斜线或一个短斜线后加导线的数字 示例:三根导线 屏蔽导线 绞合导线

名　　称	图 形 符 号	文 字 符 号		说　　明
		新国标 （GB/T5094—2003 GB/T20939—2007）	旧国标 （GB7159—1987）	
端子	●	XD	X	连接、连接点
	0			端子
	水平画法 ─○─			装置端子
	垂直法 ○			
4. 基本无源元件				
电阻	▭	RA	R	电阻器一般符号
	可调电阻器符号			可调电阻器
	电位器符号			带滑动触点的电位器
	光敏电阻符号			光敏电阻
电感	ᶜᵐᵐᵐ		L	电感器、线圈、绕组、扼流圈
电容	╪	CA	C	电容器一般符号
5. 半导体器件				
二极管	二极管符号	RA	V	半导体二极管一般符号
光电二极管	光电二极管符号			光电二极管
发光二极管	发光二极管符号	PG	VL	发光二极管一般符号
三级晶体闸流管	闸流管符号	QA	VR	反向阻断三级闸流晶体管，P型控制极（阴极侧受控）
	闸流管符号			反向导通三级闸流晶体管，N型控制极（阳极侧受控）
	闸流管符号			反向导通三级闸流晶体管，P型控制极（阴极侧受控）
	双向晶体管符号			双向三极闸流晶体管

名　　称	图形符号	文 字 符 号		说　　明
		新国标 （GB/T5094—2003 GB/T20939—2007）	旧国标 （GB7159—1987）	
晶体管		KF	VT	PNP 半导体管
				NPN 半导体管
光电晶体管			V	光电晶体管（PNP 型）
光耦合器				光耦合器 光隔离器
6. 电能的发生和转换				
电动机		MA 电动机	M	电动机的一般符号： 　其中的星号"＊"用下述字母之一代替：C—旋转交流机；G—发电机；GS—同步发电机；M—电动机；MG—能作为发电机或电动机使用的电动机；MS—同步电动机
		GA 发电机	G	
		MA	MA	三相笼形异步电动机
			M	步进电动机
			MV	三相永磁同步交流电动机
双绕组变压器	样式 1	TA	T	双绕组变压器画出铁芯
	样式 2			双绕组变压器
自耦变压器	样式 1		TA	自耦变压器
	样式 2			

名　　称	图 形 符 号		文 字 符 号		说　　明
			新国标 （GB/T5094—2003 GB/T20939—2007）	旧国标 （GB7159—1987）	
电抗器			RA	L	扼流圈 电抗器
电流互感器	样式 1		BE	TA	电流互感器 脉冲变压器
	样式 2				
电压互感器	样式 1			TV	电压互感器
	样式 2				
发生器	G		GF	GS	电能发生器一般符号 信号发生器一般符号 波形发生器一般符号
	G				脉冲发生器
蓄电池			GB	GB	原电池、蓄电池、原电 池或蓄电池组，长线代表 阳极，短线代表阴极
					光电池
变换器				B	变换器一般符号
整流器			TB	U	整流器
					桥式全波整流器
变频器	f_1 / f_2		TA	—	变频器 频率由 f_1 变到 f_2，f_1 和 f_2 可用输入和输出 频率数值代替

名　　称	图形符号	文字符号		说　　明
		新国标 （GB/T5094—2003 GB/T20939—2007）	旧国标 （GB7159—1987）	
7. 触点				
触点		KF	KA KM KT KI KV 等	动合（常开）触点 本符号也可用做开 关的一般符号
				动断（常闭）触点
延时动作触点		KF	KT	当操作器件被吸合时延时 闭合的动合触点
				当操作期间被释放时延时 断开的动合触点
				当操作器件被吸合时延时 断开的动断触点
				当操作器件被释放时延时 闭合的动断触点
8. 开关及开关部件				
单极开关		SF	S	手动操作开关一般 符号
			SB	具有动合触点且自动 复位的按钮
				具有动断触点切自动 复位的按钮
			SA	具有动合触点但无自 动复位的拉拨开关
				具有动合触点但无自 动复位的旋转开关
				钥匙动合开关
				钥匙动断开关

续表

名　称	图形符号	文字符号		说　明
		新国标 （GB/T5094—2003 GB/T20939—2007）	旧国标 （GB7159—1987）	
位置开关		BG	SQ	位置开关、动合触点
				位置开关、动断触点
电力开关器件		QA	KM	接触器的主动合触点 （在非动作位置触点断开）
				接触器的主动断触点 （在非动作位置触点闭合）
			QF	断路器
		QB	QS	隔离开关
	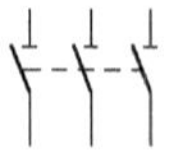			三极隔离开关
				负荷开关 负荷隔离开关
				具有由内装的量度继电器或脱扣器触发的自动释放功能的负荷开关

9. 检测传感器类开关

名　称	图形符号	新国标	旧国标	说　明
开关及触点		BG	SQ	接近开关
	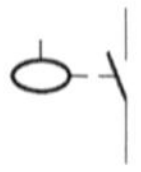		SL	液位开关
	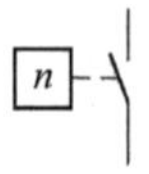	BS	KS	速度继电器触点
		BB	FR	热继电器常闭触点

名　称	图形符号	文字符号		说　明
		新国标 （GB/T5094—2003 GB/T20939—2007）	旧国标 （GB7159—1987）	
	热敏自动开关符号	BT	ST	热敏自动开关(例如双金属片)
	$\theta <$ 温度开关符号			温度控制开关(当温度低于设定值时动作)，把符号"<"改为">"后，温度开关就表示当温度高于设置值时动作
	$p >$ 压力开关符号	BP	SP	压力控制开关(当压力大于设置值时动作)
	固态继电器触点符号	KF	SSR	固态继电器触点
	光电开关符号		SP	光电开关
10. 继电器操作				
	接触器线圈符号	QA	KM	接触器线圈
		MB	YA	电磁铁线圈
			K	电磁继电器线圈一般符号
	延时释放线圈符号		KT	延时释放继电器的线圈
	延时吸合线圈符号			延时吸合继电器的线圈
线圈	$U <$ 欠压线圈符号	KF	KV	欠压继电器线圈,把符号"<"改为">"表示过压继电器线圈
	$I >$ 过流线圈符号		KI	过流继电器线圈,把符号">"改为"<"表示欠电流继电器线圈
	固态继电器符号		SSR	固态继电器驱动器件
	热继电器符号	BB	FR	热继电器驱动器件
	电磁阀符号	MB	YV	电磁阀
	电磁制动器符号		YB	电磁制动器(处于未开动状态)

续表

名　　称	图形符号	文字符号		说　　明
		新国标 （GB/T5094—2003 GB/T20939—2007）	旧国标 （GB7159—1987）	
11. 熔断器和熔断器式开关				
熔断器		FA	FU	熔断器一般符号
熔断器式开关		QA	QKF	熔断器式开关
				熔断器式隔离开关
12. 指示仪表				
指示仪表	V	PG	PV	电压表
	↑		PA	检流计
13. 灯和信号器件				
灯信号、器件	⊗	EA 照明灯	EL	灯一般符号,信号灯一般符号
		PG 指示灯	HL	
	⊗	PG	HL	闪光信号灯
		PB	HA	电铃
			HZ	蜂鸣器

（3）接线端子标记

三相交流电源引入线采用 L1、L2、L3 标记,中性线为 N。

电源开关之后的三相交流电源主电路分别按 U、V、W 顺序进行标记,接地端为 XE。

电动机分支电路各接点标记采用三相文字代号后面加数字来表示,数字中的个位数表示电动机代号,十位数表示该支路接点的代号,从上到下按数值的大小顺序标记。例如 U11 表示 MA1 电动机的第一相的第一个接点代号,U21 为第一相的第二个接点代号,依此类推。

电动机绕组首端分别用 U1、V1、W1 标记,尾端分别用 U2、V2、W2 标记,双绕组的中点则用 U3、V3、W3 标记。也可以用 U、V、W 标记电动机绕组首端,用 U′、V′、W′标记绕组尾端,用 U″、V″、W″标记双绕组的中点。

分级三相交流电源主电路采用三相文字 U、V、W 的前面加上阿拉伯数字 1、2、3 等来标记,如 1U、1V、1W、2U、2V、2W 等。控制电路采用阿拉伯数字编号,一般由三位或三位以下的数字组成。

标注方法按"等电位"原则进行,在垂直绘制的电路中,标号顺序一般由上而下编号,凡是线圈、绕组、触点或电阻、电容等元件所间隔的线段,都应标以不同的电路标号。

（4）项目代号

在电路图上,通常用一个图形符号表示的基本件、部件、组件、功能单元、设备、系统等,称为项目。项目代号是用以识别图、图表、表格中和设备上的项目种类,并提供项目的层次关系、种类、实际位置等信息的一种特定的代码。通过项目代号可以将图、图表、表格、技术文件中的项目与实际设备中的该项目一一对应和联系起来。

一个完整的项目代号由4个相关信息的代号段(高层代号、位置代号、种类代号、端子代号)组成。一个项目代号可以由一个代号段组成,也可以由几个代号段组成。通常,种类代号可单独表示一个项目,而其余大多应与种类代号组合起来,才能较完整地表示一个项目。

2. 电气原理图

用图形符号和项目代号表示电路各个电器元件连接关系和电气工作原理的图称为电气原理图。由于电气原理图结构简单、层次分明、适于分析、研究电路工作原理等特点,因此广泛应用于设计和生产实际中。图 2-1 所示为 CW6132 型普通车床电气原理电路图。

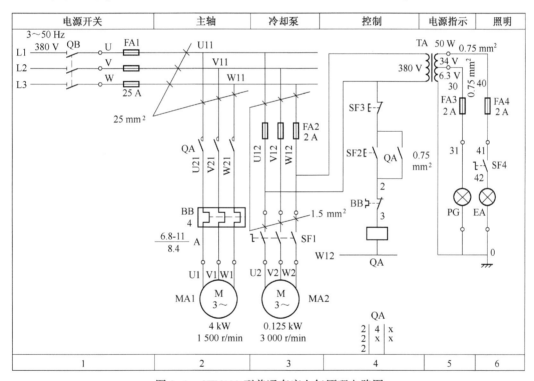

图 2-1　CW6132 型普通车床电气原理电路图

在绘制电气原理图时,一般应遵循以下原则:

①电气原理图应采用规定的标准图形符号,按主电路与辅助电路分开,并依据各电气元件的动作顺序等原则而绘制。其中,主电路就是从电源到电动机大电流通过的路径。辅助电路是控制电路中除主电路以外的电路,包括控制电路、照明电路、信号电路及保护电路等,由继电器和接触器的线圈、继电器的触点、接触器的辅助触点、按钮、照明灯、信号灯、控制变压器等电器元件组成。

②电气原理图中电器元件的布局，应根据便于阅读的原则安排。主电路安排在图片左侧或上方，辅助电路安排在图片右侧或下方。主电路和辅助电路应按功能布置，并尽可能按工作顺序从上到下、从左到右排列。

③电气原理图中所有电器元件都应采用国家标准中统一规定的图形符号和文字符号表示。

④所有电器的可动部分均按没有通电或没有外力作用时的状态画出；对于继电器、接触器的触点，按其线圈不通电时的状态画出；控制器按手柄处于零位时的状态画出；对于按钮、行程开关等触点，按未受外力作用时的状态画出。

⑤在原理图上方将图分成若干图区，并标明该区电路的用途与作用；在继电器、接触器线圈下方列有触点表，以说明线圈和触点的从属关系。

⑥原理图上应标出各个电源电路的电压值、极性、频率及相数；某些元器件的特性（如电阻、电容、变压器的数值等）；不常用电器（如位置传感器、手动触点等）的操作方式、状态和功能。

⑦动力电路的电源电路绘成水平线，受电部分的主电路和控制保护支路，分别垂直绘制在动力电路下面的左侧和右侧。

⑧原理图中，各个电器元件在控制电路中的位置，不按实际位置画出，应根据便于阅读的原则安排，但为了表示是同一元件，电器的不同部件要用同一文字符号来表示。

⑨电气原理图中，应尽量减少和避免线条交叉。各导线之间有联系时，对 T 形连接点，在导线交叉处可以画实心圆点，也可以不画；对"十"形连接点，必须画实心圆点。根据图面布置需要，可以将图形符号旋转绘制，一般逆时针方向旋转 90°，但文字符号不可倒置。

图 2-1 中接触器 QA 线圈下方的文字是接触器 QA 相应触点的索引，又称为触点表。在电气原理图中，触点表用来表示线圈与触点的从属关系。对接触器来说，触点表中各栏的含义如下：

左栏	中栏	右栏
主触点所在的图区号	辅助常开触点所在的图区号	辅助常闭触点所在的图区号

对于继电器，触点表中各栏的含义如下：

左栏	右栏
辅助常开触点所在的图区号	辅助常闭触点所在的图区号

3. 电器元器件布置图

电器元器件布置图所绘内容为原理图中各元器件的实际安装位置，为制造、安装、维护提供必要的资料。元器件轮廓线用细实现或点画线表示，如有需要，也可以用粗实线绘制简单的外形轮廓。电器元件的布置应注意以下几方面：

①体积大和较重的元器件应安装在电器安装板的下方。

②发热元器件应安装在控制柜或面板的上方或后方，但热继电器一般安装在接触器的下面，以方便与电动机和接触器连接。

③强电弱电应分开。弱电应屏蔽，防止外界干扰。

④需要经常维护、检修、调整的电器元器件安装位置不宜过高或过低。

⑤电器元器件的布置应考虑整齐、美观、对称。外形尺寸与结构类似的元器件安装在一起，以利加工、安装和配线。

⑥电器元器件布置不宜过密,要留有一定间距,如有走线槽,应加大各排元器件间距,以利于布线和维护。

布置图根据元器件的外形绘制,并标出各元器件间距尺寸。每个元器件的安装尺寸及其公差范围,应严格按产品手册标准标注,作为底板加工依据,以保证各元器件顺利安装。在电器布置图中,还要选用适当的接线端子板或接插件,按一定顺序标上进出线的接线号。图 2-2 所示为与图 2-1 对应的电器箱内的电器元器件布置图。图中 FA1～FA4 为熔断器、QA 为接触器、BB 为热继电器、TA 为照明变压器、XD 为接线端子板。

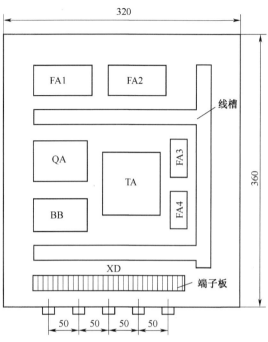

图 2-2 CW6132 型普通车床电器元件布置图(单位:mm)

4. 电气安装接线图

安装接线图是电气原理图的具体实现形式,它是用规定的图形符号按各电器元件相对位置而绘制的实际接线图,用于电气设备和电器元件的安装、配线、维护和检修电器故障。电气安装接线图是根据电器位置布置最合理、连接导线最经济等原则来安排的。绘制电气安装接线图应按照下列原则进行:

①接线图中的各电气元件的图形符号、文字符号及接线端子的编号应与电气原理图一致,并按电气原理图连接。

②各电气元件均按其在安装底板中的实际安装位置绘出,元件所占图面按实际尺寸以统一比例绘制。

③一个元件的所有部件绘在一起,并且用点画线框起来,即采用集中表示法。有时将多个电气元件用点画线框起来,表示它们是安装在同一安装底板上的。

④安装底板内外的电气元件之间的连线通过接线端子板进行连接,安装底板上有几个接至外电路的引线,端子板上就应绘出几个线的接点。

⑤走向相同、功能相同的多根导线可用单线或线束表示。画连接线时,应标明导线的规格、型号、颜色、根数和穿线管的尺寸。

图 2-3 所示为某生产机械电气安装接线图。

5. 阅读和分析电气控制电路图的方法

(1)识图的基本方法

电气控制电路图识图的基本方法是"先机后电、先主后辅、化整为零、集零为整、统观全局、总结特点"。

①先机后电:首先了解生产机械的基本结构、运行情况、工艺要求、操作方法,以期对生产机械的结构及其运行有总体的了解,进而明确对电力拖动的要求,为分析电路做好前期准备。

②先主后辅:先阅读主电路,看设备由几台电动机拖动、各台电动机的作用,结合加工工艺分析电动机的启动方法,有无正反转控制,采用何种制动方式,采用哪些电动机保护措施,然后再分析辅助电路。从主电路入手,根据每台电动机、电磁阀等执行电器的控制要求去分析它们的控制

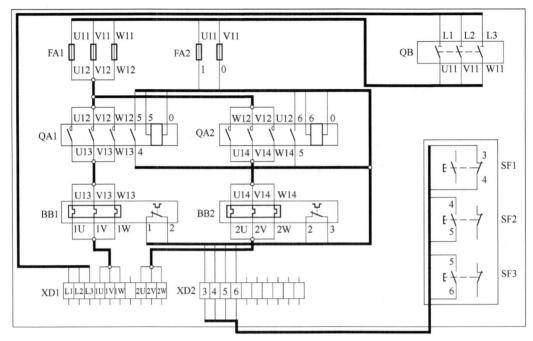

图 2-3 某生产机械电气安装接线图

内容(包括启动、方向控制、调速和制动等)。

③化整为零：在分析控制电路时，根据主电路中各电动机、电磁阀等执行电器的控制要求，逐一找出控制电路中的控制环节，将电动机控制电路，按功能不同划分为若干个局部控制电路来进行分析。其步骤为：从执行电器(电动机、电磁阀等)着手，看主电路上有哪些控制电器的触点，根据其组合规律看控制方式；根据主电路的控制电器主触点文字符号，在控制电路中找到有关的控制环节及环节间的相互联系，对各台电动机的控制电路划分成若干个局部电路，每一台电动机的控制电路，又按启动环节、制动环节、调速环节、反向运行环节来分析电路；设想按动了某操作按钮(应记住各信号元件、控制元件或执行元件的原始状态)，查对电路，观察电气元件的触点是如何控制其他电气元件动作的，再查看这些被带动的控制电气元件的触点又是如何控制执行电器或其他电气元件动作的，并随时注意控制电气元件的触点使电器有何动作，进而驱动被控机械运动，还要继续追查执行元件带动机械运动时，会使哪些信号元件状态发生变化。

④集零为整、统观全局、总结特点：在逐个分析完局部电路后，还应统观全部电路，看各局部电路之间的连锁关系，机电液之间的配合情况，电路中设有哪些保护环节。以期对整个电路有清晰的了解，对电路中的每个电路、电器中的每个触点的作用都应了解清楚。最后总体检查，经过化整为零，初步分析了每一个局部电路的工作原理，以及各部分之间的控制关系后，还必须用"集零为整"的方法，检查整个控制电路，看是否有遗漏。特别要从整体角度去进一步检查和理解各控制环节之间的联系，理解电路中每个电气元件的作用。在读图过程中，特别要注意相互间的联系和制约关系。

(2)识图的查线读图法

阅读和分析电气控制电路图的基本方法是查线读图法(直接读图法或跟踪追击法)。

①识读主电路的步骤：

第一步：分清主电路中的用电设备。用电设备系指消耗电能的用电器具或电气设备，如电动机、电弧炉、电阻炉等。识图时,首先要看清楚有几个用电器以及它们的类别、用途、接线方式、特殊要求等。以电动机为例,从类别上讲,有交流电动机和直流电动机之分;而交流电动机又有感应电动机和同步电动机;感应电动机又分笼形和绕线式。

第二步:要弄清楚用电设备是用什么电气元件控制的。控制电气设备的方法很多,有的直接用开关控制,有的用各种启动器控制,有的用接触器或继电器控制。

第三步:了解主电路中其他元器件的作用。通常,主电路中除了用电器和控制用的电器(如接触器、继电器)外,还常接有电源开关、熔断器及保护电器。

第四步:看电源。主电路电源是三相380 V还是单相220 V,主电路电源是由母线汇流排供电或配电屏供电的(一般为交流电),还是从发电机供电的(一般为直流电)。

②识读辅助电路的步骤:

由于有各种不同类型的生产机械设备,它们对电力拖动也提出了各不相同的要求,表现在电路图上有种种不相同的辅助电路。辅助电路包含控制电路、信号电路和照明电路。

分析控制电路可根据主电路中各电动机和执行电器的控制要求,逐一找出控制电路中的控制环节,将控制电路"化整为零",按功能不同划分成若干个局部控制电路来进行分析。如果控制电路较复杂,则可先排除照明、显示等与控制关系不密切的电路,以便集中精力进行分析。控制电路一定要分析透彻。分析控制电路的最基本的方法是"查线读图"法。

第一步:看电源。看清电源的种类,是交流的还是直流的。查看电源是从什么地方接来的及其电压等级。电源一般是从主电路的两条相线上接来,其电压为380 V;也有的从主电路的一条相线和零线上接来,电压为220 V;此外,也可以从专用隔离电源变压器接来,常用电压有127 V、36 V等。当辅助电路为直流时,其电压一般为24 V、12 V、6 V等。

第二步:看辅助电路是如何控制主电路的。对复杂的辅助电路,在电路图中,整个辅助电路构成一条大回路。在这个大回路中又分成几条独立的小回路,每条小回路控制一个用电器或一个动作。当某条小回路形成闭合回路有电流流过时,在回路中的电气元件(接触器或继电器)就动作,把用电设备(如电动机)接入电源或从电源切除。

第三步:研究电气元件之间的联系。电路中一切电气元件都不是孤立的,而是互相联系、互相制约的。在电路中有用电气元件 A 控制电气元件 B,甚至又用电气元件 B 去控制电气元件 C 的情况。这种互相制约的关系有时表现在同一个回路,有时表现在不同的几个回路,这就是控制电路中的电气连锁。

第四步:研究其他电气设备和电气元件,如整流设备、照明灯等,了解它们的电路走向和作用。

上面所介绍的读图方法和步骤,只是一般的通用方法,需通过对具体电路的分析逐步掌握,不断总结,才能提高识图能力。

二、三相异步电动机的启动控制电路

三相异步电动机的结构简单,价格便宜,坚固耐用,运行可靠,维修方便。与同容量的直流电动机比较,异步电动机具有体积小、重量轻、转动惯量小的特点,在生产实际中,它的应用占到了使用电动机的80%以上。三相异步电动机按照结构的不同,分为笼形异步电动机和绕线式异步电动机。二者的构造不同,启动方法也不同,它们的启动控制电路差别大。下面对它们的启动控制电路分别进行介绍。

1. 笼形异步电动机直接启动控制

直接启动,又称全压启动,就是利用刀开关或接触器将电动机定子绕组直接接到额定电压的电源上。直接启动的优点是启动设备与操作都比较简单，其缺点就是启动电流大、启动转矩不大。对于小容量笼形异步电动机，因电动机启动电流小，且体积小、惯性小、启动快，一般来说，对电网、电动机本身都不会造成影响。因此，可以直接启动，但必须根据电源的容量来限制直接启动电动机容量。

在工程实践中，直接启动可按下列经验公式核定：

$$\frac{I_Q}{I_N} \leqslant \frac{3}{4} + \frac{P_H}{4P_N} \tag{2-1}$$

式中：I_Q——电动机的启动电流（A）；

$\quad I_N$——电动机的额定电流（A）；

$\quad P_N$——电动机的额定功率（kW）；

$\quad P_H$——电源的总容量（kV·A）。

（1）采用刀开关直接启动控制

用瓷底胶盖刀开关、转换开关或铁壳开关控制电动机的启动和停止，是最简单的手动控制电路。

图 2-4 所示为采用刀开关直接启动电动机的控制电路，其原理是：MA 为被控三相异步电动机，QB 是开关，FA 是熔断器。合上开关 QB，电动机将通电并旋转。断开 QB，电动机将断电并停转。开关是电动机的控制电器，熔断器是电动机的保护电器。冷却泵、小型台钻、砂轮机的电动机一般采用这种启动控制方式。

（2）采用接触器直接启动控制

图 2-5 所示为接触器控制电动机单向旋转的电路。主电路由自动开关 QA0、熔断器 FA1、接触器 QA 的主触点、热继电器 BB 的发热元件和电动机 MA 组成。控制电路由熔断器 FA2、热继电器的动断触点 BB、停止按钮 SF1、启动按钮 SF2、接触器 QA 的线圈及其辅助动合触点 QA 组成。

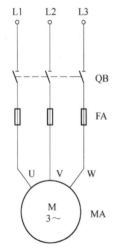

图 2-4　刀开关控制电路

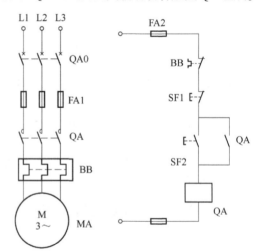

图 2-5　接触器控制电动机直接启动电路

在主电路中，串接热继电器 BB 的三相热元件；在控制电路中，串接热继电器 BB 的动断触点。一旦过载，BB 的热元件动作，其动断触点断开，切断控制电路，电动机断电停转。

在启动按钮两端并联有接触器 QA 的辅助动合触点 QA，使该电路具有自锁功能。

电路的工作过程如下：

电路具有以下保护功能：

①短路保护：由熔断器 FA 实现主电路、控制电路的短路保护。短路时，FA 的熔体熔断，切断电路。熔断器可作为电路的短路保护，但达不到过载保护的目的。

②过载保护：由热继电器 BB 实现。由于热继电器的热惯性比较大，即使热元件流过几倍电动机额定电流，热继电器也不会立即动作。因此，在电动机启动时间不太长的情况下，热继电器是经得起电动机启动电流冲击而不动作的。只有在电动机长时间过载情况下，串联在主电路中的热继电器 BB 的热元件（双金属片）因受热产生变形，能使串联在控制电路中的热继电器 BB 的动断触点断开，断开控制电路，使接触器 QA 线圈断电，其主触点释放，切断主电路使电动机断电停转，实现对电动机的过载保护。

③欠压和失压保护：依靠接触器本身的电磁机构来实现。当电源电压由于某种原因而严重下降（欠压）或消失（失压）时，接触器的衔铁自行释放，电动机断电停止运转。控制电路具有欠压和失压保护后，具有 3 个优点：防止电源电压严重下降时，电动机欠压运行；防止电源电压恢复时，电动机突然自行启动运转造成设备和人身事故；避免多台电动机同时启动造成电网电压的严重下降。

2. 笼形异步电动机降压启动控制

笼形异步电动机直接启动控制电路简单、经济、操作方便。但对于容量大（一般为 13 kW 以上）的电动机来说，由于启动电流大，电网电压波动大，必须采用降压启动的方法，限制启动电流。

降压启动是指启动时降低加在电动机定子绕组上的电压，待电动机转速接近额定转速后再将电压恢复到额定电压下运行。由于定子绕组电流与定子绕组电压成正比，因此降压启动可以减小启动电流，从而减小电路电压降，也就减小了对电网的影响。但由于电动机的电磁转矩与电动机定子电压的平方成正比，将使电动机的启动转矩相应减小，因此降压启动仅适用于空载或轻载下启动。

常用的降压启动方法有定子电路串电阻（或电抗）降压启动、星−三角（Y−△）降压启动、自耦变压器降压启动等。对降压启动控制的要求：不能长时间降压运行；不能出现全压启动；在正常运行时应尽量减少工作电器的数量。

（1）定子电路串电阻（或电抗）降压启动

电动机启动时，在三相定子电路上串接电阻 RA，使定子绕组上的电压降低，启动后再将电阻 RA 短路，电动机即可在额定电压下运行。

图 2-6 所示为时间继电器控制的定子电路串电阻降压启动控制电路。该电路是根据启动过程中时间的变化，利用时间继电器延时动作来控制各电器元件的先后顺序动作，时间继电器的延时时间按启动过程所需时间整定。其工作原理如下：当合上刀开关 QB，按下启动按钮 SF2 时，QA1 立即通电吸合，使电动机在串接定子电阻 RA 的情况下启动，与此同时，时间继电器 KF 通电开始计时，当达到时间继电器的整定值时，其延时闭合的动合触点闭合，使 QA2 通电吸合，QA2 的主触点闭合，将启动电阻 RA 短接，电动机在额定电压下进入稳定正常运转。

由分析可知，图 2-6(a)中在启动结束后，接触器 QA1 和 QA2、时间继电器 KF 线圈均处于长时间通电状态。其实，只要电动机全压运行一开始，QA1 和 KF 线圈的通电就是多余的了。因为这不仅使能耗增加，同时也会缩短接触器、继电器的使用寿命。其解决方法为：在接触器 QA1 和时间继电器 KF 的线圈电路中串入 QA2 的动断触点，QA2 要有自锁，如图 2-6(b)中电路所示。这

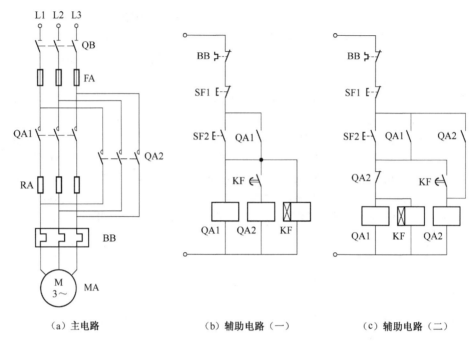

（a）主电路　　　　　　　　　　（b）辅助电路（一）　　　　　　（c）辅助电路（二）

图 2-6　时间继电器控制的定子电路串电阻降压启动控制电路

样当 QA2 线圈通电时，其动断触点断开使 QA1、KF 线圈断电。

电路的工作过程如下：

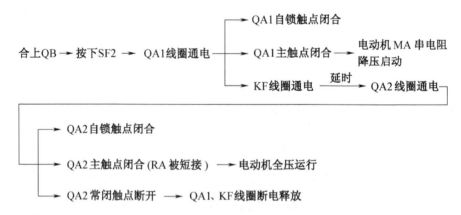

定子所串电阻一般采用 ZX1、ZX2 系列的铸铁电阻。铸铁电阻功率大，允许通过的电流较大，注意三相所串电阻应相等。每相串接的降压电阻可用下述经验公式进行估算：

$$RA = 190 \frac{I_q - I'_q}{I_q I'_q} \qquad (2-2)$$

式中：I_q——未串接电阻前的启动电流（A），可取 $I_q = 4 \sim 7 I_N$，I_N 为电动机的额定电流（A）；

I'_q——串接电阻后的启动电流（A），可取 $I'_q = 2 \sim 3 I_N$。

电阻功率可用 $P = I_N^2 R$ 公式计算。由于启动电阻 RA 仅在启动过程中接入，并且启动时间又很短，所以实际选用的电阻功率可比计算值减小 75% ~ 80%。若电动机定子回路只串接两相启动电阻，则电阻值按式（2-2）计算值的 1.5 倍计算。

定子串电阻降压启动的方法不受定子绕组接线形式的限制,启动过程平滑,设备简单,但启动转矩按电压下降比例的平方倍下降,能量损耗大。故此种方法适用于启动要求平稳、电动机轻载或空载及启动不频繁的场合。

（2）星–三角（Y–△）降压启动

三相笼形异步电动机额定电压通常为 380/220 V,相应的绕组接法为三角形/星形,这种电动机每相绕组额定电压为 380 V。我国采用的电网供电电压为 380 V。所以,当电动机启动时,将定子绕组接成星形,加在每相定子绕组上的启动电压只有三角形接法的 $1/\sqrt{3}$,启动电流为三角形接法的 1/3,启动力矩也只有三角形接法的 $1/\sqrt{3}$。启动完毕后,再将定子绕组换接成三角形。星–三角（Y–△）降压启动控制电路如图 2-7 所示。

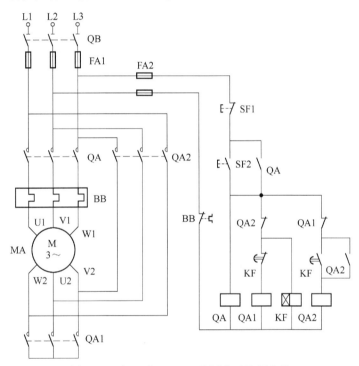

图 2-7　星–三角（Y–△）降压启动控制电路

电路的工作过程如下:

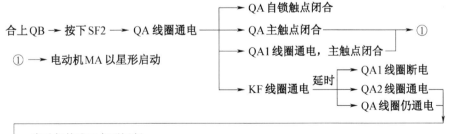

星–三角（Y–△）降压启动方式,设备简单经济,启动过程中没有电能损耗,启动转矩较小只能空载或轻载启动,只适用于正常运动时为三角形连接的电动机。我国设计的 Y 系列电动机,4 kW 以上的电动机的额定电压都用三角形接 380 V,就是为了适用星–三角（Y–△）降压启动而设计的。

(3)自耦变压器降压启动

自耦变压器的工作原理及实物如图 2-8 所示。普通变压器由输入绕组和输出绕组组成,输入绕组输入电压,铁芯上产生磁场耦合到输出绕组上便产生输出电压,电压的高低与线圈匝数成正比。自耦变压器没有输出绕组,靠输入绕组自己耦合输出电压,输出电压的大小与普通变压器相同。自耦变压器的优点是结构简单,节省材料,效率高;缺点是副线圈和原线圈有电的联系,不能用于变比较大的场合(一般不大于 2),这是因为当副线圈断开时,高电压就串入低压网络,容易发生事故。

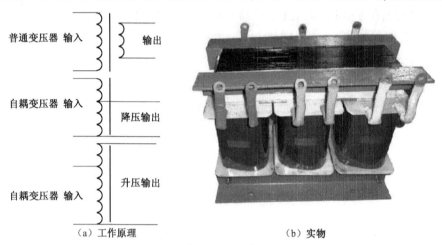

图 2-8 自耦变压器工作原理及实物

可以利用自耦变压器来降低加在电动机定子绕组上的启动电压。启动时,变压器的绕组连接成星形,其一次侧接电网,二次侧接电动机定子绕组。改变自耦变压器抽头的位置可以获得不同的启动电压,实际应用中,自耦变压器一般有 65%、85% 等抽头。启动完毕,将自耦变压器切除,电动机直接接电源,进入全压运行。控制电路如图 2-9 所示。

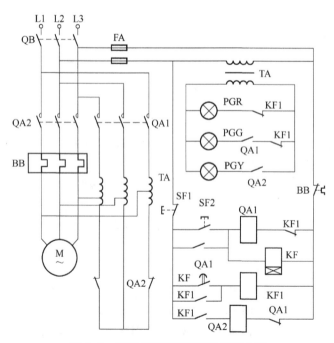

图 2-9 自耦变压器降压启动控制电路

电路的工作过程如下：

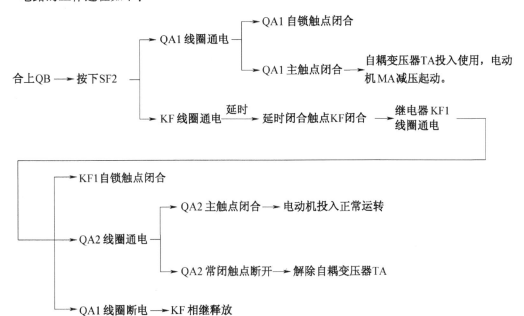

在本电路中，设有信号指示灯，由电源变压器 TA 提供工作电压。电路通电后，红灯 PGR 亮；启动后，由于 QA1 常开辅助触点的闭合，绿灯 PGG 亮；运转后，由于 KF1 吸合，KF1 的常闭触点断开，PGR、PGG 均熄灭，QA1 线圈断电，QA2 线圈通电，QA2 常开触点闭合黄色指示灯 PGY 亮。按下停止按钮 SF1，电动机 MA 停机，由于 KF1 恢复常闭状态，PGR 亮。

自耦变压器降压启动适用于电动机容量较大、正常工作时接成星形或三角形的电动机。通常自耦变压器可用调节抽头变比的方法改变启动电流和启动转矩的大小，以适应不同的需要。它比串接电阻降压启动效果要好，但自耦变压器设备庞大，成本较高，而且不允许频繁启动。

3. 绕线式异步电动机的启动控制

在实际生产中，对启动转矩值要求较大且能平滑调速的场合，常常采用三相绕线式异步电动机。三相绕线式异步电动机可以通过滑环在转子绕组中串接外加电阻，来减小启动电流，提高转子电路的功率因数，增加启动转矩，并且还可通过改变所串电阻的大小进行调速。

三相绕线式异步电动机的启动有在转子绕组中串接启动电阻和接入频敏变阻器等方法。

（1）转子绕组串接电阻启动控制电路

根据转子电流变化及启动时间两方面，可以采用按电流原则和按时间原则两种控制电路。

①按电流原则控制绕线式电动机转子串电阻启动控制电路。控制电路如图 2-10 所示。启动电阻接成星形，串接于三相转子电路中。启动时，启动电阻全部接入电路。启动过程中，电流继电器根据电动机转子电流大小的变化控制电阻的逐级切除。图 2-10 中，KF1～KF3 为欠电流继电器，这 3 个继电器的吸合电流值相同，但释放电流不一样。KF1 的释放电流最大，KF2 次之，KF3 的释放电流最小。刚启动时，启动电流较大，KF1～KF3 同时吸合动作，使全部电阻接入。随着转速升高，电流减小，KF1～KF3 依次释放，分别短接电阻，直到转子串接的电阻全部短接。

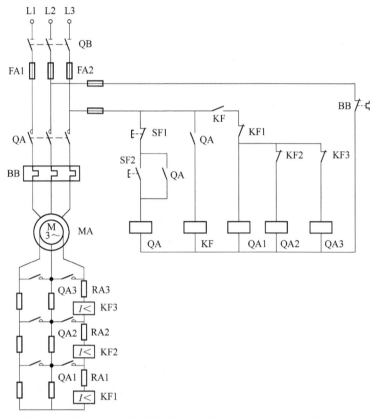

图 2-10　按电流原则控制绕线式电动机转子串电阻启动控制电路

电路的工作过程如下:

合上 QB —→ 按下 SF2 —→ QA 线圈通电

　　→ QA 自锁触点闭合

　　→ QA 主触点闭合 —→ 电动机 MA 串接全部电阻启动

　　→ QA 常开触点闭合 —→ 中间继电器 KF 线圈通电,
　　　　　　　　　　　　　　　为 QA1～QA3 通电做准备

随着转速升高,转子电流逐渐减小 —→ KF1 最先释放,其常闭触点闭合 —→ QA1 线圈通电,主触点闭合,短接第一级电阻 RA1 —→ 电动机 MA 转速升高,转子电流又减小 —→ KF2 释放,其常闭触点闭合 —→ QA2 线圈通电,主触点闭合,短接第二级电阻 RA2 —→ 电动机 MA 转速再升高,转子电流再减小 —→ KF3 最后释放,其常闭触点闭合 —→ QA3 线通通电,主触点闭合,短接最后电阻 RA3 —→ 电动机 MA 起动过程结束

按下 SF1 —→ QA、KF、QA1～QA3 线圈均断电释放 —→ 电动机 MA 断电停止运转

　　电路中中间继电器 KF 的作用,是保证启动刚开始时接入全部启动电阻,以免电动机直接启动。由于电动机刚开始启动时,启动电流由零增大到最大值需一定的时间。如果电路中没有 KF,则可能出现 KF1～KF3 还没有动作,而 QA1～QA3 的吸合将把转子电阻全部短接,则电动机相当于直接启动。加入中间继电器 KF 以后,只有 QA 线圈通电动作以后,KF 线圈才通电,KF 的常开

触点闭合。在这之前,启动电流已达到电流继电器吸合值并已动作,其常闭触点已将 QA1~QA3 电路断开,确保转子电路的电阻被串接,这样电动机就不会出现直接启动的现象。

②按时间原则控制绕线式电动机转子串电阻启动控制电路。图 2-11 所示电路是利用 3 个时间继电器 KF1~KF3 和 3 个接触器 QA1~QA3 的相互配合来依次自动切除转子绕组中的三级电阻的。

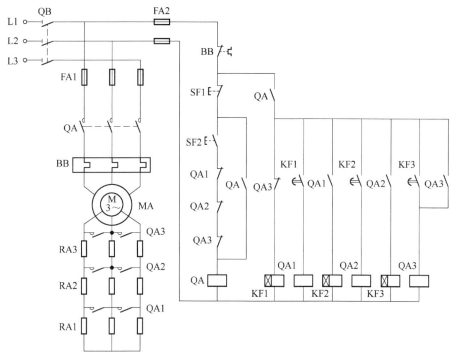

图 2-11　按时间原则控制绕线式电动机转子串电阻启动控制电路

与启动按钮 SF2 串接的接触器 QA1~QA3 常闭辅助触点的作用是保证电动机在转子绕组中接入全部外加电阻的条件下才能启动。如果接触器 QA1~QA3 中任何一个触点因熔焊或机械故障而没有释放,启动电阻就没有被全部接入转子绕组中,从而使启动电流超过规定的值。把 QA1~QA3 的常闭触点与启动按钮 SF2 串接在一起,就可避免这种现象的发生,因 3 个接触器中只要有一个触点没有恢复闭合,电动机就不可能接通电源直接启动。

电路的工作过程如下:

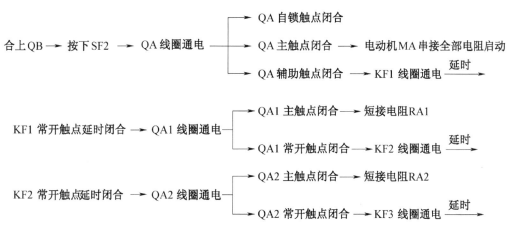

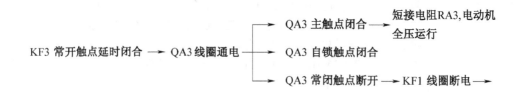

QA1 线圈断电 → KF2 线圈断电 → QA2 线圈断电 → KF3 线圈断电（为下次启动做好准备）

（2）转子绕组串接频敏变阻器启动控制电路

绕线式异步电动机转子串电阻的启动方法，由于在启动过程中逐渐切除转子电阻，在切除的瞬间电流及转矩会突然增大，产生一定的机械冲击力。如果想减小电流的冲击，必须增加电阻的级数，这将使控制电路复杂，工作不可靠，而且启动电阻体积较大。

频敏变阻器的阻抗能够随着电动机转速的上升、转子电流频率的下降而自动减小，所以它是绕线式异步电动机较为理想的一种启动装置，常用于较大容量的绕线式异步电动机的启动控制。

①频敏变阻器简介。频敏变阻器是一种静止的、无触点的电磁元件，其电阻值随频率变化而变化。它是由几块 30～50 mm 厚的铸铁板或钢板叠成的三柱式铁芯，在铁芯上分别装有线圈，3 个线圈连接成 Y 连接，并与电动机转子绕组相接。

电动机启动时，频敏变阻器通过转子电路获得交变电动势，绕组中的交变电流在铁芯中产生交变磁通，呈现出电抗 X。由于变阻器铁芯是用较厚钢板制成，交变磁通在铁芯中产生很大的涡流损耗和少量的磁滞损耗（涡流损耗占总损耗的 80% 以上）。涡流损耗在变阻器电路中相当于一个等值电阻 $RA1$。由于电抗 X 与电阻 $RA1$ 都是由交变磁通产生的，其大小又都随着转子电流频率的变化而变化。因此，在电动机启动过程中，随着转子频率的改变，涡流集肤效应的强弱也在改变。转速低时频率高，涡流截面小，电阻就大。随着电动机转速升高频率降低，涡流截面自动增大，电阻减小。同时频率的变化又引起电抗的变化。所以，绕线式异步电动机串接频敏变阻器启动开始时，频敏变阻器的等效阻抗很大，限制了电动机的启动电流，随着电动机转速的升高，转子电流频率降低，等效阻抗自动减小，从而达到了自动改变电动机转子阻抗的目的，实现了平滑无级启动。

图 2-12 所示为频敏变阻器等效电路及其与电动机的连接。

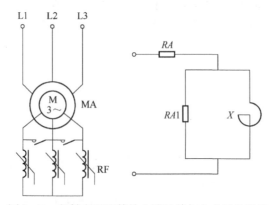

图 2-12　频敏变阻器等效电路及其与电动机的连接

②转子绕组串接频敏变阻器的启动控制电路。按电动机的不同工作方式，频敏变阻器有两种使用方式。当电动机是重复短时工作制时，只需将频敏变阻器直接串在电动机转子回路中，不

需用接触器控制;当电动机是长时运转工作制时,可采用如图 2-13 所示的电路进行控制。该电路可利用转换开关 SF 实现自动控制和手动控制。

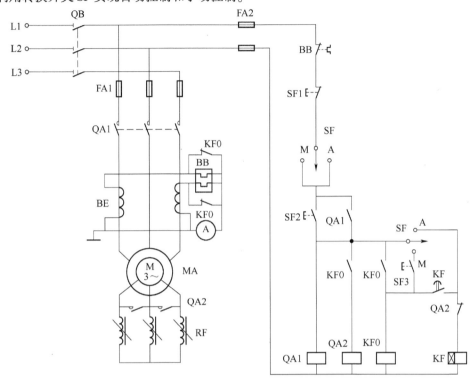

图 2-13 转子绕组串接频敏变阻器的启动控制电路

电路的工作过程如下:

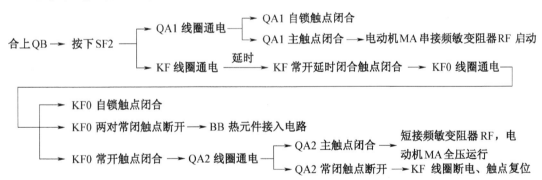

- 自动控制:将转换开关 SF 扳到自动位置(即 A 位置),时间继电器 KF 将起作用。
- 手动控制:将转换开关 SF 扳到手动位置(即 M 位置),时间继电器 KF 不起作用。利用按钮开关 SF3 手动控制,使中间继电器 KF0 和接触器 QA2 动作,从而控制电动机的启动和正常运转过程。其工作过程读者可自行分析。

此电路适用于电动机的启动电流大、启动时间长的场合。主电路中电流互感器 BE 的作用是将主电路中的大电流变换成小电流进行测量。为避免因启动时间较长而使热继电器 BB 误动作,在启动过程中,用 KF0 的常闭触点将 BB 的加热元件短接,待启动结束,电动机正常运行时才将 BB 的加热元件接入电路,从而起到过载保护的作用。

三、三相异步电动机正反转控制电路

在生产实际中,常常要求生产机械实现正反两个方向的运动。例如,工作台的前进、后退,起重机吊钩的上升、下降等,这就要求电动机能够实现正反转。由电动机原理可知,改变电动机三相电源的相序,即将电动机三相电源进线中任意两相对调,就能改变电动机的转向。

1. 按钮控制的电动机正反转控制电路

图 2-14 所示为两个按钮分别控制两个接触器来改变电动机相序,实现电动机正反转的控制电路。QA1 为正向接触器,QA2 为反向接触器。

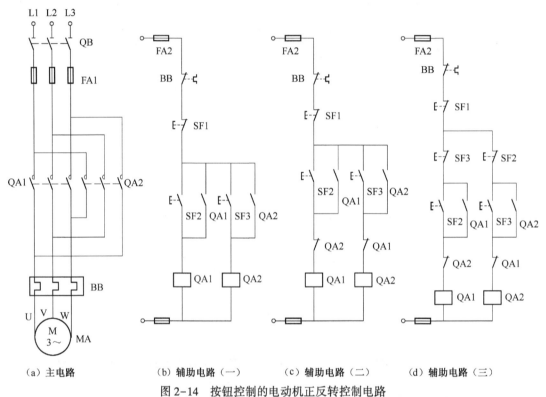

（a）主电路　　　（b）辅助电路（一）　　（c）辅助电路（二）　　（d）辅助电路（三）

图 2-14　按钮控制的电动机正反转控制电路

图 2-14(b)所示电路的工作过程如下:

(1)正转

合上 QB ─→ 按下正转按钮 SF2 ─→ QA1 线圈通电 ─┬─→ QA1 自锁触点闭合
　　　　　　　　　　　　　　　　　　　　　　　　└─→ QA1 主触点闭合 ─→ 电动机 MA 正转

(2)反转

合上 QB ─→ 按下反转按钮 SF3 ─→ QA2 线圈通电 ─┬─→ QA2 自锁触点闭合
　　　　　　　　　　　　　　　　　　　　　　　　└─→ QA2 主触点闭合 ─→ 电动机 MA 反转

(3)停止

按下 SF1 ─→ QA1（QA2）线圈断电,主触点释放 ─→ 电动机 MA 断电停止

不难看出,如果同时按下 SF2 和 SF3,QA1 和 QA2 线圈就会同时通电,其主触点闭合造成电源两相短路,因此,这种电路不能采用。图 2-14(c)是在图 2-14(b)基础上扩展而成,将 QA1、QA2 常闭辅触点串接在对方线圈电路中,形成相互制约的控制,称为互锁或连锁控制。这种利用接触器(或继电器)常闭触点的互锁又称电气互锁。该电路欲使电动机由正转到反转,或由反转到正转必须先按下停止按钮,而后再反向启动。

图 2-14(c)的电路只能实现"正-停-反"或者"反-停-正"控制,这对需要频繁改变电动机运转方向的机械设备来说,是很不方便的。对于要求频繁实现正反转的电动机,可用图 2-14(d)控制电路控制,它是在图 2-14(c)电路基础上将正转启动按钮 SF2 与反转启动按钮 SF3 的常闭触点串接在对方常开触点电路中,利用按钮的常开、常闭触点的机械连接,在电路中互相制约的接法,称为机械互锁。这种具有电气、机械双重互锁的控制电路是常用的、可靠的电动机正反转控制电路,它既可实现"正-停-反-停"控制,又可实现"正-反-停"控制。

2. 行程开关控制的电动机正反转控制电路

机械设备中如龙门刨工作台、高炉的加料设备等均需自动往返运行,而自动往返的可逆运行通常是利用行程开关来检测往返运动的相对位置,进而控制电动机的正反转来实现生产机械的往复运动。

图 2-15 所示为机床工作台往复运动的示意图。行程开关 BG1、BG2 分别固定安装在床身上,反映加工终点与原位。撞块 A、B 固定在工作台上,随着运动部件的移动分别按下行程开关 BG1、BG2,往返运动。

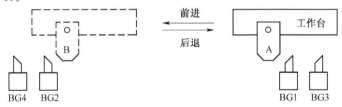

图 2-15 机床工作台往复运动示意图

图 2-16 所示为往复自动循环的控制电路。图中 BG1、BG2 为工作台后退与前进限位开关,

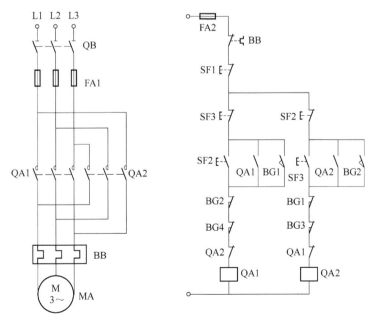

图 2-16 往复自动循环控制电路

BG3、BG4 为正反向极限保护用行程开关，防止 BG1、BG2 失灵时造成工作台从床身冲出去的事故。这种利用行程开关，根据机械运动位置变化所进行的控制，称为行程控制。

电路的工作过程如下：

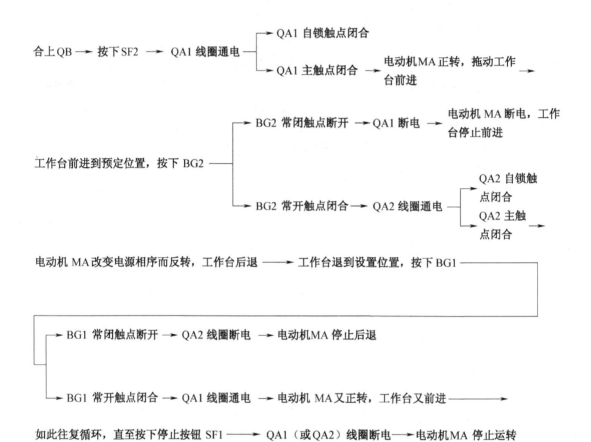

如此往复循环，直至按下停止按钮 SF1 ——→ QA1（或QA2）线圈断电——→电动机MA 停止运转

四、三相异步电动机制动控制电路

三相异步电动机切断电源后，由于惯性，总要经过一段时间才能完全停止。有些生产机械要求迅速停车，有些生产机械要求准确停车。所以，经常需要采用一些使电动机在切断电源后就迅速停车的措施，这种措施称为电动机的制动。制动方式有电气机械结合的方法和电气的方法。前者如电磁机械制动；后者有能耗制动和反接制动等，本节主要介绍能耗制动和反接制动。

1. 能耗制动控制电路

能耗制动是在电动机脱离三相交流电源后，给定子绕组加一直流电源，产生静止磁场，从而产生一个与电动机原转矩方向相反的电磁转矩以实现制动。

图 2-17 所示为按速度原则控制的可逆运行能耗制动控制电路。用速度继电器取代了时间继电器。当电动机脱离交流电源后，其惯性转速仍很高，速度继电器的常闭触点仍闭合，使 QA3 通入直流电进行能耗制动。速度继电器 BS 与电动机用虚线相连表示同轴。

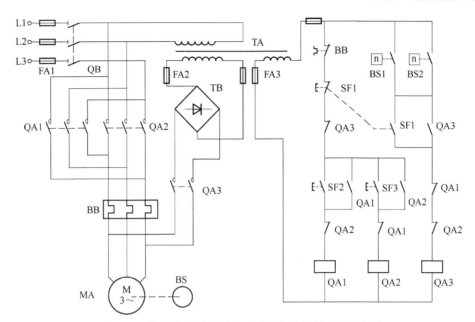

图 2-17 按速度原则控制的可逆运行能耗制动控制电路

电路的工作过程如下：

（1）启动

合上 QB ──→ 按下 SF2（正）或 ──→ QA1（正）或 QA2（反） ──→ 电动机 MA 正（反）向运行，此时速度
　　　　　　　SF3（反）　　　　　　通电并自锁

继电器相应触点 BS1 或 BS2 闭合，为停车时接通 QA3，实现能耗制动作准备

（2）制动停车

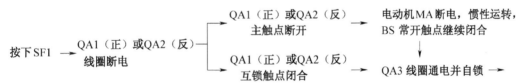

直流电通入电动机 MA 定子绕组，进行能耗制动

当电动机 MA 转速 $n \approx 0$ 时，BS 常开触点复位 ──→ QA3 断电释放 ──→ 切断电动机 MA 直流电源，制动结束

　　电动机可逆运行能耗制动也可以以时间原则，用时间继电器取代速度继电器，同样能达到制动目的。该电路读者可自行分析，这里不再详细介绍。按时间原则控制的能耗制动，一般适合于负载转速比较稳定的生产机械上。对于那些能够通过传动系统来实现负载速度变换或者加工零件经常变动的生产机械来说，采用速度原则控制的能耗制动则比较合适。

　　能耗制动的优点是制动准确、平稳，且能量损耗小，但需附加直流电源装置，设备费用较高，制动力较小，特别是到低速阶段，制动力更小。因此，能耗制动一般只适用于制动要求平稳准确的场合，如磨床、立式铣床等设备的控制电路中。

2. 反接制动控制电路

　　反接制动是将运动中的电动机电源反接（即将任意两根相线接法交换）以改变电动机定子绕

组中的电源相序,从而使定子绕组的旋转磁场反向,转子受到与原旋转方向相反的制动力矩而迅速停止转动。反接制动过程中,当制动到转子转速接近零值时,如不及时切断电源,则电动机将会反向旋转。为此,必须在反接制动中,采取一定的措施,保证当电动机的转速被制动到接近零值时迅速切断电源,防止反向旋转。在一般的反接制动控制电路中常利用速度继电器进行自动控制。

（1）电动机单向运行反接制动控制电路

电动机单向运行反接制动控制电路如图 2-18 所示。它的主电路和正反转控制的主电路基本相同,只是增加了 3 个限流电阻 RA。图中 QA1 为正转运行接触器,QA2 为反接制动接触器。

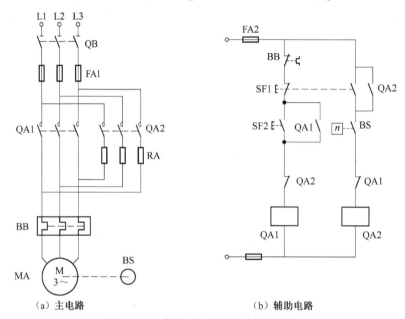

（a）主电路　　　　　　　　（b）辅助电路

图 2-18　单向运行反接制动控制电路

电路的工作过程如下:

①启动:

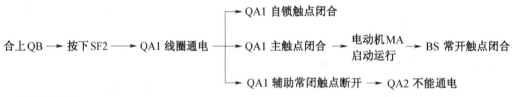

②制动停车:

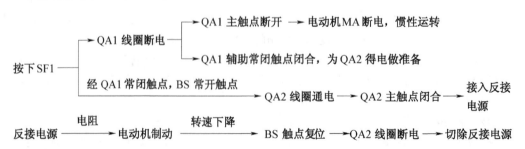

由于反接制动时,旋转磁场与转子的相对速度很高,感应电动势很大,所以转子电流比直接启动的电流还大。反接制动电流一般为电动机额定电流的 10 倍左右,故在主电路中串接电阻 RA 以限制反接制动电流。

（2）电动机可逆运行反接制动控制电路

图 2-19 所示为具有反接制动电阻的可逆运行反接制动控制电路。图中电阻 RA 是反接制动电阻,同时也具有限制启动电流的作用。BS1 和 BS2 分别为速度继电器 BS 的正转和反转常开触点。

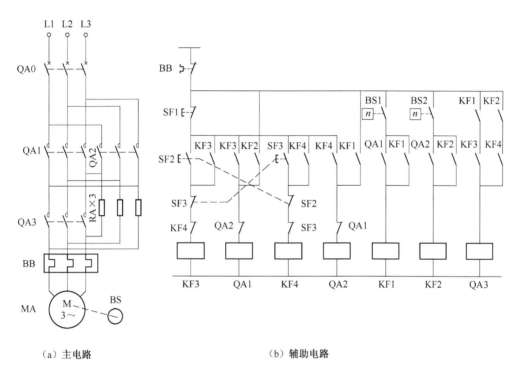

（a）主电路   （b）辅助电路

图 2-19 具有反接制动电阻的可逆运行反接制动控制电路

该电路工作原理如下:

①正转启动:

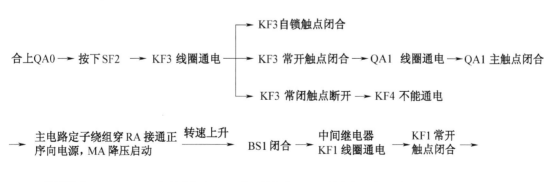

QA3 线圈通电 $\longrightarrow$ QA3 主触点闭合, RA 电阻被短接, 定子绕组加以额定电压, MA 全压运行

②制动停车:

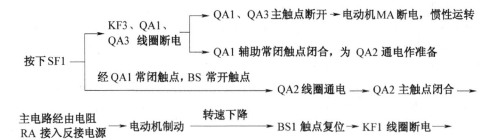

电动机反向启动和制动停车过程与正转时类似,此处不再赘述。

反接制动的优点是制动力矩大、制动迅速;缺点是制动过程中冲击强烈、易损坏传动零件。此外,在反接制动时,电动机既吸取机械能又吸取电能,并将这两部分能量消耗于电枢绕组上,因此,能量消耗大。所以,反接制动一般只适用于系统惯性较大、制动要求迅速且不频繁的场合,通常仅适用于 10 kW 以下的小容量电动机。

五、三相笼形异步电动机调速控制电路

根据异步电动机的基本原理可知,交流电动机转速公式如下:

$$n = (60f_1/p)(1 - s) \tag{2-3}$$

式中:p——电动机极对数;

f_1——供电电源频率;

s——转差率。

由式(2-3)分析,通过改变定子电压频率 f、极对数 p 以及转差率 s 都可以实现交流异步电动机的速度调节,具体可以归纳为变极调速、变转差率调速和变频调速三大类。

1. 双速异步电动机变极调速

(1)电动机磁极对数的产生与变化

当电网频率固定以后,三相异步电动机的同步转速与它的磁极对数成反比。因此,只要改变电动机定子绕组磁极对数,就能改变它的同步转速,从而改变转子转速。在改变定子极数时,转子极数也必须同时改变。为了避免在转子方面进行变极改接,变极电动机常用笼形转子,因为笼形转子本身没有固定的极数,它的极数由定子磁场极数确定,不用改接。

磁极对数的改变可用两种方法:一种是在定子上装置两个独立的绕组,各自具有不同的极数;第二种方法是在一个绕组上,通过改变绕组的连接来改变极数,或者说改变定子绕组每相的电流方向,由于构造的复杂,通常速度改变的比值为 2∶1。如果希望获得更多的速度等级,例如四速电动机,可同时采用上述两种方法,即在定子上装置两个绕组,每一个都能改变极数。

图 2-20 所示为 4/2 极的双速电动机定子绕组接线示意图。电动机定子绕组有 6 个接线端,分别为 U1、V1、W1、U2、V2、W2。图 2-20(a)所示为将电动机定子绕组的 U1、V1、W1 3 个接线端接三相交流电源,而将电动机定子绕组的 U2、V2、W2 3 个接线端悬空,三相定子绕组按三角形接线,此时每个绕组中的①、②线圈相互串联,电流方向如图 2-20(a)中的箭头所示,电动机的极数为 4 极;如果将电动机定子绕组的 U2、V2、W2 3 个接线端子接到三相电源上,而将 U1、V1、W1 3 个接线端子短接,则原来三相定子绕组的三角形连接变成双星形连接,此时每相绕组中的①、②线圈相互并联,电流方向如图 2-20(b)中箭头所示,于是电动机的极数变为 2 极。注意观察两种情况下各绕组的电流方向。

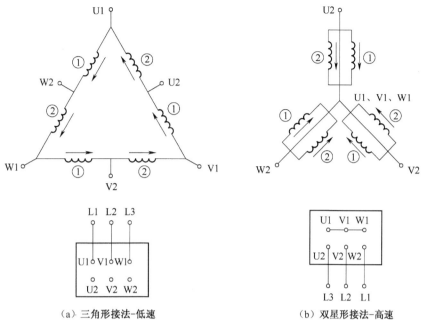

(a) 三角形接法-低速　　　　　　　　(b) 双星形接法-高速

图 2-20　双速电动机定子绕组接线图

必须注意,绕组改极后,其相序方向和原来相序相反。所以,在变极时,必须把电动机任意两个出线端对调,以保持高速和低速时的转向相同。例如,在图 2-20 中,当电动机绕组为三角形连接时,将 U1、V1、W1 分别接到三相电源 L1、L2、L3 上;当电动机的定子绕组为双星形连接,即由 4 极变到 2 极时,为了保持电动机转向不变,应将 W2、V2、U2 分别接到三相电源 L1、L2、L3 上。当然,也可以将其他任意两相对调。

(2) 双速电动机控制电路

图 2-21 所示为 4/2 极双速异步电动机的控制电路。图中用了 3 个接触器控制电动机定子绕

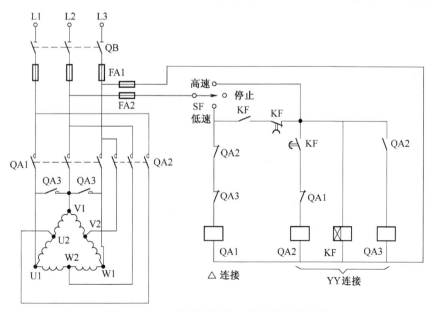

图 2-21　4/2 极双速异步电动机的控制电路

组的连接方式。当接触器 QA1 的主触点闭合，QA2、QA3 的主触点断开时，电动机定子绕组为三角形接法，对应"低速"挡；当接触器 QA1 主触点断开，QA2、QA3 主触点闭合时，电动机定子绕组为双星形接法，对应"高速"挡。为了避免"高速"挡启动电流对电网的冲击，本电路在"高速"挡时，先以"低速"启动，待启动电流过去后，再自动切换到"高速"运行。

SF 是一个具有 3 个挡位的转换开关。当扳到中间位置时，为"停止"位，电动机不工作；当扳到"低速"挡位时，接触器 QA1 线圈通电动作，其主触点闭合，电动机定子绕组的 3 个出线端 U1、V1、W1 与电源相接，定子绕组接成三角形，低速运转；当扳到"高速"挡位时，时间继电器 KF 线圈首先通电动作，其瞬动常开触点闭合，接触器 QA1 线圈通电动作，电动机定子绕组接成三角形低速启动。经过延时，KF 延时断开的常闭触点断开，QA1 线圈断电释放，KF 延时闭合的常开触点闭合，接触器 QA2 线圈通电动作。紧接着 QA3 线圈也通电动作，电动机定子绕组被 QA2、QA3 的主触点换接成双星形，以高速运行。

电路的工作过程如下：

①转换开关 SF 位于"低速"位置：

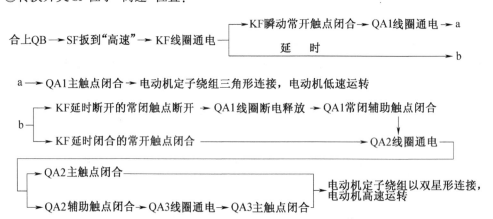

②转换开关 SF 位于"高速"位置：

③转换开关 SF 位于"停止"位置：QA1、QA2、QA3、KF 线圈全部断电，电动机断电，停止运转。

2. 变转差率调速

常用的变转差率调速有变压调速和串级调速两种方法。

（1）变压调速

变压调速是异步电动机调速方法中比较简便的一种。当异步电动机的等效电路参数不变时，在相同的转速下电磁转矩与定子电压的二次方成正比，因此改变定子的外加电压就可以改变电动机的机械特性，从而改变电动机在一定输出转矩下的转速。变压调速目前主要采用晶闸管交流调压器进行调速，通过调整晶闸管的触发角来改变异步电动机的端电压进行调速。调速过程中，转差功率损耗在转子里或其外接电阻上，故效率较低，仅用于小容量的电动机。

（2）串级调速

绕线转子异步电动机的转子绕组能通过集电环与外部电气设备相连接，可在其转子侧引入控制变量（如附加电动势）进行调速。前述在绕线转子异步电动机的转子回路中串入不同数值的电阻，从而获得电动机的不同机械特性，以实现转速调节，也是基于这一原理的一种方法。

在绕线转子异步电动机转子侧通过二极管或晶闸管整流桥，将转差频率交流电变为直流电，再经可控逆变器获得可调的交流电压作为调速所需的附加交流电动势,将转差功率变换为机械能加以利用或使其反馈回电源而进行调速。电气串级调速是一种节能型调速方式,已经在大功率风机、泵类等传动电动机上得到应用。

3. 变频调速控制电路

由式(2-3)可见,改变异步电动机的供电频率,即可平滑地调节同步转速,实现调速运行。即变频调速是利用电动机的同步转速随频率变化的特性,通过改变电动机的供电频率进行调速的方法。在交流异步电动机的诸多调速方法中,变频调速的性能最好,调速范围大,稳定性好,运行效率高。采用通用变频器对笼形异步电动机进行调速控制,由于使用方便、可靠性高并且经济效益显著,所以逐步得到推广应用。通用变频器的特点是其通用性,是指可以应用于普通的异步电动机调速控制的变频器。除此之外,还有高性能专用变频器、高频变频器、单相变频器等。

（1）变频器的基本结构原理

变频器的基本结构由主电路、内部控制电路板、外部接口及显示操作面板组成,软件丰富,各种功能主要靠软件来完成。变频器主电路分为交-交和交-直-交两种形式。交-交变频器可将工频交流直接变换成频率、电压均可控制的交流,又称直接式变频器。而交-直-交变频器则是先把工频交流通过整流器变成直流,然后再把直流变换成频率、电压均可控制的交流,又称间接式变频器。目前,常用的

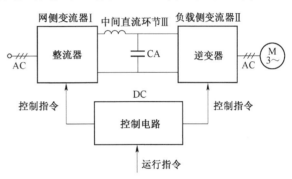

图 2-22　变频器的基本结构

通用变频器即属于交-直-交变频器,以下简称变频器。变频器的基本结构原理如图 2-22 所示。由图 2-22 可见,变频器主要由主回路,包括整流器、中间直流环节、逆变器和控制回路组成。

①整流器:一般的三相变频器的整流电路由三相全波整流桥组成。它的主要作用是对工频的外部电源进行整流,并给逆变电路和控制电路提供所需要的直流电源。整流电路按其控制方式可以是直流电压源,也可以是直流电流源。

②中间直流环节:直流中间电路的作用是对整流电路的输出进行平滑,以保证逆变电路和控制电源能够得到质量较高的直流电源。当整流电路是电压源时,直流中间电路的主要元器件是大容量的电解电容,而当整流电路是电流源时,平滑电路则主要由大容量电感组成。此外,由于电动机制动的需要,在直流中间电路中有时还包括制动电阻及其他辅助电路。

③逆变器:逆变电路是变频器最主要的部分之一。它的主要作用是在控制电路的控制下将平滑电路输出的直流电源转换为频率和电压都任意可调的交流电源。逆变电路的输出就是变频器的输出,它被用来实现对异步电动机的调速控制。

④控制电路:变频器的控制电路包括主控制电路、信号检测电路、门极（基极）驱动电路、外部接口电路,以及保护电路等几部分,也是变频器的核心部分。控制电路的优劣决定了变频器性能的优劣。控制电路的主要作用是将检测电路得到的各种信号送至运算电路,使运算电路能够根据要求为变频器主电路提供必要的门极（基极）驱动信号,并对变频器及异步电动机提供必要的保护。此外,控制电路还通过 A/D、D/A 等外部接口电路接收/发送多种形式的外部信号和给出系统内部工作状态,以便使变频器能够和外围设备配合进行各种高性能的控制。

（2）变频器的外部接口电路

随着变频器的发展,其外部接口电路的功能也越来越丰富。外部接口电路的主要作用就是为了使用户能够根据系统的不同需要对变频器进行各种操作,并和其他电路一起构成高性能的自动控制系统。变频器的外部接口电路通常包括以下的硬件电路,逻辑控制指令输入电路、频率指令输入/输出电路、过程参数监测信号输入/输出电路和数字信号输入/输出电路等。而变频器和外部信号的连接则需要通过相应的接口进行,如图 2-23 所示。

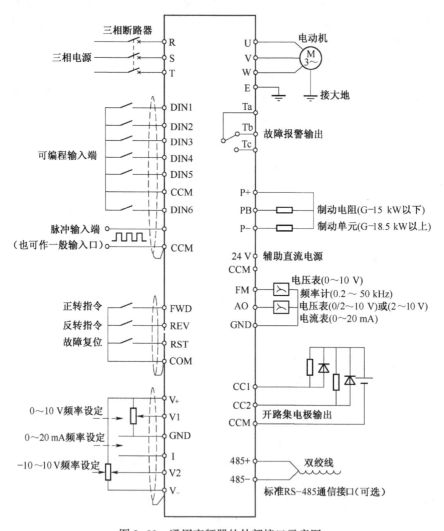

图 2-23　通用变频器的外部接口示意图

由图 2-23 可见,外部信号接口主要有以下内容:

①多功能输入端子和输出接点:在变频器中设置了一些输入端子和输出接点,用户可以根据需要设置并改变这些端子和接点的功能,以满足使用需要。例如,逻辑控制指令输入端子、频率控制信号输入/输出端子等。

②多功能模拟输入/输出信号接点:变频器的模拟输入信号主要包括过程参数,如温度压力等指令及其参数的设置、直流制动的电流指令、过电流检测值;模拟输出信号主要包括输出电流

检测、输出频率检测。多功能模拟输入/输出信号接点的作用就是使操作者可以将上述模拟输入信号输入变频器,并利用模拟输出信号检测变频器的工作状态。

③数字输入/输出接口:变频器的数字输入/输出接口主要用于和数控设备以及 PLC 的配合使用。其中,数字输入接口的作用是使变频器可以根据数控设备或 PLC 输出的数字信号指令运行,而数字输出接口的作用则主要是通过脉冲计数器给出变频器的输出频率。

④通信接口:变频器还具有 RS-232 或 RS-485 的通信接口。这些接口的主要作用是和计算机或 PLC 进行通信,并按照计算机或 PLC 的指令完成所需的动作。

（3）应用举例

图 2-24 所示为使用变频器举例。此电路实现电动机正、反向运行并调速和点动功能。根据功能要求,首先要对变频器进行编程并修改参数来选择控制端子的功能,将变频器 DIN1、DIN2、DIN3 和 DIN4 端子分别设置为正转运行、反转运行、正向点动和反向点动功能。图中 QA1 为变频器的输出继电器,定义为正常工作时,QA1 触点闭合,当变频器出现故障时或者电动机过载时触点打开。

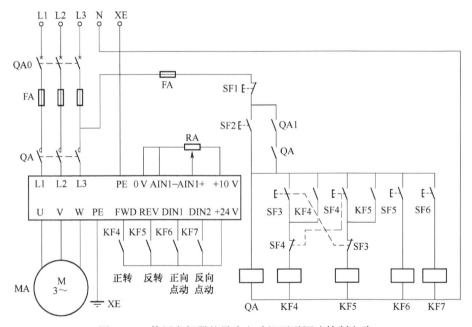

图 2-24 使用变频器的异步电动机可逆调速控制电路

按启动按钮 SF2,接触器触点 QA 通电并自锁,若变频器有故障则不能自锁。变频器通过接触器触点 QA 接通电源上电。SF3、SF4 为正、反向运行控制按钮,运行频率由电位器 RA 给定。SF5、SF6 为正、反向点动运行控制按钮,点动运行频率可由变频器内部设置。按钮 SF1 为总停止控制。

六、电动机的其他基本控制电路

实际工作中,电动机除了有启动、正反转、制动等控制要求外,还有其他一些控制要求,如机床调整时的点动、多电动机的先后顺序控制、多地点多条件控制、连锁控制、步进控制,以及自动循环控制等。在控制电路中,为满足机械设备的正常工作要求,需要采用多种基本控制电路组合起来完成所要求的控制功能。

1. 点动与长动控制

当按下按钮时,电动机转动,松开按钮后,电动机停转,这种控制称为点动控制。当按下按钮时,生产机械长时间工作,即电动机连续运转,称为长动控制。点动起停时间的长短由操作者手动控制。在生产实际中,有的生产机械需要点动控制,有的既需要长动(连续运行)控制,又需要点动控制。点动与连续运行的主要区别在于是否接入自锁触点。具有点动与长动功能的控制电路如图 2-25 所示。

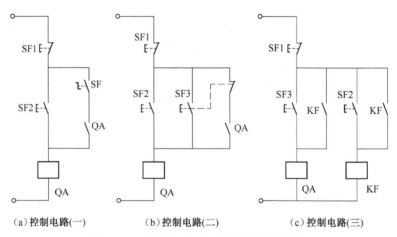

（a）控制电路(一)　　（b）控制电路(二)　　（c）控制电路(三)

图 2-25　实现点动与长动功能的控制电路

图 2-25(a)所示为用选择开关 SF 来选择点动控制或长动控制。打开 SF,按下 SF2 就是点动控制;合上 SF,按下 SF2 就是长动控制。

图 2-25(b)所示为复合按钮 SF3 来实现点动控制或长动控制。按下 SF2 就是长动控制;按下 SF3 则实现点动控制。

图 2-25(c)所示为采用中间继电器 KF 来实现点动控制或长动控制。

(1)点动工作时

按下 SF3→QA 线圈通电→QA 主触点闭合→电动机通电动转

松开 SF3→QA 线圈断电→QA 主触点断开→电动机断电停止

(2)长动工作时

按下SF2──→中间继电器KF线圈通电┬──→KF自锁触点闭合

　　　　　　　　　　　　　　　　└──→KF常开触点闭合──→QA线圈通电──→

──→QA主触点闭合──→电动机通电长时间运转

2. 多地点与多条件控制

在一些大型机械设备中,为了操作方便,常要求在多个地点进行控制;在某些设备上,为了保证操作安全,需要满足多个条件,设备才能开始工作,这样的要求可通过在控制电路中串联或并联电器的动断触点和动合触点来实现。

图 2-26 所示为多地点控制电路。接触器 QA 线圈的通电条件为按钮 SF2、SF4、SF6 中的任一动合触点闭合,QA 辅助动合触点构成自锁,这里的动合触点并联构成逻辑或的关系,任一条件满足,就能接通电路;QA 线圈断电条件为按钮 SF1、SF3、SF5 中任一动断触点打开,动断触点串联构

成逻辑与的关系,其中任一条件满足,即可切断电路。

图 2-27 所示为多条件控制电路。接触器 QA 线圈得电条件为按钮 SF4、SF5、SF6 的动合触点全部闭合,QA 的辅助动合触点构成自锁,即动合触点串联成逻辑与的关系,全部条件满足,才能接通电路;QA 线圈断电条件是按钮 SF1、SF2、SF3 的动断触点全部打开,即动断触点并联构成逻辑或的关系,全部条件满足,切断电路。

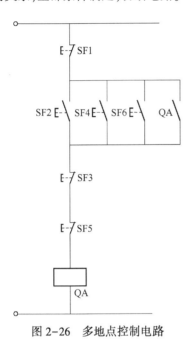

图 2-26　多地点控制电路　　　　　　　　图 2-27　多条件控制电路

3. 顺序控制

在机床的控制电路中,经常要求电动机的起停有一定的顺序。例如,磨床要求先启动润滑油泵,然后再启动主轴电动机;龙门刨床在工作台移动前,导轨润滑油泵要先启动;铣床的主轴旋转后,工作台方可移动等。顺序工作控制电路有顺序启动、同时停止控制电路,有顺序启动、顺序停止控制电路,还有顺序启动、逆序停止控制电路。图 2-28 所示为两台电动机的顺序控制电路。

图 2-28(a)所示为顺序启动、同时停止控制电路。在这个电路中,只有 QA1 线圈通电后,其串入 QA2 线圈电路中的常开触点 QA1 闭合,才使 QA2 线圈有通电的可能。按下 SF1 按钮、两台电机同时停止。

图 2-28(b)所示为顺序启动、逆序停止控制电路。停车时,必须按 SF3 按钮,断开 QA2 线圈电路,使并联在按钮 SF1 下的常开触点 QA2 断开后,再按 SF1 才能使 QA1 线圈断电。

通过上面的分析可知,要实现顺序动作,可将控制电动机先启动的接触器的常开触点串联在控制后启动电动机的接触器线圈电路中,用若干个停止按钮控制电动机的停止顺序,或者将先停的接触器的常开触点与后停的停止按钮并联即可。

4. 连锁控制

连锁控制也称互锁控制,是保证设备正常运行的重要控制环节,常用于制动不能同时出现的电路接通状态。

图 2-29 所示的电路是控制两台电动机不准同时接通工作的控制电路,图中接触器 QA1 和 QA2 分别控制电动机 MA1 和 MA2,其动断触点构成互锁即连锁关系,当 QA1 动作时,其动断触点

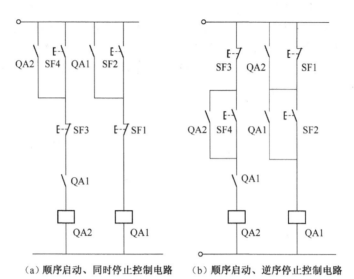

（a）顺序启动、同时停止控制电路　　（b）顺序启动、逆序停止控制电路

图 2-28　两台电动机的顺序控制电路

打开，使 QA2 线圈不能通电，同样 QA2 动作时，QA1 线圈无法通电工作，从而保证任何时候，只有一台电动机转动工作。

　　由接触器动断触点构成的连锁控制也常用于具有两种电源接线的电动机控制电路中，如前述电动机正反转控制电路，构成正转接线的接触器与构成反转接线的接触器，其动断触点在控制电路中构成连锁控制，使正转接线与反转接线不能同时接通，防止电源短路。除接触器动断触点构成连锁关系外，在运动复杂的设备上，为防止不同运动之间的干涉，常设置用操作手柄和行程开关组合构成的连锁控制。这里以某机床工作台进给运动控制为例，说明这种连锁关系，其连锁控制电路如图 2-30 所示。

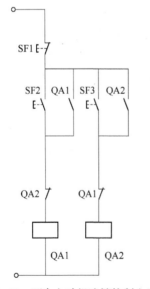

图 2-29　两台电动机连锁控制电路

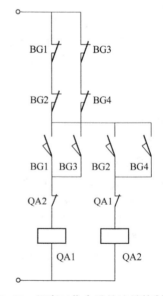

图 2-30　机床工作台进给连锁控制电路

机床工作台由一台电动机驱动,通过机械传动链传动,可完成纵向(左右两方向)和横向(前后方向)的进给移动。工作时,工作台只允许沿一个方向进给移动,因此各方向的进给运动之间必须连锁。工作台由纵向手柄和行程开关 BG1、BG2 操作纵向进给,横向手柄和行程开关 BG3、BG4 操作横向进给,实际上两操作手柄各自都只能扳在一种工作位置,存在左右运动之间或前后运动之间的制约,只要两操作手柄不同时扳在工作位置,即可达到连锁的目的。操作手柄有两个工作位和一个中间不工作位,正常工作时,只有一个手柄扳在工作位,当由于误动作等意外事故使两手柄都被扳到工作位时,连锁电路将立即切断进给控制电路,进给电动机停转,工作台进给停止,防止运动干涉损坏机床的事故发生。图 2-29 所示为工作台的连锁控制电路,QA1、QA2 为进给电动机正转和反转控制接触器,纵向控制行程开关 BG1、BG2 动断触点串联构成的支路与横向控制行程开关 BG3、BG4 动断触点串联构成的支路并联起来组成连锁控制电路。当纵向操作手柄扳在工作位,将会压动行程开关 BG1(或 BG2),切断一条支路,另一支路由横向手柄控制的支路因横向手柄不在工作位而仍然正常通电,此时 BG1(或 BG2)的动合触点闭合,使接触器 QA1(或 QA2)线圈通电,电动机 MA 转动,工作台在给定的方向进给移动,当工作台纵向移动时,若横向手柄也被扳到工作位,行程开关 BG3 或 BG4 受压,切断连锁电路,使接触器线圈断电,电动机立即停转,工作台进给运动自动停止,从而实现进给运动的连锁保护。

5. 电动机工作的自动循环控制

实际生产中,很多设备的工作过程包括若干工步,这些工步按一定的动作顺序自动地逐步完成,并且可以不断重复地进行,实现这种工作过程的控制即是自动工作循环控制。根据设备的驱动方式,可将自动循环控制电路分为两类:一类是对由电动机驱动的设备实现工作循环的自动控制,另一类是对由液压系统驱动的设备实现工作的自动循环控制。从电气控制的角度来说,实际上控制电路是对电动机工作的自动循环实现控制和对液压系统工作的自动循环实现控制。

电动机工作的自动循环控制,实质上是通过控制电路按照工作循环图确定的工作顺序要求对电动机进行启动和停止的控制。自动循环工作中的转换主令,除启动循环的主令由操作者给出外,其他各步转换的主令均来自设备工作过程中出现的信号,如行程开关信号、压力继电器信号、时间继电器信号等,控制电路在转换主令的控制下,自动地切换工步,切换工作电器,实现工作的自动循环。

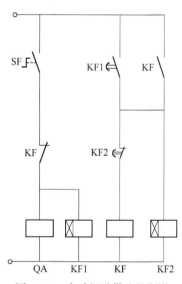

(1)单机自动循环控制电路

常见的单机自动循环控制是在转换指令的作用下,按要求自动切换电动机的转向,如前述由行程开关操作电动机正反转控制,或是电动机按要求自动反复启停的控制。图 2-31 所示为自动间歇供油的润滑系统控制电路。图中 QA 为控制液压泵电动机启停的接触器,KF1控制油泵电动机工作供油的时间,KF2 控制停止供油间断的时间。合上开关 SF 以后,液压泵电动机启动,间歇供液循环开始。

图 2-31 自动间歇供油的润滑系统控制电路

(2)多机自动循环控制电路

实际生产中有些设备是由多个动力部件构成,并且各个动力部件具有自己的工作循环过程,这些设备工作的自动循环过程是由某些单机工作循环组合构成。通过对设备工作循环图的分析即可看出,控制电路实质上是根据工作循环图的要求,对多个电动机实现有序起、停和正反转的控制。图 2-32 所示为由两个动力部件构成的机床运动简图及工作循环图,图中行程开关 BG1 为动力头 I 的原位开关,BG2 为终点限位开关;BG3 为动力头 II 的原位开关,BG4 为终点限位开关,M1 是动力头 I 的驱动电动机,M2 是动力头 II 的驱动电动机。

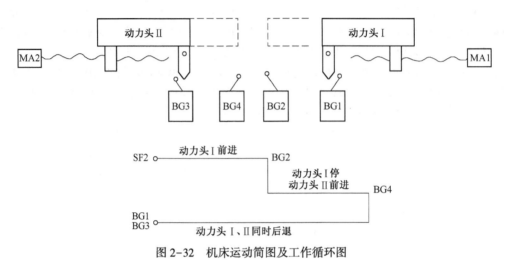

图 2-32　机床运动简图及工作循环图

　　图 2-33 所示为机床工作自动循环的控制电路,SF2 为工作循环开始的启动按钮,QA1 与 QA3 分别为 MA1 电动机的正转和反转控制接触器;QA2 与 QA4 分别为 MA2 的正转和反转控制接触器。

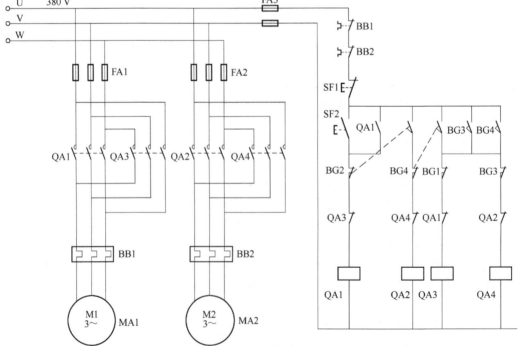

图 2-33　机床工作自动循环的控制电路

机床工作自动循环过程分为 3 个工步,启动按钮 SF2 按下,开始第一个工步,此时电动机 MA1 的正转接触器 QA1 得电工作,动力头Ⅰ向前移动,到达终点位后,压下终点限位开关 BG2,BG2 信号作为转换主令,控制工作循环由第一工步切换到第二工步,BG2 的动断触点使 QA1 线圈断电,MA1 电动机停转,动力头Ⅰ停在终点位,同时 BG2 的动合触点闭合,接通 QA2 的线圈电路,使电动机 MA2 正转,动力头Ⅱ开始向前移动,至终点位时,此时 BG4 的动断触点切断 MA2 电动机的正转控制接触器 QA2 的线圈电路,同时其动合触点闭合使电动机 MA1 与 MA2 的反转控制接触器 QA3 与 QA4 的线圈同时接通,电动机 MA1 与 MA2 反转,动力头Ⅰ和Ⅱ由各自的终点位向原位返回,并在到达原位后分别压下各自的原位行程开关 BG1 和 BG3,使 QA3、QA4 断电,电动机停转,两动力头停在原位,完成一次工作循环。

电路中反转接触器 QA2 与 QA4 的自锁触点并联,分别为各自的线圈提供自锁作用。当动力头Ⅰ与Ⅱ不能同时到达原位时,先到达原位的动力头压下原位开关,切断该动力头控制接触器的线圈电路,相应的接触器自锁触点也复位断开,但另一自锁触点仍然闭合,保证接触器线圈不会断电,直到另一动力头也返回到达原位,并压下原位行程开关,切断接触器线圈电路,结束循环。

(3)液压系统工作的自动循环控制

液压传动系统能够提供较大的驱动力,并且运动传递平稳、均匀、可靠、控制方便。当液压系统和电气控制系统组合构成电液控制系统时,很容易实现自动化,电液控制被广泛地应用在各种自动化设备上。电液控制是通过电气控制系统控制液压传动系统按给定的工作运动要求完成动作。

液压动力滑台工作自动循环控制是一典型的电液控制,下面将其作为例子,分析液压系统工作自动循环的控制电路。

液压动力滑台是机床加工工件时完成进给运动的动力部件,由液压系统驱动,自动完成加工的自动循环。滑台工作循环的工步顺序与内容,各工步之间的转换指令,同电动机驱动的自动工作循环控制一样,由设备的工作循环图给出。电液控制系统的分析通常分为三步:工作循环图分析,以确定工步顺序及每步的工作内容,明确各工步的转换主令;液压系统分析,分析液压系统的工作原理,确定每工步中应通电的电磁阀线圈,并将分析结果和工作循环图给出的条件通过动作表的形式列出,动作表上列有每个工步的内容、转换主令和电磁阀线圈通电状态;控制电路分析,是根据动作表给出的条件和要求,逐步分析电路如何在转换主令的控制下完成电磁阀线圈通断电的控制。液压动力滑台一次工作进给的控制电路如图 2-34 所示。

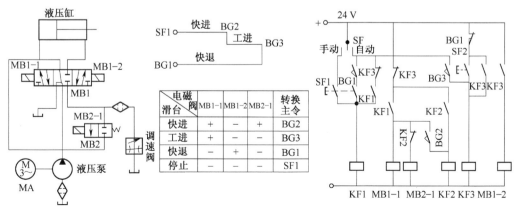

电磁阀 滑台	MB1-1	MB1-2	MB2-1	转换主令
快进	+	−	+	BG2
工进	+	−	−	BG3
快退	−	+	−	BG1
停止	−	−	−	SF1

(a)原理示意图和动作表　　　　　　(b)控制线路

图 2-34　液压动力滑台电液控制系统

在图 2-34（a）中可以看到，液压动力滑台的自动工作循环共有 4 个工步：快进、工进、快退及原位停止，分别由行程开关 BG2、BG3、BG1 及按钮 SF1 控制循环的启动和工步的切换。对应于 4 个工步，液压系统有 4 个工作状态，满足活塞的 4 个不同运动要求。其工作原理如下：

动力滑台快进，要求电磁换向阀 MB1 在左位，压力油经换向阀进入液压缸左腔，推动活塞右移，此时电磁换向阀 MB2 也要求位于左位，使得油缸右腔回油经 MB2 阀返回液压缸左腔，增大液压缸左腔的进油量，活塞快速向前移动，为实现上述油路工作状态，电磁阀线圈 MB1-1 必须通电，使阀 MB1 切换到左位，MB2-1 通电使 MB2 切换到左位。动力滑台前移到达工进起点时，压下行程开关 BG2，动力滑台进入工进的工步。动力滑台工进时，活塞运动方向不变，但移动速度改变，此时控制活塞运动方向的阀 MB1 仍在左位，但控制液压缸右腔回油通路的阀 MB2 切换到右位，切断右腔回油进入左腔的通路，而使液压缸右腔的回油经调速阀流回油箱。调速阀节流控制回油的流量，从而限定活塞以给定的工进速度继续向右移动，MB1-1 保持通电，使阀 MB1 仍在左位，但是 MB2-1 断电，使阀 MB2 在弹簧力的复位作用下切换到右位，满足工进油路的工作状态。工进结束后，动力滑台在终点位压动终点限位开关 BG3，转入快退工步。滑台快退时，活塞的运动方向与快进、工进时相反，此时液压缸右腔进油，左腔回油，阀 MB1 必须切换到右位，改变油的通路，阀 MB1 切换以后，压力油经阀 MB1 进入液压缸的右腔，左腔回油经 MB1 直接回油箱，通过切断 MB1-1 的线圈电路使其断电，同时接通 MB1-2 的线圈电路使其通电吸合，阀 MB1 切换到右位，满足快退时液压系统的油路状态。动力滑台快速退回到原位以后，压动原位行程开关 BG1，即进入停止状态。此时，要求阀 MB1 位于中间位的油路状态，MB2 处于右位，当电磁阀线圈 MB1-1、MB1-2、MB2-1 均断电时，即可满足液压系统使滑台停在原位的工作要求。

图 2-34（b）所示控制电路中，SF 为选择开关，用于选定滑台的工作方式。开关扳在自动循环工作方式时，按下启动按钮 SF1，循环工作开始。自动循环电路工作过程如下：

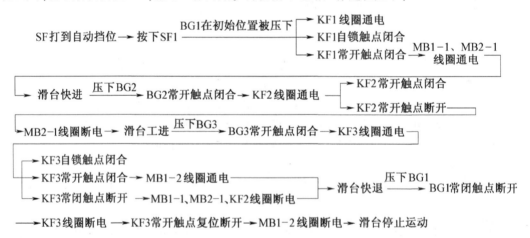

SF 扳到手动调整工作方式时，电路不能自锁持续供电，按下按钮 SF1，可接通 MB1-1 与 MB2-1 线圈电路，滑台快速前进，松开 SF1，MB1-1、MB2-1 线圈断电，滑台立即停止移动，从而实现点动向前调整的动作。SF2 为滑台快速复位按钮，当由于调整前移或工作过程中突然停电的原因，滑台没有停在原位不能满足自动循环工作的启动条件，即原位行程开关 BG1 不处于受压状态时，通过压下复位按钮 SF2，接通 MB1-2，滑台即可快速返回至原位，压下 BG1 后停机。

七、电气控制电路设计基础

电气控制电路设计是建立在机械结构设计的基础上，并以能最大限度地满足机械设备和用户对电气控制要求为基本目标。通过对以下内容的学习,使读者能够根据生产机械的工艺要求,设计出合乎要求的、经济的电气控制系统。电气控制电路设计涉及的内容很广泛,下面将概括地介绍电气控制电路设计的基本内容。

1. 电气设计的基本内容和一般原则

（1）电气设计的基本内容

①拟定电气设计任务书。

②确定电力拖动方案和控制方案。

③设计电气原理图。

④选择电动机、电气元件,并制定电器元件明细表。

⑤设计操作台、电气柜及非标准电气元件。

⑥设计机床电气设备布置总图、电气安装图,以及电气接线图。

⑦编写电气说明书和使用操作说明书。

以上电气设计各项内容,必须以有关国家标准为纲领。根据机床的总体技术要求和控制电路复杂程度的不同,内容可增可减,某些图样和技术文件可适当合并或增删。

（2）电气设计的一般原则

①最大限度地满足生产机械和生产工艺对电气控制的要求,这些生产工艺要求是电气控制设计的依据。因此在设计前,应深入现场进行调查,搜集资料,并与生产过程有关人员、机械部分设计人员、实际操作者密切配合,明确控制要求,共同拟定电气控制方案,协同解决设计中的各种问题,使设计成果满足生产工艺要求。

②在满足控制要求前提下,设计方案力求简单、经济、合理,不要盲目追求自动化和高指标。力求控制系统操作简单、使用与维修方便。

③正确、合理地选用电器元件,确保控制系统安全可靠地工作。同时考虑技术进步、造型美观。

④为适应生产的发展和工艺的改进,在选择控制设备时,设备能力留有适当余量。

（3）电力拖动方案确定的原则

所谓电力拖动方案是指根据生产机械的精度、工作效率、结构、运动部件的数量、运动要求、负载性质、调速要求,以及投资额等条件去确定电动机的类型、数量、传动方式及拟订电动机的启动、运行、调速、转向、制动等控制要求。它是电气设计的主要内容之一,作为电气控制原理图设计及电器元件选择的依据,是以后各部分设计内容的基础和先决条件。

①确定拖动方式。电力拖动方式有两种:单独拖动,一台设备只有一台电动机拖动;多电动机拖动,一台设备由多台电动机分别驱动各个工作机构,通过机械传动链将动力传送到达每个工作机构。

电气传动发展的趋向是多电动机拖动,这样不仅能缩短机械传动链,提高传动效率,而且能简化总体结构,便于实现自动化。具体选择时可根据工艺及结构决定电机的数量。

②确定调速方案。不同的对象有不同的调速要求。为了达到一定的调速范围,可采用齿轮变速箱、液压调速装置、双速或多速电动机,以及电气的无级调速传动方案。无级调速有直流调压调速、交流调压调速和变频变压调速。目前,变频变压调速技术的使用越来越广泛,在选择调速方案时,可参考以下几点:

● 重型或大型设备主运动及进给运动,应尽可能采用无级调速。这有利于简化机械结构,缩小体积,降低制造成本。

● 精密机械设备,如坐标镗床、精密磨床、数控机床,以及某些精密机械手,为了保证加工精度和动作的准确性,便于自动控制,也应采用电气无级调速方案。

● 一般中小型设备(如普通机床)没有特殊要求时,可选用经济、简单、可靠的三相笼形异步电动机,配以适当级数的齿轮变速箱。为了简化结构,扩大调速范围,也可采用双速或多速的笼形异步电动机。在选用三相笼形异步电动机的额定转速时,应满足工艺条件要求。

③电动机的调速特性与负载特性相适应。不同机电设备的各个工作机构,具有各不相同的负载特性,如机床的主轴运动为恒功率负载,而进给运动为恒转矩负载。在选择电动机调速方案时,要使电动机的调速特性与负载特性相适应,否则将会引起拖动工作的不正常,电动机不能充分合理的使用。例如,双速笼形异步电动机,当定子绕组由三角形连接改接成双星形连接时,转速增加 1 倍,功率却增加很少。因此,它适用于恒功率传动。对于低速为星形连接的双速电动机改接成双星形后,转速和功率都增加 1 倍,而电动机所输出的转矩却保持不变,它适用于恒转矩传动。他激直流电动机的调磁调速属于恒功率调速,而调压调速则属于恒转矩调速。分析调速性质和负载特性,找出电动机在整个调速范围内的转矩、功率与转速的关系,以确定负载需要恒功率调速,还是恒转矩调速,为了合理确定拖动方案、控制方案,以及电动机和电动机容量的选择提供必要的依据。

(4)电气控制方案确定的原则

设备的电气控制方法很多,有继电器接点控制、无触点逻辑控制、可编程序控制器控制、计算机控制等。总之,合理地确定控制方案,是实现简便可靠、经济适用的电力拖动控制系统的重要前提。

控制方案的确定,应遵循以下原则:

①控制方式与拖动需要相适应。控制方式并非越先进越好,而应该以经济效益为标准。控制逻辑简单、加工程序基本固定的机床,采用继电器接点控制方式比较合理;对于经常改变加工程序或控制逻辑复杂的机床,则采用可编程序控制器比较合理。

②控制方式与通用化程度相适应。通用化是指生产机械加工不同对象的通用化程度,它与自动化是两个概念。对于某些加工一种或几种零件的专用机床,它的通用化程度很低,但它可以有较高的自动化程度,这种机床宜采用固定的控制电路;对于单件、小批量且可加工形状复杂零件的通用机床,则采用数字程序控制,或采用可编程控制器控制,因为它们可以根据不同的加工对象而设置不同的加工程序,因此有较好的通用性和灵活性。

③控制方式应最大限度满足工艺要求。根据加工工艺要求,控制电路应具有自动循环、半自动循环、手动调整、紧急快退、保护性连锁、信号指示和故障诊断等功能,以最大限度满足工艺要求。

④控制电路的电源应可靠。简单的控制电路可直接用电网电源,元件较多、电路较复杂的控制装置,可将电网电压隔离降压,以降低故障率。对于自动化程度较高的生产设备,可采用直流电源,这有助于节省安装空间,便于同无触点元件连接,元件动作平稳,操作维修也较安全。

影响方案确定的因素较多,最后选定方案的技术水平和经济水平,取决于设计人员设计经验和设计方案的灵活运用。

2. 电气控制电路的设计方法和步骤

当生产机械的电力拖动方案和控制方案已经确定后,就可以进行电气控制电路的设计。电气控制电路的设计方法有两种:一种是经验设计法,它是根据生产工艺的要求,按照电动机的控制方法,采用典型环节电路直接进行设计;这种方法比较简单,但对比较复杂的电路,设计人员必须具有丰富的工作经验,需要绘制大量的电路图并经多次修改后才能得到符合要求的控制电路;另一种为逻辑设计法,它采用逻辑代数进行设计,按此方法设计的电路结构合理,可节省所用元件的数量。本节主要介绍经验设计法。

（1）电气控制电路设计的一般步骤

①根据选定的拖动方案和控制方式设计系统的原理框图，拟订出各部分的主要技术要求和主要技术参数。

②根据各部分的要求，设计出原理框图中各部分的具体电路。在进行具体电路的设计时，一般应先设计主电路，然后设计控制电路、辅助电路、连锁与保护环节等。

③绘制电气系统原理图。初步设计完成后，应仔细检查，看电路是否符合设计要求，并反复修改，尽可能使之完善和简化。

④合理选择电气原理图中的每一个电器元件，并制订出元器件目录清单。

（2）电气控制电路的设计

分析已经介绍过的各种控制电路，都有一个共同的规律：拖动生产机械的电动机的启动与停止均由接触器主触点控制，而主触点的动作则由控制回路中接触器线圈的通电与断电决定，线圈的通电与断电则由线圈所在控制回路中一些常开、常闭触点组成的"与""或""非"等条件来控制。下面举例说明经验设计法设计控制电路。

某机床有左、右两个动力头，用以铣削加工，它们各由一台交流电动机拖动；另外有一个安装工件的滑台，由另一台交流电动机拖动。加工工艺是在开始工作时，要求滑台先快速移动到加工位置，然后自动变为慢速进给，进给到指定位置自动停止，再由操作者发出指令使滑台快速返回，回到原位后自动停车。要求两动力头电动机在滑台电动机正向启动后启动，而在滑台电动机正向停车时也停车。

①主电路设计。动力头拖动电动机只要求单方向旋转，为使两台电动机同步启动，可用一个接触器 QA3 控制。滑台拖动电动机需要正、反转，可用两个接触器 QA1、QA2 控制。滑台的快速移动由电磁铁 MB 改变机械传动链来实现，由接触器 QA4 来控制。主电路如图 2-35 所示。

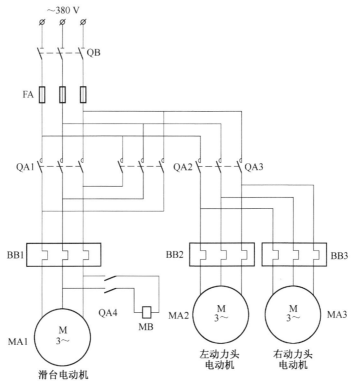

图 2-35　主电路

②控制电路设计。滑台电动机的正、反转分别用两个按钮 SF1 与 SF2 控制,停车则分别用 SF3 与 SF4 控制。由于动力头电动机在滑台电动机正转后启动,停车时也停车,故可用接触器 QA1 的常开辅助触点控制 QA3 的线圈,如图 2-36(a)所示。

滑台的快速移动可采用电磁铁 MB 通电时,改变凸轮的变速比来实现。滑台的快速前进与返回分别用 QA1 与 QA2 的辅助触点控制 QA4,再由 QA4 触点去通断电磁铁 MB。滑台快速前进到加工位置时,要求慢速进给,因此在 QA1 触点控制 QA4 的支路上串联行程开关 BG3 的常闭触点。此部分的辅助电路如图 2-36(b)所示。

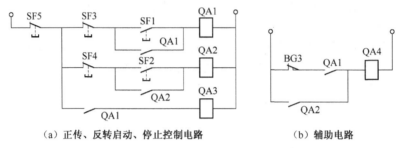

(a) 正传、反转启动、停止控制电路　　　　(b) 辅助电路

图 2-36　控制电路草图

③连锁与保护环节设计。用行程开关 BG1 的常闭触点控制滑台慢速进给到位时的停车;用行程开关 BG2 的常闭触点控制滑台快速返回至原位时的自动停车。

接触器 QA1 与 QA2 之间应互相连锁,三台电动机均应用热继电器做过载保护。完整的控制电路如图 2-37 所示。

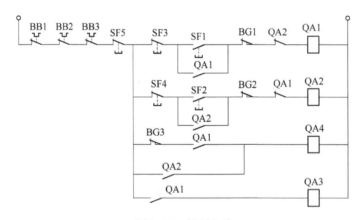

图 2-37　控制电路

④电路的完善。电路初步设计完毕后,可能还有不够合理的地方,因此需仔细校核。图 2-37 中,一共用了 3 个 QA1 的常开辅助触点,而一般的接触器只有两个常开辅助触点。因此,必须进行修改。从电路的工作情况可以看出,QA3 的常开辅助触点完全可以代替 QA1 的常开辅助触点去控制电磁铁 MB,修改完善后的控制电路如图 2-38 所示。

(3)设计控制电路时应注意的问题

设计具体电路时,为了使电路设计得简单且准确可靠,应注意以下几个问题:

①尽量减少连接导线。设计控制电路时,应考虑各电器元件的实际位置,尽可能地减少配线时的连接导线。图 2-39(a)是不合理的,因为按钮一般是装在操作台上,而接触器则是装在电器

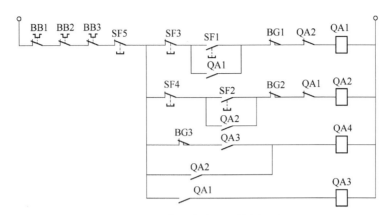

图 2-38 修改完善后的控制电路

柜内,这样接线就需要由电器柜二次引出连接线到操作台上,所以一般都将启动按钮和停止按钮直接连接,从而减少一次引出线,如图 2-39(b)所示。

图 2-39(b)所示电路不仅连接导线少,更主要的是工作可靠。由于 SB1、SB2 安装位置较近,当发生短路故障时,图 2-39(a)的电路将造成电源短路。

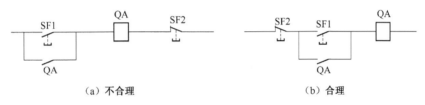

（a）不合理　　　　　　　　　　　　（b）合理

图 2-39 电器连接图

②正确连接电器的线圈。电压线圈通常不能串联使用,如图 2-40(a)所示。由于它们的阻抗不尽相同,造成两个线圈上的电压分配不等。即使外加电压是同型号线圈电压的额定电压之和,也不允许。因为电器动作总有先后,当有一个接触器先动作时,则其线圈阻抗增大,该线圈上的电压降增大,使另一个接触器不能吸合,严重时将使线圈烧毁。

电感量相差悬殊的两个电器线圈,也不要并联连接。图 2-40(b)中直流电磁铁 MB 与继电器 KF 并联,在接通电源时可正常工作,但在断开电源时,由于电磁铁线圈的电感比继电器线圈的电感大得多,所以断电时,继电器很快释放,但电磁铁线圈产生的自感电动势可能使继电器又吸合一段时间,从而造成继电器的误动作。解决方法:可各用一个接触器的触点来控制,如图 2-40(c)所示。

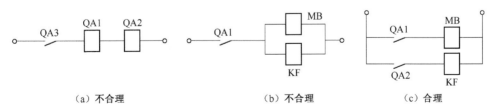

（a）不合理　　　　　　　（b）不合理　　　　　　　（c）合理

图 2-40 电磁线圈的串、并联

③控制电路中应避免出现寄生电路。寄生电路是电路动作过程中意外接通的电路。图 2-41 所示为一个具有指示灯 PG 和热保护的正反向电路。正常工作时，能完成正反向启动、停止和信号指示。当热继电器 BB 动作时，电路就出现了寄生电路，如图中虚线所示，使正向接触器 QA1 不能有效释放，起不了保护作用；反转时亦然。

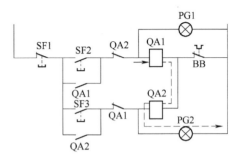

图 2-41　寄生电路

④尽可能减少电器数量、采用标准件和相同型号的电器。尽量减少不必要的触点以简化电路，提高电路可靠性。图 2-42(a)中电路改成图 2-42 (b)后可减少一个触点。当控制的支路数较多，而触点数目不够时，可采用中间继电器增加控制支路的数量。

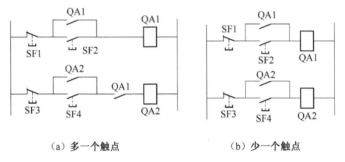

（a）多一个触点　　　　　（b）少一个触点

图 2-42　简化电路

⑤多个电器的依次动作问题。在电路中应尽量避免许多电器依次动作才能接通另一个电器的控制电路。

⑥可逆电路的连锁。在频繁操作的可逆电路中，正反向接触器之间不仅要有电气连锁，而且要有机械连锁。

⑦电路结构力求简单，尽量选用常用的且经过实际考验过的电路。

⑧要有完善的保护措施。在电气控制电路中，为保证操作人员、电气设备及生产机械的安全，一定要有完善的保护措施。常用的保护环节有漏电流、短路、过载、过流、过压、失压等保护环节，有时还应设有合闸、断开、事故、安全等必需的指示信号。

3. 电动机的选择

正确地选择电动机具有重要意义，合理地选择电动机是从驱动机床的具体对象、加工规范，也就是要从机床的使用条件出发，经济、合理、安全等多方面考虑，使电动机能够安全可靠地运行。电动机的选择包括电动机结构型式、电动机的额定电压、电动机额定转速、额定功率和电动机的容量等技术指标的选择。

（1）电动机选择的基本原则

①电动机的机械特性应满足生产机械提出的要求，要与负载的负载特性相适应。保证运行稳定且具有良好的启动、制动性能。

②工作过程中电动机容量能得到充分利用，使其温升尽可能达到或接近额定温升值。

③电动机结构形式满足机械设计提出的安装要求，并能适应周围环境工作条件。

④在满足设计要求的前提下，应优先采用结构简单、价格便宜、使用维护方便的三相笼形异步电动机。

（2）电动机结构形式的选择

①从工作方式上，不同工作制相应选择连续、短时及断续周期性工作的电动机。

②从安装方式上分卧式和立式两种。

③按不同工作环境选择电动机的防护形式，开启式适用于干燥、清洁的环境；防护式适用于干燥和灰尘不多，没有腐蚀性和爆炸性气体的环境；封闭式分自扇冷式、他扇冷式和密封式 3 种，前两种用于潮湿、多腐蚀性灰尘、多侵蚀的环境，后一种用于浸入水中的机械；防爆式用于有爆炸危险的环境中。

（3）电动机额定电压的选择

① 交流电动机额定电压与供电电网电压一致，低压电网电压为 380 V，因此，中小型异步电动机额定电压为 220/380 V。当电动机功率较大，可选用 3 000 V、6 000 V 及 10 000 V 的高压电动机。

②直流电动机的额定电压也要与电源电压一致，当直流电动机由单独的直流发电机供电时，额定电压常用 220 V 及 110 V。大功率电动机可提高 600~800 V。

（4）电动机额定转速的选择

对于额定功率相同的电动机，额定转速越高，电动机尺寸、重量越小，成本越低，因此选用高速电动机比较经济。但由于生产机械所需转速一定，电动机转速越高，传动机构转速比越大，传动机构越复杂。因此，应综合考虑电动机与机械两方面的多种因素来确定电动机的额定转速。

（5）电动机容量的选择

电动机容量的选择有两种方法：

①分析计算法：该方法是根据生产机械负载图，在产品目录上预选一台功率相当的电动机，再用此电动机的技术数据和生产机械负载图求出电动机的负载图，最后，按电动机的负载图从发热方面进行校验，并检查电动机的过载能力是否满足要求，如果不行，重新计算直至合格为止。此法计算工作量大，负载图绘制较难，实际使用不多。

②调查统计类比法：该方法是在不断总结经验的基础上，选择电动机容量的一种实用方法。此法比较简单，对同类型设备的拖动电动机容量进行统计和分析，从中找出电动机容量与设备参数的关系，得出相应的计算公式。以下为典型机床的统计分析法公式。

● 车床：

$$P = 36.5D^{1.54} \text{ kW} \tag{2-4}$$

式中，D——工件最大直径（m）。

● 立式车床：

$$P = 20D^{0.88} \text{ kW} \tag{2-5}$$

式中：D——工件最大直径（m）。

● 摇臂钻床：

$$P = 0.064\ 6D^{1.19} \text{ kW} \tag{2-6}$$

式中：D——最大钻孔直径（mm）。

● 卧式镗床：

$$P = 0.04D^{1.7} \text{ kW} \tag{2-7}$$

式中：D——镗杆直径（mm）。

4. 电气控制电路设计举例

下面以 C6132 卧式车床电气控制电路为例，简要介绍该电路的经验设计方法与步骤。已知

该机床技术条件为:床身最大工件回转直径为 160 mm,工件最大长度为 500 mm。具体设计步骤如下:

(1)拖动方案及电动机的选择

车床主运动由电动机 MA1 拖动;液压泵由电动机 MA2 拖动;冷却泵由电动机 MA3 拖动。

主拖动电动机功率由式(2-4)可得:$P = 36.5 \times 0.16^{1.54} = 2.17$ kW,所以可选择主电动机 M1 为 J02-22-4 型、2.2 kW、380 V、4.9 A、1 450 r/min。润滑泵 MA2、冷却泵电动机 MA3 可按机床要求均选择为 JCB-22、380 V、0.125 kW、0.43 A、2 700 r/min。

(2)电气控制电路的设计

①主电路。三相电源通过组合开关 QB1 引入,供给主运动电动机 MA1、液压泵电动机 MA2、冷却泵电动机 MA3 及控制回路。熔断器 FA1 作为电动机 MA1 的保护元件,BB1 为电动机 MA1 的过载保护热继电器。FA2 作为电动机 MA2、MA3 和控制回路的保护元件,BB2、BB3 分别为电动机 MA2 和 MA3 的过载保护热继电器。冷却泵电动机 MA3 由组合开关 QB2 手动控制,以便根据需要供给切削液。电动机 MA1 的正反转由接触器 QA1 和 QA2 控制,液压泵电动机由 QA3 控制。由此组成的主电路如图 2-43 的左半部分所示。

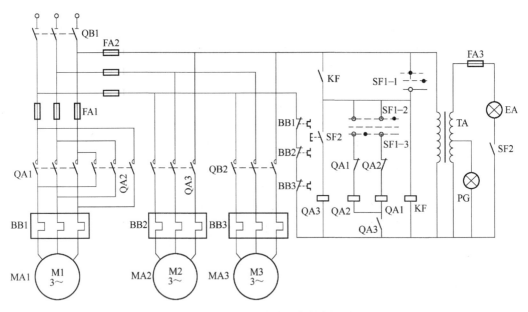

图 2-43　C6132 卧式车床电气控制电路图

②控制电路。从车床的拖动方案可知,控制回路应有 3 个基本控制环节,即主轴拖动电动机 MA1 的正反转控制环节;液压泵电动机 MA2 的单方向控制环节;连锁环节用来避免元件误动作造成电源短路和保证主轴箱润滑良好。用经验设计法确定出控制回路电路,如图 2-43 右半部分所示。

用微动开关与机械手柄组成的控制开关 SF1 有三挡位置。当 SF1 在 0 位时,SF1-1 闭合,中间继电器 KF 通电自锁。主轴电动机启动前,应先按下 SF2,使润滑泵电动机接触器 QA3 通电,MA2 启动,为主运动电动机启动做准备。

主轴正转时,控制开关放在正转挡,使 SF1-2 闭合,主轴电动机 MA1 正转启动。主轴反转时,控制开关放在反转挡,使 SF1-3 闭合,主轴电动机反向启动。由于 SF1-2、SF1-3 不能同时闭合,故形成电气互锁。中间继电器 KF 的主要作用是失压保护,当电压过低或断电时,KF 释放;重新供电时,需将控制开关放在 0 位使 KF 通电自锁,才能启动主轴电动机。

局部照明用变压器 TA 降至 36 V 供电,以保护操作安全。

(3) 电器元件的选择

①电源开关 QB1 和 QB2 均选用三极组合开关。根据工作电流,并保证留有足够的余量,可选用型号为 HZ10-25/3 型。

②熔断器 FA1、FA2、FA3 的选择,熔体电流可按式(1-1)和式(1-2)选择。FA1 保护主电动机,选 RL1-15 型熔断器,配 15 A 的熔体;FA2 保护润滑泵和冷却泵电动机及控制回路,选 RL1-15 型熔断器,配用 2 A 的熔体;FA3 为照明变压器的二次保护,选 RL1-15 型熔断器配用 2 A 的熔体。

③接触器的选择,根据电动机 MA1 和 MA2 的额定电流情况及式(1-3),接触器 QA1、QA2 和 QA3 均选用 CJ10-10 型交流接触器,线圈电压为 380 V。中间继电器 KF 选用 JZ7-44 交流中间继电器,线圈电压为 380 V。

④热继电器的选择,根据电动机工作情况、热元件额定电流的选择式(1-4)和式(1-5)选取。用于主轴电动机 MA1 的过载保护时,选 JR20-20/3 型热继电器、热元件电流可调至 7.2 A;用于润滑泵电动机 MA2 的过载保护时,选 JR20-10 型热继电器,热元件电流可调至 0.43 A。

⑤照明变压器的选择,局部照明灯为 40 W,所以可选用 BK-50 型控制变压器,初级电压 380 V,次级电压 36 V 和 6.3 V。

(4) 电器元件明细表

C6132 卧式车床电气控制电路电器元件明细表如表 2-2 所示。

表 2-2　C6132 卧式车床电器元件明细表

序　号	符　号	名　称	型　号	规　格	数　量
1	MA1	异步电动机	JO2-22-4	2.2 kW、380 V、1 450 r/min	1
2	MA2、MA3	液压泵、冷却泵电动机	JCB-22	0.125 kW、380 V、2 700 r/min	2
3	QB1、QB2	组合开关	HZ10-25/3	500 V、25 A	2
4	FA1	熔断器	RL1-15	500 V、10 A	3
5	FA2、FA3	熔断器	RL1-15	500 V、2 A	4
6	QA1、QA2、QA3	交流接触器	CJ10-10	380 V、10 A	3
7	KF	中间继电器	JZ7-44	380 V、5 A	1
8	TA	控制变压器	BK-50	50 V·A、380 V/36 V、6.3 V	1
9	PG	指示信号灯	ZSD-0	6.3 V	1
10	EA	照明灯		40 W、36 V	1

 项目训练

任务一　三相异步电动机正反转控制电路装调

1. 任务目的

①能分析交流电动机正反转控制电路的控制原理。

②能正确识读电路图、装配图。

③会按照工艺要求正确安装交流电动机正反转控制电路。

④能根据故障现象检修交流电动机正反转控制电路。

2. 任务内容

有一台三相交流异步电动机（Y112M-4、4 kW、额定电压 380 V、额定电流 8.8 A、△ 接法，1 440 r/min），现需要对它进行正反转控制，并进行安装与调试，原理图参见图 2-43。

3. 任务准备

（1）工具、仪表及器材

①工具：测电笔、螺钉旋具、尖嘴钳、斜口钳、剥线钳、电工刀、校验灯等。

②仪表：5050 型兆欧表、T301-A 型钳形电流表、MF47 型万用表。

③器材：接触器正反转控制电路板一块。导线规格：动力电路采用 BV 1.5 mm² 和 BVR 1.5 mm²（黑色）塑铜线；控制电路采用 BVR 1 mm² 塑铜线（红色），接地线采用 BVR（黄绿双色）塑铜线（截面至少 1.5 mm²）。紧固体及编码套管等，其数量按需要而定。

（2）选择电器元件

按照三相异步电动机型号，给电路中的开关（熔丝）、熔断器（熔芯）、热继电器、接触器、按钮等选配型号。

选用热继电器要注意下列两点：

①由电动机的额定电流选热继电器的型号和电流等级。

②根据热继电器与电动机的安装条件和环境不同，将热元件电流做适当调整（放大 1.15～1.5 倍）。

4. 任务实施

（1）绘制电气原理图（见图 2-44）

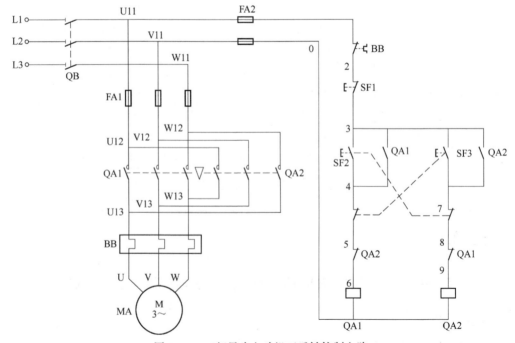

图 2-44　三相异步电动机正反转控制电路

（2）绘制电器元件布置图及安装接线图

根据图 2-44 所示三相异步电动机正反转控制电路绘制电器元件布置图（见图 2-45）及安装接线图（见图 2-46），注意线号在电气原理图和安装接线图中要一致。

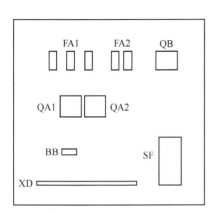

图 2-45　电器元件布置图

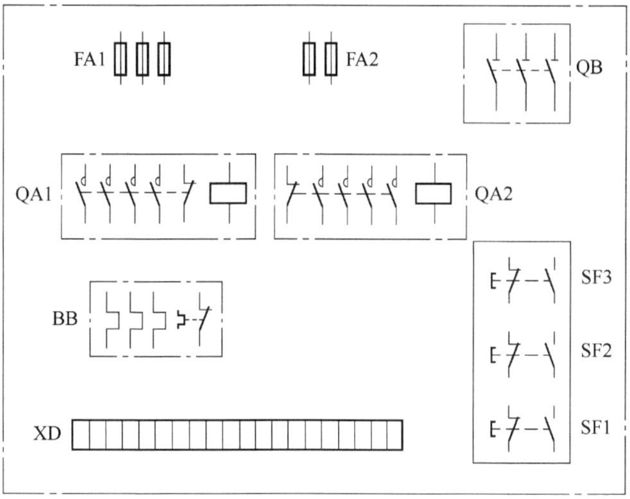

图 2-46　安装接线图

（3）安装电气元件

按照图 2-45，在控制板上将所需电气元件摆放均匀、整齐、紧凑、合理，用螺钉进行固定，并在其旁边贴上醒目的文字符号。

安装工艺要求：

①自动开关、熔断器的受电端子安装在控制板的外侧，以便于手动操作。

②各元件的间距合理，便于元件的更换。

③紧固各元件时应用力均匀，紧固程度适当。用手轻摇，以确保其稳固。

（4）绘制元件明细表（见表 2-3）

表 2-3　三相异步电动机正反转控制电路元件明细表

序　号	名　称	型号与规格	数　量	备　注
MA	三相异步电动机	Y112M-4、4 kW、380 V、△接法、8.8 A、1 440 r/min	1	
QB	组合开关	HZ10-25/3、三极、25 A	1	
FA1	熔断器	RL1-60/25、500 V、60 A、配熔体 25 A	3	
FA2	熔断器	RL1-15/2、500 V、15 A、配熔体 2 A	2	
QA1、QA2	交流接触器	CJ10-20、20 A、线圈电压 380 V	2	
BB	热继电器	JR16-20/3、三极、20 A、整定电流 8.8 A	1	
SF1~SF3	按钮	LA10-3H、保护式、380 V、5 A、按钮数 3	3	
XD	端子板	JX2-1015、380 V、10 A、15 节	1	

（5）布线、校队检查、安装并连接电动机

布线工艺要求：

①布线通道要尽可能少。主电路、控制电路要分类清晰，同一类电路要单层密排，紧贴安装

板面布线。

②同一平面内的导线要尽量避免交叉。当必须交叉时，布线电路要清晰，以便于识别。

③布线应横平竖直，走线改变方向时应垂直转向。

④布线一般以接触器为中心，由里向外，由低至高，以不妨碍后续布线为原则。

⑤布线一般按照先控制电路，后主电路的顺序，主电路和控制电路要尽量分开。

⑥导线与接线端子或接线柱连接时，应不压绝缘层、不反圈及不露铜过长，并做到同一元件、同一回路的不同接点的导线间距离保持一致。

⑦一个电气元件接线端子上的连接导线不得超过两根。每节接线端子排上的连接导线一般只允许连接一根。

⑧布线时，严禁损伤线芯和导线绝缘。

⑨布线时，要确保连接牢靠，用手轻拉不会脱落或断开。

布线完成后，按照接线图检查控制面板布线的正确性。用万用表检查各连线的电气连接，保证连接正确，没有短路或断路。

将电动机定子绕组按照铭牌接好线后，先连接电动机和按钮金属外壳的接地保护线，然后连接电动机控制板外部的导线，最后连接电源。连接电源时，要保证刀开关或低压断路器处于断开状态。

控制电路制作完毕，检查无误并经指导老师允许后可进行通电试车。

（6）通电试车

试车前应做好准备工作，包括：清点工具；清除安装底板上的线头杂物；装好接触器的灭弧罩；检查各组熔断器的熔体；分断各开关，使按钮处于未操作前的状态；检查三相电源是否对称等。然后，按下述的步骤通电试车。

①空操作试验。先切除主电路（一般可断开主电路熔断器），装好辅助电路熔断器，接通三相电源，使电路不带负荷（电动机）通电操作，以检查辅助电路工作是否正常。操作各按钮检查它们对接触器、继电器的控制作用；检查接触器的自保、连锁等控制作用。还要观察各电器操作动作的灵活性，注意有无卡住或阻滞等不正常现象；细听电器动作时有无过大的振动噪声；检查有无线圈过热等现象。

②带负荷试车。控制电路经过数次空操作试验动作无误，即可切断电源，接通主电路，带负荷试车。电动机启动前应先做好停车准备，启动后要注意它的运行情况。如果发现电动机启动困难、发出噪声及线圈过热等异常现象，应立即停车，切断电源后进行检查。

试车运转正常后，可投入正常运行。

5. 任务评价

（1）纪律要求

训练期间不准穿裙子、西服、皮鞋，必须穿工作服（或学生服）、胶底鞋；注意安全、遵守纪律，有事请假，不得无故不到或随意离开；训练过程中要爱护器材，节约用料。

（2）评分标准（见表2-4）

表2-4　安装元件、布线、通电试车评分标准

项目内容	分配	评分标准		得分
安装元件	15	①元件布置不整齐、不匀称、不合理，每个	扣3分	
		②元件安装不牢固，每个	扣4分	
		③损坏元件	扣5~15分	

项目内容	分配	评　分　标　准		得　　分
布线	35	①不按电气原理图接线	扣15分	
		②布线不符合要求:		
		• 主回路,每根	扣2分	
		• 控制回路,每根	扣1分	
		• 节点松动、露铜过长、反圈、压绝缘层,每根	扣1分	
		• 损伤导线绝缘部分或线芯,每根	扣4分	
通电试车	50	①第一次通电试车不成功	扣20分	
		②第二次通电试车不成功	扣30分	
		③第三次通电试车不成功	扣50分	
		④违反安全文明生产	扣5~15分	
开始时间		结束时间	实际时间	
成绩				

任务二　星形-三角形降压启动控制电路装调

1. 任务目的

①能分析三相笼形异步电动机Y-△降压启动控制电路的控制原理。

②能正确识读电路图、装配图。

③会按照工艺要求正确安装三相笼形异步电动机Y-△降压启动控制电路。

④能根据故障现象检修三相笼形异步电动机Y-△降压启动控制电路。

2. 任务内容

有一台三相笼形异步电动机(Y112M-4、4 kW、额定电压380 V、额定电流8.8 A、1 440 r/min),现需要对它进行Y-△降压启动控制,并进行安装与调试,原理图如图2-47所示。

3. 任务准备

(1)工具、仪表及器材

①工具:测电笔、螺钉旋具、尖嘴钳、斜口钳、剥线钳、电工刀、校验灯等。

②仪表:5050型兆欧表、T301-A型钳形电流表、MF47型万用表。

③器材:接触器正反转控制电路板一块。导线规格:动力电路采用BV 1.5 mm²和BVR 1.5 mm²(黑色)塑铜线;控制电路采用BVR 1 mm²塑铜线(红色),接地线采用BVR(黄绿双色)塑铜线(截面至少1.5 mm²)。紧固体及编码套管等,其数量按需而定。

(2)选择电器元件

按照三相异步电动机型号,给电路中的开关(熔丝)、熔断器(熔芯)、热继电器、接触器、按钮等选配型号。

4. 任务实施

(1)绘制电气原理图

电气原理图参见图2-7。电动机定子绕组Y-△接线示意图如图2-47所示。在图2-47中,UU′、VV′、WW′为电动机的三相定子绕组,当QA3的主触点闭合,QA2的主触点断开时相当于U′、V′、W′连在一起,为星形连接;当QA3的主触点断开,QA2的主触点闭合时,相当于U与V′、V与W′、W与U′连在一起,三相绕组首尾相连,为三角形连接。

（2）绘制电器元件布置图及安装接线图

根据图 2-7 三相笼形异步电动机 Y-△降压启动控制电路绘制电器元件布置图及安装接线图，电器元件布置图如图 2-48 所示。

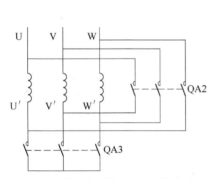

图 2-47 电动机定子绕组 Y-△接线示意图

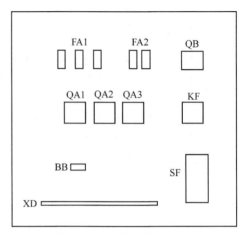

图 2-48 电器元件布置图

（3）安装电气元件

按照图 2-48，在控制板上将所需电气元件摆放均匀、整齐、紧凑、合理，用螺钉进行固定，并在其旁边贴上醒目的文字符号。

安装工艺要求：

①自动开关、熔断器的受电端子安装在控制板的外侧，以便于手动操作。

②各元件的间距合理，便于元件的更换。

③紧固各元件时应用力均匀，紧固程度适当。用手轻摇，以确保其稳固。

（4）绘制元件明细表（见表 2-5）

表 2-5 三相异步电动机正反转控制电路元件明细表

序 号	名 称	型号与规格	数 量	备 注
MA	三相异步电动机	Y112M-4、4 kW、380 V、△接法、8.8 A、1 440 r/min	1	
QB	组合开关	HZ10-25/3、三极、25 A	1	
FA1	熔断器	RL1-60/25、500 V、60 A、配熔体 25 A	3	
FA2	熔断器	RLl-15/2、500 V、15 A、配熔体 2 A	2	
QA1～QA3	交流接触器	CJ10-20、20 A、线圈电压 380 V	3	
KF	时间继电器	JSZ3Y、220 V、触点容量 3 A	1	
BB	热继电器	JR16-20/3、三极、20 A、整定电流 8.8 A	1	
SF1、SF2	按钮	LA10-3H、保护式、380 V、5 A	2	
XD	端子板	JX2-1015、380 V、10 A、15 节	1	

（5）布线、校队检查、安装并连接电动机

布线工艺要求：

①布线通道尽可能少。主电路、控制电路要分类清晰，同一类电路要单层密排，紧贴安装板面布线。

②同一平面内的导线要尽量避免交叉。当必须交叉时,布线线路要清晰,以便于识别。

③布线应横平竖直,走线改变方向时应垂直转向。

④布线一般以接触器为中心,由里向外,由低至高,以不妨碍后续布线为原则。

⑤布线一般按照先控制电路,后主电路的顺序。主电路和控制电路要尽量分开。

⑥导线与接线端子或接线柱连接时,应不压绝缘层、不反圈及不露铜过长,并做到同一元件、同一回路的不同接点的导线间距离保持一致。

⑦一个电气元件接线端子上的连接导线不得超过两根。每节接线端子排上的连接导线一般只允许连接一根。

⑧布线时,严禁损伤线芯和导线绝缘。

⑨布线时,要确保连接牢靠,用手轻拉不会脱落或断开。

布线完成后,按照接线图检查控制面板布线的正确性。用万用表检查各连线的电气连接,保证连接正确,没有短路或断路。

将电动机定子绕组按照铭牌接好线后,先连接电动机和按钮金属外壳的接地保护线,然后连接电动机控制板外部的导线,最后连接电源。连接电源时,要保证刀开关或低压断路器处于断开状态。

控制电路制作完毕,检查无误并经指导老师允许后可进行通电试车。检查的注意事项:

①按电路图或接线图从电源端开始,逐段核对连线是否正确,连接点是否符合要求。

②用万用表进行检查时,应选用适当倍率的电阻挡,并进行校零,以防错漏短路故障。校验控制电路时,可将表笔分别搭在连接控制电路的两根电源线的接线端上,读数应为"∞"。

③检查主电路时,可以用手动操作来代替接触器线圈吸合时的情况。

（6）通电试车

试车前应做好准备工作,包括:清点工具;清除安装底板上的线头杂物;装好接触器的灭弧罩;检查各组熔断器的熔体;分断各开关,使按钮处于未操作前的状态;检查三相电源是否对称等。然后,按下述步骤通电试车。

①空操作试验。先切除主电路(一般可断开主电路熔断器),装好辅助电路熔断器,接通三相电源,使电路不带负荷(电动机)通电操作,以检查辅助电路工作是否正常。操作各按钮检查它们对接触器、继电器的控制作用;检查接触器的自保、连锁等控制作用。还要观察各电器操作动作的灵活性,注意有无卡住或阻滞等不正常现象;细听电器动作时有无过大的振动噪声;检查有无线圈过热等现象。

②带负荷试车。控制电路经过数次空操作试验动作无误,即可切断电源,接通主电路,带负荷试车。电动机启动前应先做好停车准备,启动后要注意它的运行情况。如果发现电动机启动困难、发出噪声及线圈过热等异常现象,应立即停车,切断电源后进行检查。

试车运转正常后,可投入正常运行。

（7）注意事项

①电动机和按钮的金属外壳必须可靠接地。

②接至电动机的导线必须结实,并有良好的绝缘性能。

③安装完毕的控制电路板必须经过认真检查并经指导老师允许后方可通电试车,以防止严重事故的发生。

④故障检测训练前要熟练掌握电路图中各个环节的作用。

⑤要认真听取指导老师在示范过程中的讲解并仔细观察检修操作。

⑥工具和仪表的使用方法要正确,同时要做到安全操作和文明生产。

5. 任务评价

(1)纪律要求

训练期间不准穿裙子、西服、皮鞋,必须穿工作服(或学生服)、胶底鞋;注意安全、遵守纪律,有事请假,不得无故不到或随意离开;训练过程中要爱护器材,节约用料。

(2)评分标准(见表2-6)

表2-6 安装元件、布线、通电试车评分标准

项目内容	分 配	评 分 标 准		得 分
安装元件	15分	①元件布置不整齐、不匀称、不合理,每个	扣3分	
		②元件安装不牢固,每个	扣4分	
		③损坏元件	扣5~15分	
布线	35分	①不按电气原理图接线	扣15分	
		②布线不符合要求:		
		• 主回路,每根	扣2分	
		• 控制回路,每根	扣1分	
		• 节点松动、露铜过长、反圈、压绝缘层,每根	扣1分	
		• 损伤导线绝缘部分或线芯,每根	扣4分	
通电试车	50分	①第一次通电试车不成功	扣20分	
		②第二次通电试车不成功	扣30分	
		③第三次通电试车不成功	扣50分	
		④违反安全文明生产	扣5~15分	
开始时间		结束时间	实际时间	
成绩				

习 题

1. 电气控制电路图识图的基本方法是什么?

2. 电气原理图中,QA、FA、SF、BB、BG 分别是什么电器元件的文字符号?

3. 三相笼形异步电动机降压启动的方法有哪几种?三相绕线式异步电动机降压启动的方法有哪几种?

4. 画出用按钮和接触器控制电动机正反转控制电路。

5. 画出自动往复循环控制电路,要求有限位保护。

6. 什么是能耗制动?什么是反接制动?各有什么特点及适用场合?

7. 三相异步电动机是如何实现变极调速的?双速电动机变速时相序有什么要求?

8. 变频器的基本结构原理是什么?

9. 长动与点动的区别是什么?如何实现长动?

10. 多台电动机的顺序控制电路中有哪些规律可循?

11. 试述电液控制电路的分析过程。

12. 设计一个笼形异步电动机的控制电路,要求:(1)能实现可逆长动控制;(2)能实现可逆点动控制;(3)有过载、短路保护。

13. 设计 2 台笼形异步电动机的起停控制电路,要求:(1)M1 启动后,M2 才能启动;(2)M1 如果停止,M2 一定停止。

14. 设计 3 台笼形异步电动机的起停控制电路,要求:①M1 启动 10 s 后,M2 自动启动;②M2 运行 6 s 后,M1 停止,同时 M3 自动启动;③再运行 15 s 后,M2 和 M3 停止。

15. 电气控制系统设计的基本内容有哪些?

16. 电气系统的控制方案如何确定?

17. 设计任务:首先电动机正转启动,3 s 后自动反转,反转 2 s 后又回到正转,如此循环,可以随时停车。要求:(1)绘制电气原理图包括主电路、控制电路;(2)指出所用的电气元器件,并指出其作用。

18. 设计控制电路时应注意什么问题?

19. 设计一台专用机床的电气控制电路,画出电气原理图,并制定电气元件明细表。

本机床采用钻孔-倒角组合刀具加工零件的孔和倒角。加工工艺如下:快进→工进→停留光刀(3 s)→快退→停车。专用机床采用三台电动机,其中 M1 为主运动电动机,采用 Y112M-4,容量为 4 kW;M2 为工进电动机,采用 Y90L-4,容量为 1.5 kW;M3 为快速移动电动机,采用 Y801-2,容量为 0.75 kW。

设计要求如下:

(1)工作台工进至终点或返回到原点,均由限位开关使其自动停止,并有限位保护。为保证位移准确定位,要求采用制动措施。

(2)快速电动机可进行点动调整,但在工进时无效。

(3)设有紧急停止按钮。

(4)应有短路和过载保护。

(5)其他要求可根据工艺,由读者自行考虑。

(6)通过实例,说明经验设计法的设计步骤。

项目典型机械设备电气控制系统

- 掌握电气控制电路的组成,以及各种基本控制电路在具体电器控制系统的应用。
- 掌握分析电气控制系统的方法,培养和锻炼阅读电气控制图纸的能力。
- 了解在机械设备中,机械、液压及电气控制之间的紧密联系,为实际工作中对机械设备的电气控制系统分析打下基础。

本项目通过分析典型机械设备的电气控制系统,一方面进一步学习掌握电气控制电路的组成,以及各种基本控制电路在具体的电气控制系统中的应用,同时学习掌握分析电气控制电路的方法,提高阅读电路图的能力,为进行电气控制系统的设计打下基础;另一方面通过了解一些具有代表性的典型机械设备的电气控制系统及其工作原理,为以后实际工作中对机械设备电气控制电路的分析、调试及维护打好基础。

一、普通车床的电气控制电路

车床是机械加工中应用极为广泛的一种机床,主要用于加工各种回转表面(内外圆柱面、圆锥表面、成型回转表面等),回转体的端面、螺纹等。车床的类型很多,主要有卧式车床、立式车床、转塔车床、仿形车床等。

车床通常由一台主电动机拖动,经由机械传动链,实现切削主运动和刀具进给运动的输出,其运动速度由变速齿轮箱通过手柄操作进行切换。刀具的快速移动、冷却泵和液压泵等,常采用单独电动机驱动。不同型号的车床,其主电动机的工作要求不同,因而由不同的控制电路构成,但是由于卧式车床运动变速是由机械系统完成的,且车床运动形式比较简单,因此相应的控制电路也比较简单。本节以 C650 卧式车床为例,进行电气控制系统的分析。

1. 车床的主要结构和运动形式

C650 卧式车床属于中型车床,可加工的最大工件回转直径为 1 020 mm,最大工件长度为 3 000 mm,机床的结构示意图如图 3-1 所示。

车床运动形式主要有两种:一种是主运动,是指安装在主轴箱中的主轴带动工件的旋转运动;另一种是进给运动,是指溜板箱带动溜板和刀架直线运动。刀具安装在刀架上,与溜板一起随溜板箱沿主轴轴线方向实现进给移动,主轴的传动和溜板箱的移动均由主电动机驱动。由于加工的工件比较大,加工时其转动惯量也比较大,需停车时不易立即停止转动,必须有停车制动的功能,较好的停车制动是采用电气制动。在加工过程中,还需提供切削液,并且为了减轻工人的劳动强度和节省辅助工作时间,要求带动刀架移动的溜板箱能够快速移动。

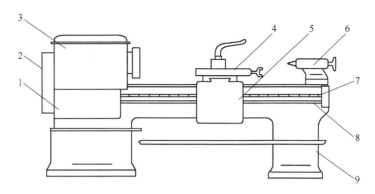

图 3-1 普通车床结构示意图

1—进给箱；2—挂轮箱；3—主轴变速箱；4—溜板与刀架；

5—溜板箱；6—尾架；7—丝杆；8—光杆；9—床身

2. 电力拖动与控制要求

①主电动机 MA1：完成主轴主运动和刀具进给运动的驱动，电动机采用直接启动的方式启动，可正反两个方向旋转，并可进行正反两个旋转方向的电气停车制动。为加工调整方便，还具有点动功能。

②电动机 MA2 拖动冷却泵，在加工时提供切削液，采用直接启动停止方式，并且为连续工作状态。

③快速移动电动机 MA3，电动机可根据使用需要，随时手动控制启停。

④主电动机和冷却泵电动机部分应具有短路和过载保护。

⑤应具有局部安全照明装置。

3. 电气控制电路分析

C650 型普通车床的电气控制原理图如图 3-2 所示，使用的电器元件符号与功能说明如表 3-1 所示。

（1）主电路分析

图 3-2 所示的主电路中有三台电动机的驱动电路，隔离开关 QB 将三相电源引入，电动机 MA1 电路接线分为三部分：第一部分由正转控制交流接触器 QA1 和反转控制交流接触器 QA2 的两组主触点构成电动机的正反转接线；第二部分为一电流表 PG 经电流互感器 BE 接在主电动机 MA1 的动力回路上，以监视电动机绕组工作时的电流变化，为防止电流表被启动电流冲击损坏，利用一时间继电器的动断触点，在启动的短时间内将电流表暂时短接掉；第三部分为一串联电阻限流控制部分，交流接触器 QA3 的主触点控制限流电阻 RA 的接入和切除，在进行点动调整时，为防止连续的启动电流造成电动机过载，串入限流电阻 RA，保证电路设备正常工作。

速度继电器 BS 的速度检测部分与电动机的主轴同轴相连，在停车制动过程中，当主电动机转速近零时，其常开触点可将控制电路中反接制动相应电路切断，完成停车制动。

电动机 MA2 由交流接触器 QA4 的主触点控制其动力电路的接通与断开；电动机 MA3 由交流接触器 QA5 控制。

为保证主电路的正常运行，主电路中的短路保护环节还设置了采用熔断采用热继电器的电动机过载保护环节。

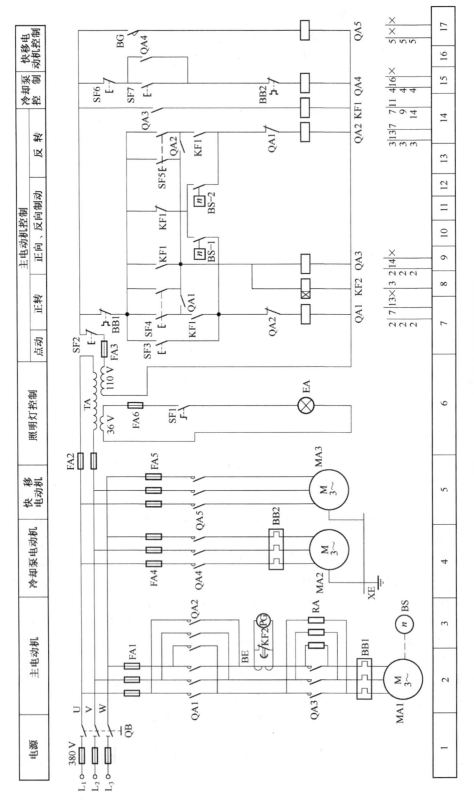

图 3-2　C650 车床的电气控制原理图

表 3-1　C650 型普通车床电器元件符号与功能说明

序 号	符 号	名称与用途	序号	符 号	名称与用途
1	MA1	主轴电动机	15	SF2	总停止控制按钮
2	MA2	冷却泵电动机	16	SF3	主电动机正向点动按钮
3	MA3	快速移动电动机	17	SF4	主电动机正转按钮
4	QA1	主电动机正转接触器	18	SF5	主电动机反转按钮
5	QA2	主电动机反转接触器	19	SF6	冷却泵电动机停转按钮
6	QA3	短接限流电阻接触器	20	SF7	冷却泵电动机启动按钮
7	QA4	冷却泵电动机启动接触器	21	FA1~FA6	熔断器
8	QA5	快移电动机启动接触器	22	BB1	主电动机过载保护热继电器
9	KF1	中间继电器	23	BB2	冷却泵电动机保护热继电器
10	KF2	通电延时时间继电器	24	RA	限流电阻
11	BG	快移电动机点动行程开关	25	EA	照明灯
12	SF1	照明开关	26	BE	电流互感器
13	BS	速度继电器	27	QB	隔离开关
14	PG	电流表	28	TA	控制变压器

（2）控制电路分析

控制电路可划分为主电动机 MA1 的控制电路和电动机 MA2 与 MA3 的控制电路两部分。由于主电动机控制电路部分较复杂，因而还可以进一步将主电动机控制电路划分为正反转启动、点动局部控制电路和停车制动局部控制电路，它们的局部控制电路分别如图 3-3 所示。下面对各部分控制电路逐一进行分析。

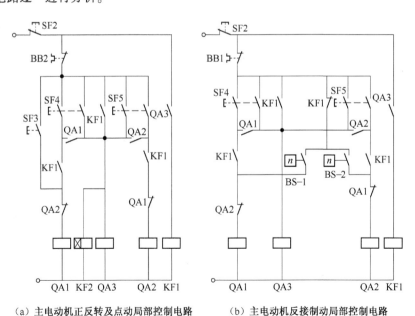

（a）主电动机正反转及点动局部控制电路　　　（b）主电动机反接制动局部控制电路

图 3-3　控制主电动机的基本控制电路

①主电动机正反转启动与点动控制。

• 正转控制由图 3-3（a）可知控制电路如下：

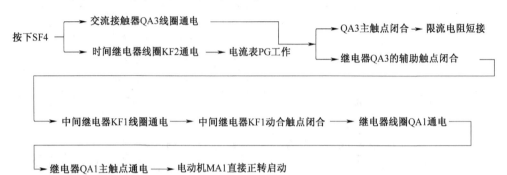

• 反向直接启动控制过程与其相同，只是启动按钮为 SF5。

• 点动控制：按下 SF3，直接接通 QA1 的线圈电路，电动机 MA1 正向直接启动，这时 QA3 线圈电路并没接通，因此其主触点不闭合，限流电阻 RA 接入主电路限流，其辅助动合触点不闭合，KF1 线圈不能通电工作，从而使 QA1 线圈不能持续通电，松开按钮，MA1 停转，实现了主电动机串联电阻限流的点动控制。

②主电动机反接制动控制电路。

图 3-3（b）所示为主电动机反接制动控制电路的构成。C650 卧式车床采用反接制动的方式进行停车制动，停止按钮按下后开始制动过程，当电动机转速接近零时，速度继电器的触点打开，结束制动。

其控制电路如下：

按下SF2 ──▶ 线圈KF1断电 ──▶ KF1常闭触点闭合 ──▶ 速度继电器BS-2触点闭合 ──▶ 线圈QA2闭合 ──┐

└──▶ 电动机MA1反向启动 ──▶ 电动机MA1速度趋近零时BS-2触点打开 ──▶ 电动机MA1停止运转

反转时的反接制动工作过程相似，此时反转状态下，BS-1 触点闭合，制动时，接通接触器 QA1 的线圈电路，进行反接制动。

③刀架的快速移动和冷却泵电动机的控制。

刀架快速移动是由转动刀架手柄压动位置开关 BG，接通快速移动电动机 MA3 的控制接触器 QA5 的线圈电路，QA5 的主触点闭合，MA3 电动机启动经传动系统、驱动溜板箱带动刀架快速移动。

冷却泵电动机 MA2 由启动按钮 SF7 和停止按钮 SF6 控制接触器 QA4 线圈电路的通断，以实现电动机 MA2 的控制。

二、铣床电气控制电路

铣床主要用于加工各种形式的平面、斜面、成形面和沟槽等。安装分度头后，能加工直齿齿轮或螺旋面，使用圆工作台则可以加工凸轮和弧形槽。铣床应用广泛，种类很多，XA6132 卧式万能铣床是应用最广泛的铣床之一。

1. 主要结构与运动形式

XA6132 卧式万能铣床的结构如图 3-4 所示。它由底座、床身、悬梁、刀杆支架、升降台、溜板及工作台等几部分组成。

铣床的运动形式有以下几种：

①主运动　主轴带动铣刀的旋转运动。

②进给运动　加工中工作台带动工件的上、下、左、右、前、后运动。

③辅助运动　工件与铣刀相对位置的调整运动，即工作台在上下、前后、左右3个相互垂直方向上的快速直线运动及工作台的回转运动。

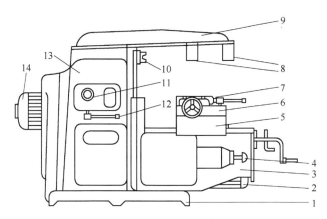

图3-4　XA6132型卧式万能铣床结构示意图

1—底座；2—进给电动机；3—升降台；4—进给变速手柄及变速箱；
5—溜板；6—转动部分；7—工作台；8—刀杆支架；9—悬梁；10—主轴；
11—主轴变速箱；12—主轴变速手柄；13—床身；14—主轴电动机

2. 电力拖动与控制要求

主轴由主电动机MA1拖动；工作台的工作进给与快速移动由进给电动机MA2拖动，但由电磁离合器来控制。使用圆工作台时，圆工作台的旋转也是由进给电动机拖动。另外，铣削加工时还设有冷却泵电动机MA3。

(1) 主轴拖动对电气控制的要求

①主轴要有调速。选用法兰盘式三相笼形异步电动机，经主轴变速箱拖动，使主轴获得18种转速。

②主轴能正、反转。铣床有顺铣和逆铣两种加工方式，可在加工前进行预选，用转向选择开关来选择电动机的旋转方向。

③主电动机停车时需要制动。由于铣刀的多刀多刃不连续切削，使负载波动较大，因此常在主轴传动系统中加入飞轮，以加大转动惯量，但这样对主轴的制动会带来影响。同时为确保安全，主轴在上刀时也应使主轴制动。XA6132型卧式万能铣床采用电磁离合器YC1来控制主轴停车制动和主轴上刀制动。

④主电动机在主轴变速时要有主轴变速冲动环节。这样主轴在变速时齿轮能顺利啮合，减小了齿轮端面的冲击。

⑤主电动机的启动、停止等控制设有两地操作站，以适应操作者在铣床正面或侧面的操作要求。

(2) 进给拖动对电气控制的要求

①工作台的运行方式有手动、进给运动和快速移动3种。手动是通过操作者摇动手柄使工作

台移动；进给运动与快速移动是由进给电动机 MA2 拖动、通过工作台进给电磁离合器 YC2 与快速移动电磁离合器 YC3 的控制完成。

②采用电气开关、机械挂挡相互联动的手柄操作控制进给电动机，以减少按钮数量，避免误操作。也就是扳动操作手柄的同时压合相应的限位开关，并挂上相应传动机械的挡。此时，要求操作手柄扳动方向与运动方向一致，以增强直观性。

③工作台的进给有左右的纵向运动、前后的横向运动和上下的垂直运动，它们都是由进给电动机拖动的，故进给电动机要求有正反转。采用的操作手柄有两个：一个是纵向操作手柄；另一个是垂直与横向操作手柄。前者有左、右、中 3 个位置，后者有上、下、前、后、中 5 个位置。

④进给运动的控制也为两处操作方式。所以，纵向操作手柄与垂直、横向操作手柄各有两套，可在工作台正面与侧面实现两地操作，且这两套操作手柄是联动的，快速移动也是两地操作。

⑤具有 6 个方向的联锁控制环节。为确保安全，工作台左、右、上、下、前、后 6 个方向的运动，同一时间只允许一个方向的运动。

⑥进给运动由进给电动机拖动，经进给变速机构可获得 18 种进给速度。为使变速后齿轮顺利啮合，减小齿轮端面的撞击，进给电动机应在变速后作瞬时点动。

⑦为使铣床安全可靠地工作，铣床工作时，要求先启动主电动机（若换向开关扳到中间位置，主电动机不旋转），才能启动进给电动机。停车时，主电动机与进给电动机同时停止，或先停进给电动机，后停主电动机。

⑧工作台上、下、左、右、前、后 6 个方向的移动应设有限位保护。

3. 电气控制电路分析

XA6132 型铣床控制电路如图 3-5 所示。该电路有两个突出的特点：一个是采用电磁离合器控制；另一个是机械操作与电气开关动作密切配合进行。铣床控制电路所用的电器元件符号与功能说明如表 3-2 所示。

（1）主电路

主电动机 MA1 由接触器 QA1、QA2 控制实现正反向旋转，由热继电器 BB1 作过载保护。进给电动机 MA2 由接触器 QA3、QA4 控制实现正反向旋转，由热继电器 BB2 作过载保护，熔断器 FA1 作短路保护。冷却泵电动机 MA3 由中间继电器 KF3 控制、单向旋转，由热继电器 BB3 作过载保护。整个电路由断路器 QA5 作短路、过载保护。

（2）控制电路

控制变压器将 380 V 降为 110 V 作为控制电源，降为 24 V 作为机床照明的电源。

①主轴电动机的控制：

• 主轴电动机的启动控制：主电动机 MA1 由正、反转接触器 QA1、QA2 实现正反转全电压启动，由主轴换向开关 SF10 预选。KF1 为主电动机选择继电器，按下 SF3 或 SF4 时，KF1 线圈通电并自锁。

• 主轴电动机的制动控制：由主轴停止按钮 SF1 或 SF2、正转接触器 QA1 或反转接触器 QA2，以及主轴制动电磁离合器 YC1 构成主轴制动停车控制环节。电磁离合器 YC1 安装在主轴传动链中，安装在主电动机相连的第一根传动轴上。

主轴停车时，按下 SF1 或 SF2，QA1 线圈或 QA2 线圈断电释放，断开主电动机 MA1 的三相交流电源；同时电磁离合器 YC1 线圈通电，产生磁场，在电磁吸力作用下将摩擦片压紧产生制动，使主轴迅速制动。当松开 SF1 或 SF2 时，YC1 线圈断电，摩擦片松开，制动结束。

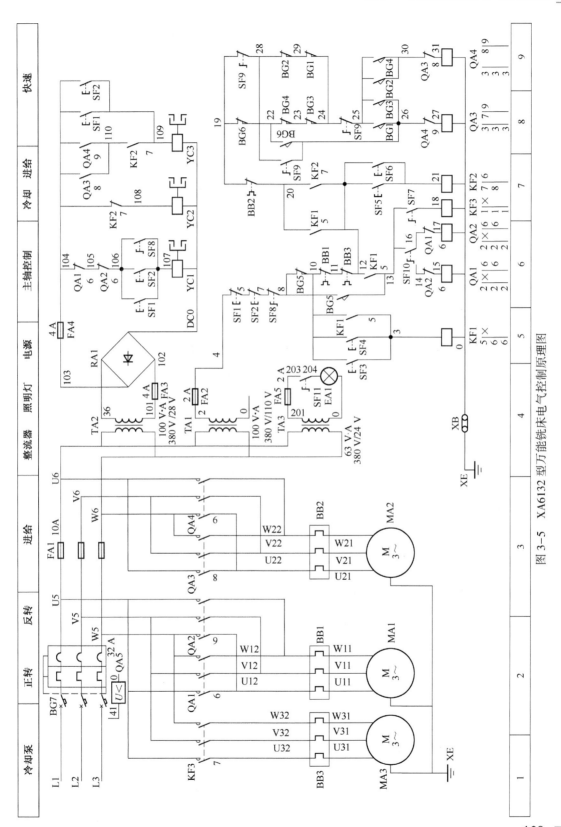

图 3-5 XA6132 型万能铣床电气控制原理图

表 3-2 XA6132 型卧式万能铣床电器元件符号与功能说明

序号	符号	名称与用途	序号	符号	名称与用途
1	MA1	主轴电动机	13	BG5	主轴变速冲动开关
2	MA2	进给电动机	14	BG6	进给变速冲动开关
3	MA3	冷却泵电动机	15	BG7	开门断电限位开关
4	SF7	冷却泵开关	16	SF1、SF2	主轴停止按钮
5	SF8	主轴上刀制动开关	17	SF3、SF4	主轴启动按钮
6	SF9	圆工作台转换开关	18	SF5、SF6	工作台快速移动按钮
7	SF10	主轴换向开关	19	QA1、QA2	主轴电动机正、反转接触器
8	SF11	照明开关	20	QA3、QA4	进给电动机正、反转接触器
9	BG1	工作台向左进给行程开关	21	QA5	电源开关
10	BG2	工作台向右进给行程开关	22	YC1	主轴制动电磁离合器
11	BG3	工作台向前及向下进给开关	23	YC2	工作台进给电磁离合器
12	BG4	工作台向后及向上进给开关	24	YC3	快速移动电磁离合器

● 主轴上刀换刀时的制动控制：在主轴上刀或更换铣刀时，主电动机不得旋转，否则会发生严重人身事故。主轴上刀制动环节，由主轴上刀制动开关 SF8 控制。

在主轴上刀换刀前，将 SF8 扳到"接通"位置，SF8 常闭触点断开，断开主轴启动控制电路，主电动机 MA1 不能启动或旋转；而 SF8 常开触点闭合，使主轴制动电磁离合器 YC1 线圈通电吸合，主轴处于制动状态。

上刀换刀结束后，再将 SF8 扳至"断开"位置，SF8 常开触点断开，解除主轴制动状态；同时，SF8 常闭触点闭合，为主电动机启动作准备。

● 主轴变速冲动控制：限位开关 BG5 为主轴变速冲动开关。主轴变速时，首先将主轴变速手柄压下，使手柄的榫块自槽中滑出，然后拉动手柄，使榫块落到第二道槽内为止；再转动变速刻度盘，把所需转速对准指针；最后把手柄推回原来位置，使榫块落进槽内，变速操作才完成。

假设主电动机正在正转运行。在将变速手柄推回原位置时，将瞬间压下主轴变速冲动开关 BG5，使 BG5 常闭触点断开，QA1 线圈断电，主电动机 MA1 停止；BG5 常开触点闭合，QA1 线圈又瞬间通电，主电动机 MA1 做瞬时转动，有利于齿轮啮合。当变速手柄榫块落入槽内时，BG5 不再受压，其常开触点断开，切断主电动机瞬时点动电路，主轴变速冲动结束。

反转时的情况自行分析。

● 开门断电保护：在机床左壁龛上安装了限位开关 BG7，关门时受压。BG7 常闭触点与断路器 QA5 断电压线圈串联。当打开控制箱门时，BG7 释放，其常闭触点闭合，使断路器 QA5 的脱扣线圈通电，QA5 跳闸，达到开门断电保护目的。

（3）进给电动机的控制

进给电动机 MA2 由 QA3、QA4 控制，实现正反转。该进给控制电路的电源经过 KF1 常开触点引入。KF1 是主电动机运行继电器，由主电动机启动按钮 SF3 或 SF4 控制。这样可以保证，只有主轴旋转后工作台才能进给的连锁要求。

工作台移动方向由各自的操作手柄来选择，共有两个操作手柄：

一个为左右（纵向）操作手柄，有右、中、左 3 个位置。当扳向右时，通过其联动机构将纵向进给离合器挂上，同时将向右进给的限位开关 BG1 压下，则其常开触点 BG1（25-26）闭合，常闭触点

BG1(29-24)断开;当反向左时,BG2受压;在中间时,BG1和BG2都不动作。

另一个为前后(横向)和上下(升降)十字操作手柄。该手柄有5个位置,即上、下、前、后和中间零位。当扳动十字操纵手柄时,通过联动机构,将控制运动方向的机械离合器合上,同时压下相应的限位开关。若向下或向前扳动,则BG3受压;若向上或向后扳动,则BG4受压。

SF9为圆工作台转换开关。它是一种二位式选择开关,当使用圆工作台时,SF9(28-26)闭合,当不使用圆工作台而使用普通工作台时,SF9(19-28)和SF9(24-25)均闭合。

①工作台左右(纵向)移动:工作台若左右(纵向)移动,除了SF9置于使用普通工作台位置外,十字手柄必须置于中间零位。若要工作台向右进给,则将纵向手柄扳向右,使得BG1受压,QA3通电,MA2正转。工作台向右进给,QA3通电的电流通路为:

线号19→BG6(19-22)→BG4(22-23)→BG3(23-24)→SF9(24-25)→BG1(25-26)→QA4常闭互锁触点(26-27)→QA3线圈(27-0)→线号0

从此电流通路中不难看到,如果操作者同时将十字手柄扳向工作位置,则BG4和BG3中必有一个断开,QA3线圈(27-0)不能通电。该机床就是通过这种电气方式来实现工作台左右移动同前后、上下移动之间的互锁。

若此时需快速移动,则要按动SF5(12-21)或SF6(12-21),使KF2(21-0)以"点动"方式通电。按下按钮时,KF2(110-109)使快速离合器YC3通电吸合,工作台向右快速移动;松手后,即恢复向右进给状态。

工作台向左移动时电路的工作原理与向右时相似,请自行分析。

②工作台前后(横向)和上下(升降)移动:若要工作台向上进给,则将十字手柄扳向上,使得BG4受压,QA4通电,MA2反转。工作台向上进给,QA4通电的电流通路为:

线号19→SF9(19-28)→BG2(28-29)→BG1(29-24)→SF9(24-25)→BG4(25-30)→QA3常闭互锁触点(30-31)→QA4线圈(31-0)→线号0

上述电流通路中的常闭触点BG2(28-29)和BG1(29-24)用于工作台前后、上下移动同左右移动之间的互锁。

类似地,若要快速上升,按动SF5或SF6即可。

工作台的向下移动控制原理与向上移动控制类似,请自行分析。

若要工作台向前进给,则只需将十字手柄扳向前,使得BG3受压,QA3通电,MA2正转,工作台向前进给。工作台向后进给,可将十字手柄向后扳动实现。

③工作台进给的快速移动:进给方向的快速移动是由电磁离合器YC3改变传动链来获得的。

主轴启动后,将进给操作手柄扳到所需移动方向对应位置,则工作台按操作手柄选择的方向以选定的进给速度进给。此时如按下快速移动按钮SF5(或SF6),快速移动继电器KF2线圈通电,KF2常闭触点(104-108)断开,工作进给电磁离合器YC2线圈(108-DC0)断开,KF2常开触点(110-109)闭合,快速移动电磁离合器YC3线圈(109-DC0)通电吸合,工作台按原运动方向作快速移动。松开SF5(或SF6),快速移动停止,工作台仍以原进给速度继续进给。快速移动也是点动控制。

主轴停车时工作台也可以快速移动。

④工作台各运动方向的连锁:在同一时间内,工作台只允许向一个方向移动,各运动方向之间的连锁是利用机械和电气两种方法来实现的。

工作台的向左、向右控制,是同一手柄操作的。手柄本身起到左右移动的连锁作用。同理,工作台的前后和上下4个方向的连锁,是通过十字手柄本身来实现的。

工作台的左右移动同上下及前后移动之间的连锁是利用电气方法来实现的,电气连锁原理已在工作台移动控制原理中分析过。

⑤工作台进给变速冲动控制:进给变速冲动只有在主轴启动后,纵向进给操作手柄、垂直与横向操作手柄均置于中间位置时才可进行。与主轴变速类似,为了使变速时齿轮易于啮合,控制电路中也设置了瞬时冲动控制环节。变速应在工作台停止移动时进行。操作过程:先启动主电动机 MA1,拉出蘑菇形变速手轮,同时转动至所需的进给速度,再把手轮用力往外一拉,并立即推回原位。

在手轮拉到极限位置时,其连杆机构推动冲动开关 BG6,使得 BG6 常闭触点(19-22)断开、BG6 常开触点(22-26)闭合。由于手轮被很快推回原位,故 BG6 短时动作,QA3 短时通电,MA2 短时启动。QA3 通电的电流通路为:

线号 19→SF9(19-28)→BG2(28-29)→BG1(29-24)→BG3(24-23)→BG4(23-22)→BG6(22-26)→QA4 常闭互锁触点(26-27)→QA3 线圈(27-0)→线号 0

(4)圆工作台控制

圆工作台的回转运动是由进给电动机经传动机构驱动的。在使用圆工作台时,要将圆工作台转换开关 SF9 置于圆工作台"接通"位置,而且必须将左右操作手柄和十字操作手柄置于中间停止位置。

按主轴启动按钮 SF1 或 SF2,主电动机 MA1 启动。此时,进给电动机 MA2 也因 QA3 的通电而旋转,由于圆工作台的机械传动链已接上,故也跟着旋转。这时,QA3 的通电电流通路为:线号 19→BG6(19-22)→BG4(22-23)→BG3(23-24)→BG1(24-29)→BG2(29-28)→SF9(28-26)→QA4 常闭互锁触点(26-27)→QA3 线圈(27-0)→线号 0

可见,通路中的 BG1～BG4 常闭触点为互锁触点。起着圆工作台转动与工作台 3 种移动的连锁保护作用。圆工作台也可通过蘑菇形变速手轮变速。

此外,当圆工作台转换开关 SF9 置于"断开"位置,而左右及十字操作手柄置于中间"零位"时,也可用手动机械方式使它旋转。

(5)冷却泵电动机的控制

冷却泵电动机 MA3 通常在铣削加工时由冷却泵转换开关 SF7(13-18)控制,当 SF7 扳到"接通"位置时,接触器 QA5 线圈(18-0)通电吸合,MA3 启动旋转。热继电器 BB3 为过载保护。

XA6132 型卧式万能铣床的电气控制特点:

①电气控制电路与机械配合相当密切。例如,配有与方向操作手柄关联的限位开关与变速手柄或手轮关联的冲动开关。各种运动之间的连锁,既有通过电气方式实现的,也有通过机械方式来实现的。

②进给控制电路中的各种开关进行了巧妙的组合,既达到了一定的控制目标,又进行了完善的电气连锁。

③控制电路中设置了变速冲动控制,有利于齿轮的啮合,使变速顺利进行。

④采用两地控制,操作方便。

三、桥式起重机的电气控制电路

1. 概述

起重机是一种用来起吊和下放重物,以及在固定范围内装卸、搬运物料的起重机械。它广泛应用于工矿企业、车站、港口、建筑工地、仓库等场所,是现代化生产不可缺少的机械设备。

起重机按其起吊重量可划分为三级：小型为 5 ~ 10 t，中型为 10 ~ 50 t，重型及特重型为 50 t 以上。

起重机按结构和用途分为臂架式旋转起重机和桥式起重机两种。其中，桥式起重机是一种横架在固定跨间上空用来吊运各种物件的设备，又称"天车"或"行车"。桥式起重机按起吊装置不同，又可分为吊钩桥式起重机、电磁盘桥式起重机和抓斗桥式起重机。其中，尤以吊钩桥式起重机应用最广。常见的桥式起重机如图 3-6 所示。

图 3-6 桥式起重机

下面以小型桥式起重机为例，从凸轮控制器和主令控制器两种控制方式来分析起重机的电气控制电路的工作原理。

2. 桥式起重机的结构简介

桥式起重机主要由桥架、大车运动机构和装有起升、运动机构的小车等几部分组成，如图 3-7 所示。

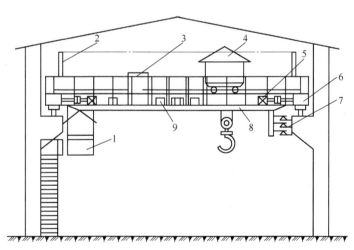

图 3-7 桥式起重机总体结构示意图

1—驾驶室；2—辅助滑线架；3—控制盘；4—小车；5—大车电动机；
6—大车端梁；7—主滑线；8—大车主梁；9—电阻箱

桥架是桥式起重机的基本构件,主要由两正轨箱型主梁、端梁和走台等部分组成。主梁上铺设了供小车运动的钢轨,两主梁的外侧装有走台,装有驾驶室一侧的走台为安装及检修大车运行机构而设,另一侧走台为安装小车导电装置而设。在主梁一端的下方悬挂着全视野的操纵室(驾驶室,又称吊舱)。

大车运行机构由驱动电动机、制动器、减速器和车轮等部件组成。常见的驱动方式有集中驱动和分别驱动两种,目前国内生产的桥式起重机大多采用分别驱动方式,指的是用一个控制电路同时对两台驱动电动机、减速装置和制动器实施控制,分别驱动安装在桥架两端的大车车轮。

小车由安装在小车架上的移动机构和提升机构等组成。小车移行机构也由驱动电动机、减速器、制动器和车轮组成,在小车移行机构的驱动下,小车可沿桥架主梁上的轨道移动。小车提升机构用以吊运重物,它由电动机、减速器、卷筒、制动器等组成。起重量超过 10 t 时,设两个提升机构:主钩(主提升机构)和副钩(副提升机构),一般情况下两钩不能同时起吊重物。

3. 桥式起重机的主要技术参数

①额定起重量指起重机实际允许的最大起吊重量。例如 10/3,分子表示主钩起重量为 10 t,分母表示副钩起重量为 3 t。

②跨度指起重机主梁两端车轮中心线间的距离,即大车轨道中心线间的距离。一般常用的跨度有 10.5 m、13.5 m、16.5 m、19.5 m、22.5 m、25.5 m、28.5 m 与 31.5 m 等规格。

③起升高度指吊具的上、下极限位置间的距离。一般常见的起升高度有 12 m、16 m、12/14 m、12/18 m、19/21 m、20/22 m、21/23 m、22/24 m、24/26 m 等,其中带分数线的分子为主钩起升高度,分母为副钩起升高度。

④运行速度指运行机构在拖动电动机额定转速运行时的速度,以 m/min 为单位。小车运行速度一般为 40~60 m/min,大车运行速度一般为 100~135 m/min。

⑤提升速度指在电动机额定转速时,重物的最大提升速度。该速度的选择应由货物的性质和重量来决定,一般提升速度不超过 30 m/min。

⑥通电持续率由于桥式起重机为断续工作,其工作的繁重程度用通电持续率 JC% 表示。

$$JC\% = \frac{通电时间}{周期时间} \times 100\% = \frac{工作时间}{工作时间 + 休息时间} \times 100\%$$

通常一个周期定为 10 min,标准的通电持续率规定为 15%、25%、40%、60% 四种,起重用电动机铭牌上标有 JC% 为 25% 时的额定功率,当电动机工作在 JC% 值不为 25% 时,该电动机容量按下式近似计算:

$$P_{JC} = P_{25} \sqrt{\frac{25\%}{JC\%}}$$

式中: P_{JC} ——任意 JC% 下的功率(kW);

P_{25} ——JC% 为 25% 时的电动机容量(kW)。

⑦工作类型起重机按其载荷率和工作繁忙程度可分为轻级、中级、重级和特重级 4 种工作类型:

● 轻级工作速度低,使用次数少,满载机会少,通电持续率为 15%。

● 中级经常在不同载荷下工作,速度中等,工作不太繁重,通电持续率为 25%。

● 重级工作繁重,经常在重载下工作,通电持续率为 40%。

● 特重级经常起吊额定负荷,工作特别繁忙,通电持续率为 60%。

4. 提升机构对电力拖动的主要要求

（1）供电要求

由于起重机的工作是经常移动的,因此起重机与电源之间不能采用固定连接方式,对于小型起重机供电方式采用软电缆供电，随着大车或小车的移动，供电电缆随之伸展和叠卷。对于中小型起重机常用滑线和电刷供电，即将三相交流电源接到沿车间长度方向架设的三根主滑线上，并刷有黄、绿、红三色，再通过电刷引到起重机的电气设备上，首先进入驾驶室中保护盘上的总电源开关，然后再向起重机各电气设备供电。对于小车及其上的提升机构等电气设备，则经位于桥架另一侧的辅助滑线来供电。

（2）启动要求

提升第一挡的作用是为了消除传动间隙，将钢丝绳张紧，称为预备级。这一挡的电动机要求启动转矩不能过大，以免产生过强的机械冲击，一般在额定转矩的一半以下。

（3）调速要求

①在提升开始或下降重物至预定位置前，需低速运行。一般在30%额定转速内分几挡。

②具有一定的调速范围，普通起重机调速范围为3∶1，也有要求为（5~10）∶1的起重机。

③轻载时，要求能快速升降，即轻载提升速度应大于额定负载的提升速度。

（4）下降要求

根据负载的大小，提升电动机可以工作在电动、倒拉制动、回馈制动等工作状态下，以满足对不同下降速度的要求。

（5）制动要求

为了安全，起重机要采用断电制动方式的机械抱闸制动，以避免因停电造成无制动力矩，导致重物自由下落引发事故，同时也还要具备电气制动方式，以减小机械抱闸的磨损。

（6）控制方式

桥式起重机常用的控制方式有两种：一种是用凸轮控制器直接控制所有的驱动电动机，这种方法普遍用于小型起重设备；另一种是采用主令控制器配合磁力控制屏控制主卷扬电动机，而其他电动机采用凸轮控制器，这种方法主要用于中型以上起重机。

除了上述要求以外，桥式起重机还应有完善的保护和连锁环节。

5. 10 t 桥式起重机典型电路分析

10 t 桥式起重机属于小型桥式起重机范畴，仅有主钩提升机构，大车采用分别驱动方式，其他部分与前面所述相同。

图 3-8 所示为采用 KT 系列凸轮控制器直接控制的 10 t 桥式起重机的控制电路原理图。

由图 3-8(b)可知，凸轮控制器挡数为 5-0-5，左、右各有 5 个操作位置，分别控制电动机的正反转；中间为零位停车位置，用以控制电动机的启动及调速。图中 Q1 为卷扬机电动机凸轮控制器，Q2 为小车运行机构凸轮控制器，Q3 为大车运行机构凸轮控制器，并显示出其各触点在不同操作位置时的工作状态。

图中 YB 为电力液压驱动式机械抱闸制动器，在起重机接通电源的同时，液压泵电动机通电，通过液压油缸使机械抱闸放松，在电动机（定子）三相绕组断电时，液压泵电动机断电，机械抱闸抱紧，从而可以避免出现重物自由下降造成的事故。

（1）桥式起重机启动过程分析

在卷扬机凸轮控制器 Q1、小车凸轮控制器 Q2 和大车凸轮控制器 Q3 均在原位时，在开关 QB 闭合状态下按动系统启动按钮 SF1，接触器 KF 线圈通电自锁，电动机供电电路上电。然后可由 Q1、Q2、Q3 分别控制各台电动机工作。

（2）凸轮控制器控制的卷扬机电动机控制电路

①卷扬机电动机的负载为主钩负载，分为空轻载和重载两大类，当空钩（或轻载）升或降时，

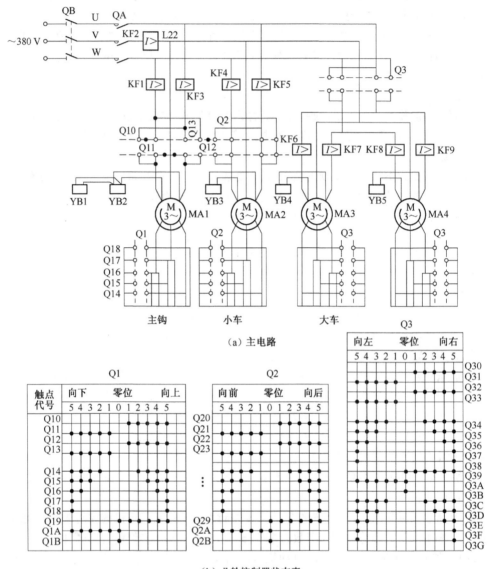

（a）主电路

（b）凸轮控制器状态表

图 3-8　10 t 桥式起重机电气原理图

总的负载为恒转矩性的反抗性负载，在提升或下放重物时，负载为恒转矩的位能性负载。启动与调速方法采用了绕线转子异步电动机的转子串五级不对称电阻进行调速和启动，以满足系统速度可调节和重载启动的要求。

　　卷扬机控制采用可逆对称控制电路，由凸轮控制器 Q1 实现提升、下降工作状态的转换和启动，以及调速电阻的切除与投入。Q1 使用了 4 对触点对电动机 MA1 进行正、反转控制，5 对触点用于转子电阻切换控制，2 对触点和限位开关（行程开关）相配合用于提升和下降极限位置的保护，另有一对触点用于零位启动控制，详见图 3-8。

　　②图 3-9 所示为卷扬机电动机带动主钩负载时的机械特性示意图。

　　控制器 Q1 置于上升位置 1，电动机 MA1 定子接入上升相序的电源，转子接入全部电阻，启动力矩较小,可用来张紧钢丝绳,在轻载时也可提升负载,如图3-9第一象限特性曲线上1所示。控制器 Q_1 操作手柄置于上升位置上2,转子电阻被短接一部分,电动机工作于特性曲上2,随着操作手柄置于位置3、4、5时,电动机转子电阻逐渐减小至0,运行状态随之发生变化,在提升重物时速度逐级提高,如 A_1、A_2、A_3、A_4、A_5 等工作点所示。如果需要以极低的速度提升重物,可采用点动断续操作,方法是将操作手柄往返扳动在提升与零位之间,使电动机工作在正向启动与机械抱闸制动交替进行的点动状态。

吊钩及重物下降有3种方法:空钩或工件很轻时,提升机构的总负载主要是摩擦转矩(反抗性负载),可将 Q1 放在下降位置1-5挡,电动机工作在第三象限反向电动状态,空钩或工件被强迫下降,如图上 B_1 ~ B_5 等工作点所示。当工件较重时,可将 Q1 放在上升位置1,电动机工作在第四象限的倒拉制动状态,工件以低速下降,其工作点为 C 点。还可将 Q1 由零位

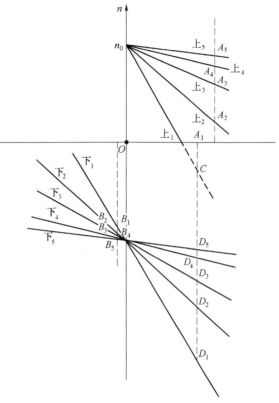

图 3-9　卷扬机电动机的机械特性

迅速通过下降位置1-4扳至第5挡,此时电动机转子外接电阻全部短接,电动机工作在第四象限的回馈制动状态,其转速高于同步转速,工作点如 D_5 所示。如果将手柄停留在1-4挡,则转子电阻未能全部短接,相应工作点为 D_1 ~ D_4,电动机转速很高,导致重物迅速下降,可能危及电动机和现场操作人员安全。如果需要低速点动下放重物,亦可采用类同正向低速点动提升重物的操作方法。

③小车移行机构要求以 40~60 m/min 的速度在主梁轨道上作往返运行,转子采用串电阻启动和调速,共有 5 挡。为实现准确停车,也采用机械抱闸制动器制动。其凸轮控制器 Q2 的原理和接线与卷扬机的控制器 Q1 相类似。

④大车运行机构要求以 100~135 m/min 的速度沿车间长度方向轨道作往返运行。大车采用两台电动机及减速和制动机构进行分别驱动,凸轮控制器 Q3 同时采用两组各 5 对触点分别控制电动机 MA3、MA4 转子各 5 级电阻的短接与投入。其他与卷扬机的控制器 Q1 相类似。

(3)控制与保护电路分析

起重机控制与保护电路如图 3-10 所示。

图 3-10 中 SF2 是手动操作急停按钮,正常时闭合,急停时按动(分断)。BGM 为驾驶室门安全开关,BGC1、BGC2 为仓门开关,BGA1、BGA2 为栏杆门开关,各门在关闭位置时,其常开触点闭合,起重机可以启动运行。KF1~KF9 为各电动机的过流保护用继电器,无过流现象时,其常闭触点闭合。凸轮控制器 Q1、Q2、Q3 均在零位时,按启动按钮 SF1,交流接触器 QA 线圈通电且自锁,各电动机主回路上电,起重机可以开始工作。

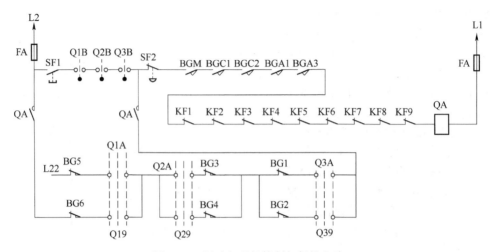

图 3-10　桥式起重机控制与保护电路

交流接触器 QA 线圈通电的自锁回路是由大车移行凸轮控制器的触点、大车左右移行极限位置保护开关、提升机构凸轮控制器的触点与主钩下放或上升极限位置保护开关构成的并、串联电路组成。例如,大车移行凸轮控制器 Q3 的触点 Q3A 与左极限行程开关 BG1 串联,Q39 与右极限行程开关 BG2 串联,然后两条支路并联。大车左行时,过 Q3A、BG1 串联支路使 QA 线圈通电自锁,达到左极限位置时,压下 BG1,QA 线圈断电,大车停止运行。将 Q3 转至原位,重按 SF1,过 Q39、BG2 支路使 QA 线圈通电自锁。Q3 转到右行操作位置,Q39 仍闭合,大车离开左极限位置(BG1 复位)向右移动,Q3 转回零位时,大车停车。同理,可以分析 BG2 的右极限保护功能。行程开关 BG3、BG4 为小车运行前、后极限保护开关,BG5、BG6 为卷扬机下放、提升极限保护开关,原理与大车保护相同。凸轮控制器 Q1 的触点 Q1A 左侧理论上可接在 QA 自锁触点下方,而实际接线在电动机 MA1 定子端线号 L22 上,既方便,也不影响自锁电路的正常工作。

任何过流继电器动作、驾驶室门、仓门、栏杆门未关好或按动急停按钮 SF2,交流接触器 QA 线圈都会断电,将主回路的电源切断。

 项目训练

任务一　机床电气控制电路装调

1. 任务目的
①熟悉 C650 型卧式车床、X62W 万能铣床电气控制电路及操作。
②通过实训掌握车床和铣床电气设备的调试、故障分析及排除故障的方法。
2. 任务内容
详见图 3-2 C650 车床电气控制原理图和图 3-5 XA6132 万能铣床的电器控制电路,完成两个机床电气控制电路的装调。
3. 任务准备
①三相异步电动机 Y90S-2 三台。
②C650 型卧式车床电气控制模板 1 块。

③X62W 万能铣床电气控制模板 1 块。

④电工工具及导线。

4. 任务实施

①通电前的准备：

● 根据原理图,熟悉实训板上各电气元件的作用。

● 检查各电气元件及触电的状态,并将各种开关置于初始位置。

● 连接实训板的电源线和实训板到电动机的连线。

● 开启实训板总电源。

②绘制 C650 型卧式车床和 X62W 万能铣床元器件安装图,在机床电气控制模板上安装固定元器件。

③绘制 C650 型卧式车床和 X62W 万能铣床接线图,在机床电气控制模板上安装接线。

④分别对安装好的电气控制电路进行通电试车,排除故障。

C650 型卧式车床电气控制电路通电试车：

①主电动机正反转启动与点动控制：

● 正转控制:由图 3-3(a),按下 SF4,电动机 MA1 正向直接启动。反向直接启动控制过程与其相同,只是启动按钮为 SF5。

● 点动控制:按下 SF3,MA1 旋转。松开按钮,MA1 停止旋转,实现了主电动机串联电阻限流的点动控制。

②主电动机反接制动控制电路。由图 3-3(b),按下停车按钮 SF2,将反向启动接触器 QA2 的线圈电路接通,电动机 MA1 反向启动,反向启动转矩将平衡正向惯性转动转矩,强迫电动机迅速停车,当电动机速度趋近于零时,速度继电器触点 BS-1 复位打开,切断 QA2 的线圈电路,完成正转的反接制动。反转时的反接制动工作过程相似,此时反转状态下,BS-1 触点闭合,制动时,接通接触器 KF1 的线圈电路,进行反接制动。

③刀架的快速移动和冷却泵电动机的控制。按下位置开关 BG,MA3 电动机启动经传动系统,驱动溜板箱带动刀架快速移动。

冷却泵电动机 MA2 由启动按钮 SF7 和停止按钮 SF6 的通断,以实现电动机 MA2 的控制。

X62W 万能铣床电气控制电路通电试车：

①合上电源开关 QB,并用 SF7 选择主轴的旋转方向。

②按启动按钮 SF3 或 SF4,主轴电动机 MA1 启动。

③冷却泵启动在主轴电动机启动后,用 SF3 使冷却电动机 MA3 启动。

④当按下 SF1 或 SF2,并将停止按钮按到底时,主轴制动离合器线圈通电,使主轴迅速制动而停止。

⑤主轴变速冲动停机或主轴运行情况下,操作行程开关 BG7 主轴电动机短时通电并转动一下,使变速后的齿轮易于啮合。

⑥工作台纵向进给运动控制先将转换开关 SF1 扳在断开位置,按下向右进给的行程开关 BG1,进给电动机 MA2 就正向转动,拖动工作台向右运动。按下向左进给的行程开关 BG2,进给电动机 MA2 就反向转动,拖动工作台向左运动。

⑦工作台横向和垂直进给运动控制同样将圆工作台转换开关 SF1 扳到断开位置。按下行程开关 BG3,进给电动机 MA2 正向转动,拖动工作台向下或向前运动,按下行程开关 BG4 进给电动机 MA2 反向转动,拖动工作台向上或向后移动。

⑧工作台快速移动在正常进给时,如果按下快速移动按钮 SF5 或 SF6,工作台按原进给方向快速移动,当松开快速移动按钮 SF5 或 SF6 时,工作台恢复原进给速度。

⑨进给变速冲动压动行程开关 BG6,进给电动机就转动一下,产生一个冲动,使齿轮啮合。

⑩圆形工作台的控制将转换开关 SF1 转到"接通"位置,按下主轴启动按钮 SF3 或 SF4,主轴电动机 MA1 启动,进给电动机正向转动,拖动圆工作台转动。

5. 任务评价

(1)纪律要求

训练期间不准穿裙子、西服、皮鞋,必须穿工作服(或学生服)、胶底鞋;注意安全、遵守纪律,有事请假,不得无故不到或随意离开;训练过程中要爱护器材,节约用料。

(2)评分标准(见表 3-3)

表 3-3　安装元件、布线、通电试车评分标准

项目内容	分配	评分标准		得分
安装元件	15	①元件布置不整齐、不匀称、不合理,每个	扣 3 分	
		②元件安装不牢固,每个	扣 4 分	
		③损坏元件	扣 5~15 分	
布线	35	①不按电气原理图接线	扣 15 分	
		②布线不符合要求:		
		● 主回路,每根	扣 2 分	
		● 控制回路,每根	扣 1 分	
		● 节点松动、露铜过长、反圈、压绝缘层,每根	扣 1 分	
		● 损伤导线绝缘部分或线芯,每根	扣 4 分	
通电试车	50	● 第一次通电试车不成功	扣 20 分	
		● 第二次通电试车不成功	扣 30 分	
		● 第三次通电试车不成功	扣 50 分	
		● 违反安全文明生产	扣 5~15 分	
开始时间		结束时间	实际时间	
成绩				

任务二　中级维修电工技能鉴定实作项目

1. 任务目的

①了解车床、铣床的主要运动形式。

②熟悉电路工作原理,掌握电阻法和电压法排查故障方法,培养电气设备维修技能,达到维修电工基本操作技能标准。

2. 任务内容

CA6140 型车床任务内容:

①主轴电动机 MA1 不能启动。

②主轴电动机 MA1 启动后不能自锁。

③主轴电动机 MA1 不能停车。

④主轴电动机在运行中突然停车。

XW62 铣床任务内容:

①主轴电动机 MA1 不能启动。

②工作台各个方向都不能进给。

③工作台能向左、右进给，不能向前、后、上、下进给。

④工作台能向前、后、上、下进给，不能向左、右进给。

⑤工作台不能快速移动，主轴制动失灵。

⑥变速时不能冲动控制。

3. 任务准备

（1）维修电工实训考核装置简介

维修电工实训考核柜采用双面布置，每面各设有一台 XW62 铣床和一台 CA6140 车床。其中每台机床电路均为独立电路，每面配电柜配置两套电动机。可以通过开关切换，人为设置故障点，每种机床电路能设置 20 个以上故障。故障类型包括断路故障和短路故障，包括电路故障和电机故障。

柜体屏面元件布置如图 3-11 所示，柜内及屏面所装大部分元器件与机床实际使用元器件保持一致。元件布置如图 3-12 所示。

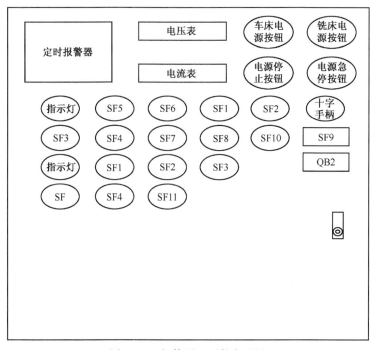

图 3-11　柜体屏面元件布置图

（2）电气原理图

CA6140 型车床和 X62W 铣床电气原理图如图 3-13 和 3-14 所示。

（3）设备、仪表、材料和电器元件

①CA6140 车床设备 1 台，X62W 万能铣床设备一台。

②工具：测电笔、螺钉旋具、尖嘴钳、斜口钳、剥线钳、电工刀等。

③仪表：MF47 型万用表、5050 型兆欧表、T301-A 型钳形电流表。

④导线若干。

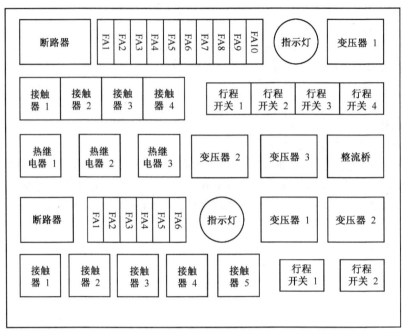

图 3-12　柜内元件布置图

（4）电气控制电路故障排查相关知识

①电气控制电路特点。电气控制电路一般由按钮、开关、继电器、接触器、指示灯及连接导线组成。它们在电路中的表现形式可以归结为两种：线圈和接点。对于线圈来说有通、断、短 3 种状态。通，指线圈阻值为正常值，将其接上额定电压就能够吸合或动作；断，指线圈阻值为∞，表明其已经损坏，不能再使用；短，指线圈阻值小于正常值，但不为零，说明线圈内部匝间短路，若将其接上额定电压，则不能产生足够的电磁力，接触器将不能正常吸合，从而使触点接触不上或接触器不良，也应该更换。对于接点来说，有通、断、接触不良 3 种状态，第一种为正常状态，后两种为非正常状态。

②电气控制电路检查的基本步骤及方法：

电气设备故障的类型大致可分为两大类：一是有明显外表特征并容易被发现的，如电动机、电器的显著发热、冒烟甚至发出焦臭味或火花等；二是没有外表特征的，此类故障常发生在控制电路中，由于元件调整不当，机械动作失灵，触点及压接线端子接触不良或脱落，以及小零件损坏，导线断裂等原因所引起。一般检查步骤如下：

a. 初步检查。当电气电路出现故障后，切忌盲目随便动手检修。在检修前，通过问、看、听、摸、闻来了解故障前后的操作情况和故障发生后出现的异常现象，寻找显而易见的故障，或根据故障现象判断出故障发生的原因及部位，进而准确地排除故障。

b. 缩小故障范围。经过初步检查后，根据电路图，采用逻辑分析法，先主电路后控制电路，逐步缩小故障范围，提高维修的针对性，就可以收到准而快的效果。

c. 测量法确定故障点。测量法是维修电工工作中用来准确确定故障点的一种行之有效的检查方法。常用的测试工具和仪表有万用表、钳形电流表、兆欧表、试电笔、示波器等，测试的方法有电压法（电位法）、电流法、电阻法、跨接线法（短接法）、元件替代法等。主要通过对电路进行带电或断电时的有关参数如电压、电阻、电流等的测量，来判断元器件的好坏、设备的绝缘情况，以及电路的通断情况，查找出故障。这里主要介绍电阻法和电压法。

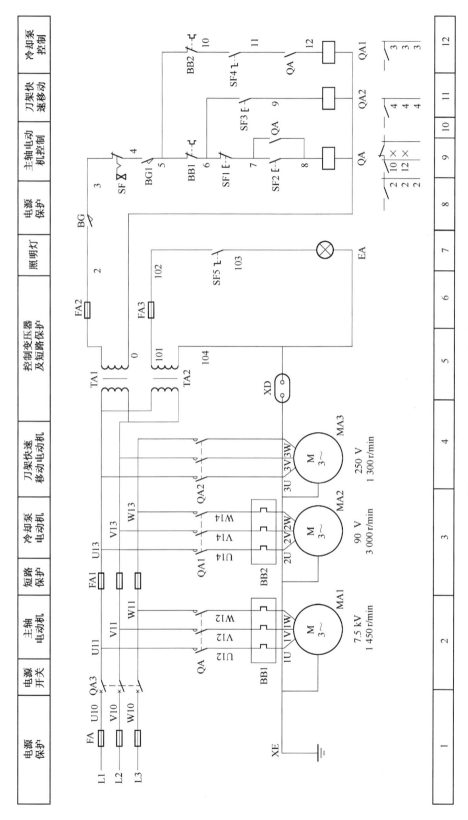

图 3-13　CA6140 型普通车床电气原理图

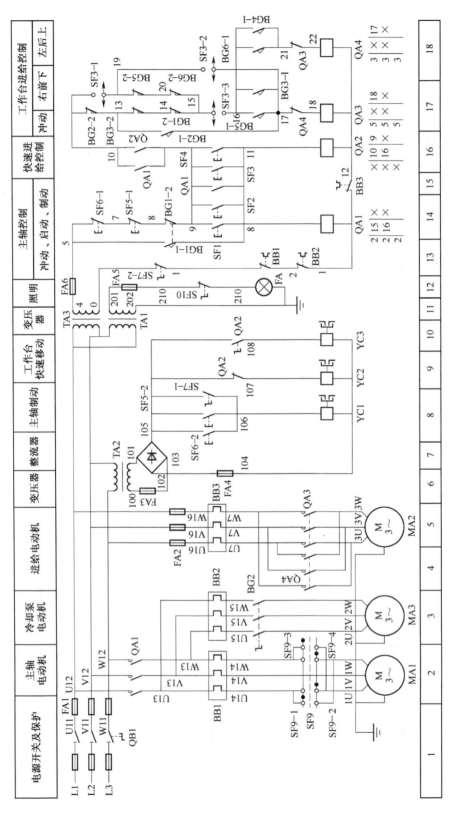

图 3-14　X62W 型万能铣床电气原理图

●电阻法:就是在电路切断电源后,用仪表(主要是万用表欧姆挡)测量两点之间的电阻值,通过对电阻值的对比,进行电路故障检测的一种方法。在继电接触器控制系统中,主要是对电路中的线圈、接点进行测量,以判断其好坏。利用电阻法对电路中的断线、触点虚接触、导线虚焊等故障进行检查,可以找到故障点。

采用电阻法查找故障的优点是安全,缺点是测量电阻值不准确时易产生误判断,快速性和准确性低于电压法。因此,电阻法检修电路时应注意:检查故障时必须断开电源;例如,被测电路与其他电路并联时,应将该电路与其他并联电路断开,否则会产生误判断;测量高电阻值的元器件时,万用表的选择开关应旋至合适的电阻挡。

电阻法分为两种:电阻分阶测量法和电阻分段测量法。

图 3-15 所示为电阻分阶测量法示意图,图 3-16 所示为电阻分阶测量判断流程图。

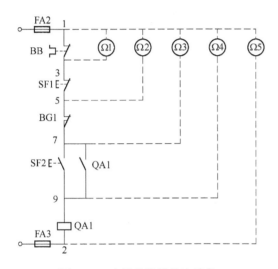

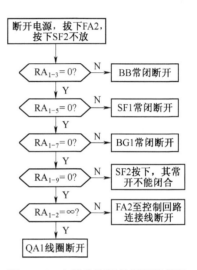

图 3-15　电阻分阶测量法示意

图 3-16　电阻分阶测量判断流程图

电阻分段测量法如图 3-17 所示,测量检查时先切断电源,再用合适的电阻挡逐段测量相邻点之间的电阻,查找故障流程如图 3-18 所示。

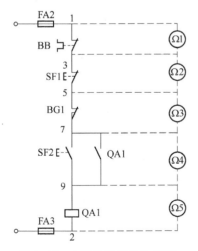

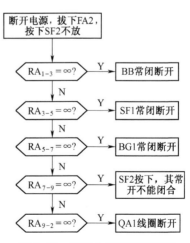

图 3-17　电阻分段测量法示意

图 3-18　电阻分段测量流程图

● 电压法:就是在通电状态下,用万用表电压挡测量电路中各节点之间的电压值,与电路正常工作时应具有的电压值进行比较,以此来判断故障点及故障元件的所在处。该方法不需要拆卸元件及导线,同时电路处在实际使用条件下,提高了故障识别的准确性,是故障检测采用最多的方法。下面介绍几种常用的工具或设备。

低压试电笔:检验导线和电气设备是否带电的一种常用检测工具,但只适用于检测对地电位高于氖管起辉电压(60~80 V)的场所,只能做定性检测,不能做定量检测。当电路接有控制和照明变压器时,用试电笔无法判断电源是否缺相;氖管的起辉发光消耗的功率极低,由绝缘电阻和分布电容引起的电流也能起辉,容易造成误判断。因此,初学者最好只将其作为验电工具。

示波器:用于测量峰值电压和微弱信号电压。在电气设备故障检查中,主要用于电子电路部分检测。

万用表电压测量法:使用万用表测量电压,测量范围很大,交直流电压均能测量,是使用最多的一种测量工具。检测前应熟悉预计有故障的电路及各点的编号,清楚电路的走向和元件位置;明确电路正常时应有的电压值;将万用表的转换开关拨至合适的电压倍率挡,并将测量值与正常值比较得出结论。如图 3-19 所示,按下 SF2 后 QA1 不吸合,检测 1-2 间无正常的 110 V 电源电压,但总电源正常,采用电压交叉测量法找出熔断器故障。若检测 1-2 间有正常的 110 V 电源电压,采用电压分阶测量法查找故障。

电源电压正常,按下 SF2,接触器 QA1 不吸合,则采用电压分阶测量流程图,如图 3-20 所示。

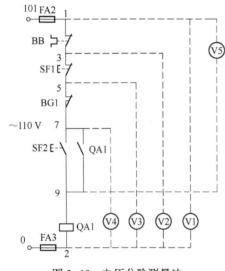

图 3-19 电压分阶测量法

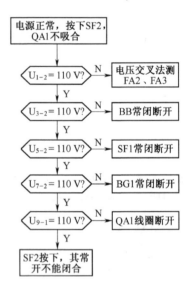

图 3-20 电压分阶测量流程图

当用万用表测 101-0 间有 110 V 正常电源电压,但 1-2 间无电压,用电压交叉测量法查找熔断器故障的流程如表 3-4 所示。

表 3-4 电压交叉测量法查找熔断器故障

故 障 现 象	测 量 点	电压值/V	故 障 点
101-0 电压正常	0-1	0	FA2 熔丝断
1-2 间无电压	101-2	0	FA3 熔丝断

③处理电气故障实例：

现以三相异步电动机降压启动控制电路(见图 3-21)为例,说明故障处理的方法。

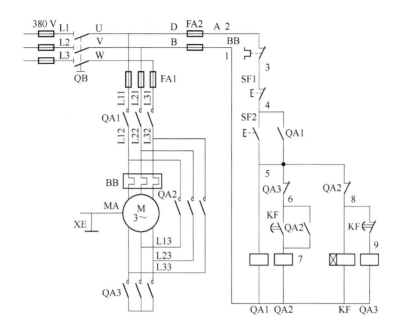

图 3-21　Y - △ 降压启动控制电路

【故障例 1】

· 故障现象:合上三相闸刀,按下启动按钮 SF2,电动机不转。

· 原理分析(倒推):电动机不转→

$\begin{cases} \text{QA1 主触点未闭合→QA1→QA1 线圈未吸合→应集中检查 QA1 线圈通电与否} \\ \text{QA3 主触点未闭合→QA3→QA3 线圈未吸合→应集中检查 QA3 线圈通电与否} \end{cases}$

测量方法:

· 电阻法:在电源断开的情况下,用万用表欧姆挡进行测量。

· 局部测量法:即对接点和线圈逐个逐段进行测量,从而判断故障部位。

· 整体测量法:以 D 点为参考,一支表笔固定在 D 点,另一支表笔测 B 点,以通否判断 FA2 的好坏;再依次测各接线点(注意按下 SF2),对各段各点接通情况进行判断。

· 电压法:在通电情况下,用万用表电压挡测量,将一支表笔固定在某个点,另一支表笔测其他各点对该点的电位。

一般情况下,电压法与电阻法要灵活应用,但要注意电压法是在通电情况下进行的测量,绝不可用电阻挡去测量,否则,万用表将被烧坏。

【故障例 2】

· 故障现象:合上电源,电动机一直低速运转。

· 原理分析:时间继电器没有动作→延时断开常闭触点没有断开→常开触点没有闭合→检查时间继电器线圈是否有电。

总的来说,查找电气故障,首先要原理清楚,操作熟练;其次要思路清晰,措施得当。要在较强的理论指导下进行工作,只有这样,才能触类旁通,培养起真正的排查故障的能力。

4. 任务实施

（1）CA6140 车床故障检修分析

①主轴电动机 MA1 不能启动。可首先检查接触器 KF 是否吸合,如果接触器 KF 吸合,则故障必然发生在电源电路和主电路上。可按下列步骤检修:

• 合上断路器 QA3 用万用表测接触器受电端 U1、V1、W1 点之间的电压,如果电压是 380 V,则电源电路正常。当测量 U1 与 W1 之间无电压时,再测量 U1 与 W1 之间有无电压,如果无电压,则 FA(L3) 熔断或连接断路;否则,故障是熔断器 FA(L3) 接触不良或连接断路。

修复措施:查明损坏原因,更换相同规格和型号的熔体、断路器或连接导线。

• 断开断路器 QA3,用万用表电阻 $R \times 1$ 挡测量接触器输出端之间的电阻值,如果阻值较小且相等,说明所测电路正常;否则,依次检查 BB1、电动机 MA1,以及它们之间的连线。

修复措施:查明损坏原因,修复或更换同规格、同型号的热继电器 BB1 电动机 MA1 或其之间的导线。

• 检查接触器 QA1 的触点是否良好,如果接触不良或烧毛,则更换动、静触点或相同规格的接触器。

• 检查电动机机械部分是否良好,如果电动机内部轴承等损坏,应更换轴承;如果外部机械有问题,则配合机修钳工进行维修。

②主轴电动机 MA1 启动后不能自锁:当按下启动按钮 SF2 时,主轴电动机能启动运转,但松开 SF2 后,MA1 也随之停止。造成这种故障的原因是接触器 KF 的自锁触点接触不良或连接导线松脱。

③主轴电动机 MA1 不能停车:造成这种故障的原因多是接触器 KF 主触点熔焊;停止按钮 SF1 击穿或电路中连接导线短路;接触器铁芯表面黏牢污垢。可采用下列方法判明是哪种原因造成电动机 MA1 不能停车:若断开 QA3,接触器 KF 释放,则说明故障为 SF1 击穿或导线短接;若接触器过一段时间释放,则故障为铁芯表面黏牢污垢;若断开 QA3,接触器 QA1 释放,则故障为主触点熔焊。根据具体故障采取相应的措施修复。

④主轴电动机在运行过程中突然停车:这种故障的主要原因是由于热继电器 BB1 的动作。发生这种故障后,一定要找出热继电器 BB1 的原因,排除后才能使其复位。引起热继电器 BB1 动作的原因可能是:三相电源电压不平衡;电源电压较长时间过低;负载过重及 MA1 的连接导线接触不良等。

（2）X62W 万能铣床故障检修分析

①主轴电动机 MA1 不能启动:这种故障分析和前面有关的机床故障分析类似,首先检查各开关是否处于正常工作位置。然后,检查三相电源、熔断器、热继电器的常闭触点、两地启停按钮,以及接触器 QA1 的情况,看有无电器损坏、接线脱落、接触不良、线圈断路等现象。另外,还应检查主轴变速冲动开关 BG1,因为由于开关位置移动甚至撞坏,或常闭触点 BG1-2 接触不良而引起电路的故障也不少见。

②工作台各个方向都不能进给:铣床工作台的进给运动是通过进给电动机 MA2 的正常反转配合机械传动来实现的。若各个方向都不能进给,多是因为进给电动机 MA2 不能启动所引起的。检修故障时,首先检查圆工作台的控制开关 SF8 是否在"断开"位置。若没问题,接着检查控制主轴电动机的接触器 QA1 是否已吸合。因为只有接触器 QA1 吸合后,控制进给电动机 MA2 的接触器 QA3、QA4 才能通电。如果接触器 QA1 不能通电,则表明控制回路电源有故障,可检测控制变压器 TA3 一次侧、二次侧线圈和电源电压是否正常,熔断器是否熔断。待电压正常,接触器 QA1

吸合,主轴旋转后,若各个方向仍无进给运动,可扳动进给手柄至各个运动方向,观察其相关的接触器是否吸合,若吸合则表明故障发生在主回路和进给电动机上,常见的故障有接触器主轴头接触不良、主轴头脱落、机械卡死、电动机接线脱落和电动机绕组断路等。除此以外,由于经常扳动操作手柄,开关受到冲击,使位置开关 BG3、BG4、BG5、BG6 的位置发生变动或被撞坏,使电路处于断开状态。变速冲动开关 BG2-2 在复位时不能闭合接通,或接触不良,也会使工作台没有进给。

③工作台能向左、右进给,不能向前、后、上、下进给:铣床控制工作台各个方向的开关是互相连锁的,使之只有一个方向的运动。因此,这种故障的原因可能是控制左右进给的位置开关 BG5 或 BG6 由于经常被压合,使螺钉松动、开关移位、触点接触不良、开关机构卡住等,使电路断开或开关不能复合闭合,电路 19-20 或 15-20 断开。这种当操作工作台向前、后、上、下运动时,位置开关 BG3-2 或 BG4-2 也被压开,切断了进给接触器 QA3,3、QA3,4 的通路,造成工作台只能左、右运动,而不能前、后、上、下运动。

检查故障时,用万用表欧姆挡测量 BG5-2 或 BG6-2 的接触导通情况,查找故障部位,修理或更换元件,就可排除故障。注意在测量 BG5-2 或 BG6-2 的接通情况时,应操纵前后上下进给手柄,使 BG3-2 或 BG4-2 断开,否则通过 11-10-13-14-15-20-19 的导通,会误认为 BG5-2 或 BG6-2 接触良好。

④工作台能向前、后、上、下进给,不能向左、右进给:出现这种故障的原因及排除方法可参照上例说明进行分析,不过故障元件可能是位置开关的常闭触点 BG3-2 或 BG4-2。

⑤工作台不能快速移动,主轴制动失灵:这种故障往往是电磁离合器工作不正常所致。首先应检查接线有无松脱,整流变压器 TA2、熔断器 FA3、FA6 的工作是否正常,整流器中的 4 个整流二极管是否损坏。若有二极管损坏,将导致输出直流电压偏低,吸力不够。其次,电磁离合器线圈是用环氧树脂黏合在电磁离合器的套筒内,散热条件差,易发热而烧毁。另外,由于离合器的动摩擦片和静摩擦片经常摩擦,因此它们是易损件,检修时也不可忽视这些问题。

⑥变速时不能冲动控制:这种故障多数是由于冲动位置开关 BG1 或 BG2 经常受到频繁冲击,使开关位置改变(压不上开关),甚至开关底座被撞坏或接触不良,使电路断开从而造成主轴电动机 MA1 或进给电动机 MA2 不能瞬时电动。出现这种故障时,修理或更换开关,并调整好开关的动作距离,即可恢复冲动控制。

(3)注意事项

①检修前要认真阅读电路图,熟练掌握各个控制环节的原理及作用,并认真仔细地观察教师的示范维修。

②由于该类铣床的电气控制与机械结构的配合十分密切,因此,在判断故障时,应首先判明是机械故障还是电气故障。

③修复故障使铣床恢复正常时,要注意消除产生故障的根本原因,以避免频繁发生相同的故障。

④停电要验电。带电检修时,必须有指导教师在现场监护,以确保用电安全。工具和仪表使用要正确。

故障排查情况记录于表3-5。

5.任务评价

(1)纪律要求

训练期间不准穿裙子、西服、皮鞋,必须穿工作服(或学生服)、胶底鞋;注意安全、遵守纪律,有事请假,不得无故不到或随意离开;训练过程中要爱护器材,节约用料。

表 3-5　电路故障排查训练记录卡

检修方法			
故障序号	故障现象	测量点	故障点
1			
…			
收获			

（2）评分标准（见表 3-6）。

表 3-6　故障检修评分标准

项目内容	分配	评　分　标　准		得分
故障分析	30	①不能根据试车的状况说出故障现象	扣 5~10 分	
		②不能标出最小故障范围每个故障	扣 5 分	
		③标不出故障线段或错标在故障回路以外 每个故障	扣 5 分	
排除故障	70	①停电不验电	扣 5 分	
		②测量仪表使用不正确	每次扣 5 分	
		③排除故障方法、步骤不正确	扣 5 分	
		④损坏元器件	扣 5 分	
		⑤查出,不能排除故障每个故障	扣 20 分	
		⑥不能查出故障每个故障	扣 35 分	
		⑦扩大故障范围或产生新的故障每个故障	扣 40 分	
安全说明生产		违反安全文明生产规程,未清理场地等	酌情扣 10~70 分	
开始时间		结束时间	总操作时间	
定额工时 30 min		不允许超时检查故障,但在修复故障时每超 1 min	扣 1 分	
备注		除定额工时外,各项内容的最高扣分不得超过配分数		
总成绩				

习　题

1. 试分析 C650 车床在按下反向启动按钮 SF4 后的启动工作过程。

2. 假定 C650 车床的主电动机正在反向运行,请分析其停车反接制动的工作过程。

3. X62W 万能铣床电气控制电路具有哪些电气连锁?

4. 简述 X62W 万能铣床主轴制动过程。

5. 简述 X62W 万能铣床的工作台快速移动的控制过程。

6. 如果 X62W 万能铣床工作台各个方向都不能进给,试分析故障原因。

7. 简述起重机的负载性质,并由此分析提升重物时对交流拖动电动机的启动和调速方面的要求及其方法。

8. 为避免回馈制动下放重物的速度过高,应如何操作凸轮控制器?

9. 简述低速提升重物的方法。

项目四  了解 PLC 基础知识

学习目标

- 了解 PLC 的产生和发展。
- 了解 PLC 的主要特点及其应用领域。
- 了解 PLC 的结构及其分类。
- 掌握 PLC 的工作原理及性能。

可编程控制器是以微处理器为基础的通用工业控制装置,它综合了现代计算机技术、自动控制技术和通信技术,具有功能强大、使用方便、可靠性高、通用灵活和易于扩充等优点,目前已广泛应用于冶金、矿业、机械、电力、轻工等领域,成为现代工业自动化技术的三大支柱之一。

相关知识

一、PLC 概述

1. 可编程控制器的产生与定义

20 世纪是人类科学技术迅猛发展的一个世纪,随着微处理器、计算机和数字通信技术的飞速发展,电气控制技术也由继电器控制过渡到计算机控制。各种自动控制产品在向着控制可靠、操作简单、通用性强、价格低廉的方向发展,使自动控制的实现越来越容易。可编程控制器正是顺应这一要求出现的。

20 世纪 60 年代,汽车生产流水线的自动控制系统基本上都是由继电器控制装置构成的,而为使汽车结构及外形不断改进,品种不断增加,需要经常变更生产工艺,而每一次工艺变更都需要重新设计和安装继电器控制装置,十分费时、费工、费料,延长了工艺改造的周期。为改变这一现状,美国通用汽车公司(GM)提出了以下 10 项汽车装配生产线通用控制器的技术指标:

①编程简单,可在现场方便地编辑及修改程序。

②硬件维护方便,最好是插件式结构。

③可靠性要明显高于继电器控制柜。

④体积要明显小于继电器控制柜。

⑤具有数据通信功能。

⑥在成本上可与继电器控制柜竞争。

⑦输入可以是交流 115 V(美国电网电压为 110 V)。

⑧输出为交流 115 V,2 A 以上,能直接驱动电磁阀。

⑨在扩展时,原系统只需很小变更。

⑩用户程序存储器容量至少能扩展到 4 KB。

以上就是著名的 GM10 条。这些要求的实质内容是提出了研发一种新型控制器的设

想，将继电接触器控制方式简单易懂、使用方便、价格低廉的优点与计算机控制方式的功能强大、灵活通用的优点结合起来，将继电接触器控制的硬连线逻辑转变为计算机的软件逻辑编程。

1969 年，美国数字设备公司（DEC）应上述要求研制出第一台可编程控制器，并在美国通用汽车公司的生产线上试用成功。这一时期它主要用于顺序控制。虽然也采用了计算机的设计思想，但当时只能进行逻辑运算，故称为"可编程逻辑控制器"，简称 PLC（Programmable Logic Controller）。

此后，这项技术迅速发展，从美国、日本、欧洲普及到全世界。我国从 1974 年开始研制，1977 年应用于工业。目前，世界上已有 200 多个厂家生产 300 多种 PLC 产品，比较著名的厂家有美国的 AB、GE、MODICON，德国的 SIEMENS，法国的 SCHNEIDER，日本的 MITSUBISHI、OMRON、松下电工等品牌。国内的品牌如无锡信捷、北京和利时、浙大中控等生产的基于 IEC61131-3 编程语言的 PLC 在未来的市场中也将占有一席之地。常见的 PLC 如图 4-1 所示。

图 4-1 常见的 PLC

国际电工委员会（IEC）在 20 世纪 80 年代初就开始了有关可编程控制器国际标准的制定工作，并发布了数稿草案。在 2003 年发布的可编程控制器国际标准 IEC61131-1 中对可编程控制器有一个标准定义：可编程控制器是一种数字运算操作的电子系统，专为工业环境而设计。它采用了可编程序的存储器，用来在其内部存储逻辑运算、顺序控制、定时、计数和算术运算等操作的基于用户的指令，并通过数字式和模拟式的输入和输出，控制各种类型的机器或过程。PLC 及其相关的外围设备，都应按易于与工业控制系统集成、易于实现其预期功能原则设计。

目前，PLC 总的发展趋势是向高集成度、小体积、大容量、高速度、易使用、高性能、信息化、标准化、与现场总线技术紧密结合等方向发展。

2. PLC 的特点

（1）抗干扰能力强，可靠性高

PLC 的输入/输出接口电路一般采用光电耦合器来传递信号，这种光电隔离措施，使外部电路与 CPU 模块之间完全没有电路上的联系，有效地抑制外部干扰源对 PLC 的影响。采用循环扫描的工作方式，也提高了 PLC 的抗干扰能力。PLC 能在恶劣的环境中可靠地工作，平均故障间隔时间（MTBF）指标高，故障修复时间短。目前，各生产厂家的 PLC 平均无故障安全运行时间都远大于国际电工委员会规定的 10 万小时的标准。

（2）编程简单、使用方便

PLC 的编程大多采用类似于继电器控制电路的梯形图形式，对使用者来说，不需要具备计算机的专门知识，因此很容易被一般工程技术人员所理解和掌握。

（3）功能强，性价比高

一台小型 PLC 就有成百上千个可供用户使用的编程元件，可以实现非常复杂的控制功能。PLC 还可以通过通信联网，实现分散控制，集中管理。与继电器系统相比，具有很高的性价比。目前，新型微电子器件性能大幅度提高，价格却大幅度降低，PLC 的价格也在不断下降，真正成为现代电气控制系统中不可替代的控制装置。

（4）通用性强、功能完善、适应面广

大部分情况下，一个 PLC 主机就能组成一个控制系统。对于需要扩展的系统，只要选好扩展模块，经过简单的链接即可。PLC 型号及扩展模块品种多，可灵活组合成各种大小和不同要求的控制系统，用于各种规模的工业控制场合。PLC 通信能力的增强及人机界面技术的发展，使用 PLC 组成各种控制系统变得非常容易。

在现行的 PLC 国际标准 IEC 61131 中，对 PLC 的硬件设计、编程语言、通信联网等各方面都制定了详细的规范，越来越多的 PLC 制造商都在尽量往该标准上靠拢，这种趋势使得不同厂家 PLC 的兼容性和可移植性得到很大提高。

（5）体积小、重量轻、功耗低

PLC 是将微电子技术应用于工业控制设备的新型产品，微电子技术的发展使得 PLC 结构更为紧凑，功能也在不断增加，很多小型 PLC 也具备模拟量处理、复杂的功能指令和网络通信等原本大、中型 PLC 才具备的功能。据统计，目前小型和微型 PLC 的市场份额一直保持在 70%~80% 之间，所以对 PLC 小型化的追求不会停止。

（6）设计、施工、调试周期短、维护方便

PLC 用存储逻辑代替接线逻辑，大大减少了控制设备外部的接线，使控制系统设计及安装的工作量大为减少。PLC 的故障率很低，并且有完善的诊断和显示功能，PLC 或外部的输入装置和执行机构发生故障时，可以根据 PLC 上发光二极管或编程器上提供的信息，迅速查明原因，因此维修极为方便。

3. PLC 的分类

目前，各个厂家生产的 PLC 其品种、规格及功能都各不相同。其分类也没有统一标准，通常有两种形式分类：

（1）按结构形式分类

根据结构形式的不同，PLC 可以分为整体式和模块式两种。

①整体式结构是将 PLC 的各部分电路包括 I/O 接口电路、CPU、存储器等安装在一块或少数几块印制电路板上，并连同稳压电源一起封装在一个机壳内，形成一个单一的整体，称为主机。主机可用电缆与 I/O 扩展单元、智能单元、通信单元相连接。一般小型或超小型 PLC 机采用这种结构，常用于单机控制的场合，如西门子 S7-200 系列 PLC。

②模块式结构是将 PLC 的各基本组成部分做成独立的模块，如 CPU 模块（包括存储器）、电源模块、输入模块、输出模块等。然后，通过插槽板以搭积木的方式将它们组装在一个具有标准尺寸的机架内，构成完整的系统。一般中、大型 PLC 采用这种结构，如西门子 S7-300 系列、S7-400 系列 PLC。

（2）按 I/O 点数和程序容量分类

根据 PLC 的 I/O 点数和程序容量的差别，可分为超小型机、小型机、中型机和大型机 4 种。如表 4-1 所示。

表 4-1　按 I/O 点数和程序容量分类表

分　类	I/O 点数	程序容量
超小型机	64 点以内	256~1 000 B
小型机	64~128 点	1~3.6 KB
中型机	128~2 048 点	3.6~13 KB
大型机	2 048 点以上	13 KB 以上

　　小型及超小型机一般以处理开关量逻辑控制为主,这类 PLC 的特点是价格低廉、体积小巧,适合于控制单机设备和开发机电一体化产品。现在的小型机还具有较强的通信能力和一定量的模拟量处理功能。

　　中型 PLC 不仅具有极强的开关量逻辑控制功能,其他的通信联网功能和模拟量处理能力更强大。中型机的指令比小型机更丰富,适用于复杂的逻辑控制系统,以及连续生产线的过程控制场合。

　　大型 PLC 的性能已经与工业控制计算机相当,它具有计算、控制和调节功能,还具有强大的网络结构和通信联网能力,有些大型 PLC 还具有冗余能力,其监视系统能够表示过程的动态流程,记录各种曲线、PID 调节参数等。基于大型 PLC 的控制系统还可以和其他型号的控制器和上位机互联,组成集中分散的生产过程和产品质量监控系统。

　　以上划分并没有一个十分严格的界限,随着 PLC 技术的飞速发展,某些小型 PLC 也具有中型或大型 PLC 的功能,这也是 PLC 的发展趋势。

4. 可编程控制器的基本结构

　　PLC 采用了典型的计算机结构,主要包括中央处理单元(CPU)、存储器(RAM 和 ROM)、输入/输出接口电路、编程器、电源、I/O 扩展口、外围设备接口等。其内部采用总线结构进行数据和指令的传输。其基本结构如图 4-2 所示。

　　下面具体介绍各部分的作用。

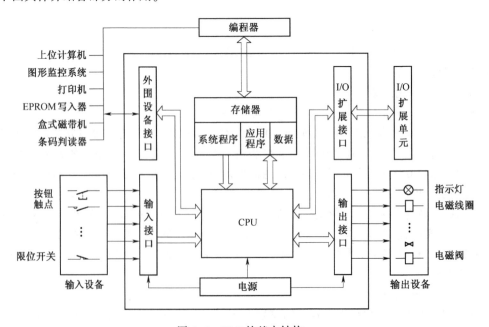

图 4-2　PLC 的基本结构

（1）CPU

CPU 一般由控制电路、运算器和寄存器组成。它通过数据总线、地址总线、控制总线和电源总线与存储器、输入/输出接口、编程器和电源相连接,并按照 PLC 内系统程序赋予的功能指挥 PLC 控制系统完成各项工作任务。

目前,PLC 中所用的 CPU 多为单片机,其发展趋势是芯片的工作速度越来越快,位数越来越多(有 8 位、16 位、32 位至 48 位),RAM 的容量越来越大,集成度越来越高。

（2）存储器

存储器是具有记忆功能的半导体电路,用来存放系统程序、用户程序、逻辑变量和其他一些信息。根据存储器在系统中的作用,可以把它们分为以下三类:

①程序存储器:由 ROM 或 EPROM 组成,它决定着 PLC 的基本功能,其程序是厂家根据选用的 CPU 的指令系统编写的,能完成设计者要求的各项任务。程序存储器是只读存储器,用户不能更改其内容。

②数据表寄存器:包括元件映像表和数据表。其中,元件映像表用来存储 PLC 的开关量输入/输出信号和定时器、计数器、辅助继电器等内部器件的 ON/OFF 状态。数据表用来存放各种数据,它存储用户程序执行时的某些可变参数值及经 A/D 转换得到的数字量和数学运算的结果等。在 PLC 断电时能保持数据的存储器区称为数据保持区。

③高速缓冲存储器:用来存放某些运算得到的临时结果和一些统计资料(如使用了多少存储器),也用来存放诊断的标志位。

（3）输入/输出单元

PLC 的输入和输出信号类型可以是开关量、模拟量。输入/输出接口单元包含两部分:一部分是与被控设备相连接的接口电路,即 I/O 接口;另一部分是输入和输出的映像寄存器。

I/O 接口是 PLC 与外围设备传递信息的窗口。PLC 通过输入接口电路将各种主令电器、检测元件输出的开关量或模拟量通过滤波、光电隔离、电平转换等处理转换成 CPU 能接收和处理的信号。输出接口电路是将 CPU 送出的弱电控制信号通过光电隔离、功率放大等处理转换成现场需要的强电信号输出,以驱动被控设备(如继电器、接触器、指示灯等)。PLC 对 I/O 接口的要求主要有两点:一是要有较强的抗干扰能力;二是能够满足现场各种信号的匹配要求。

①输入接口电路:用于将现场输入设备的控制信号转换成 CPU 能够处理的标准数字信号。其输入端采用光耦合电路,可以大大减少电磁干扰,如图 4-3 所示。

②输出接口电路:采用光耦合电路,将 CPU 处理过的信号转换成现场需要的强电信号输出,以驱动接触器、电磁阀等外围设备的通断电。这种电路有 3 种类型,如图 4-4 所示。

继电器输出型为有触点输出方式,CPU 可以根据程序执行的结果,使 PLC 内设继电器线圈通电,带动触点闭合,通过继电器闭合的触点,由外部电源驱动交、直流负载。优点是过载能力强,用于接通或断开低速、大功率的交、直流负载。

晶闸管输出型和晶体管输出型分别具有驱动交、直流负载的能力。晶闸管输出型 CPU 通过光耦合电路的驱动,使双向晶闸管通断,用于接通或断开高速、大功率的交流负载;晶体管输出型 CPU 通过光耦合电路的驱动,使晶体管通断,用于接通或断开高速、小功率的直流负载。优点是两者均为无触点输出方式,不存在电弧现象,而且开关速度快;缺点是半导体器件的过载能力差。

（4）电源

PLC 电源是指将外部的交流电经过整流、滤波、稳压转换成满足 PLC 中 CPU、存储器、输入/输出接口等内部电路工作所需要的直流电源或电源模块。PLC 一般使用 220 V 的交流电源或 24 V

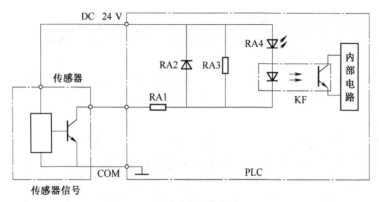

(a) 直流输入电路

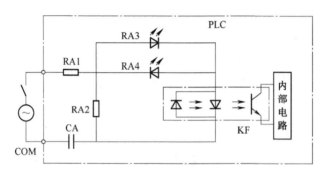

(b) 交流输入电路

图 4-3　PLC 开关量输入接口电路原理图

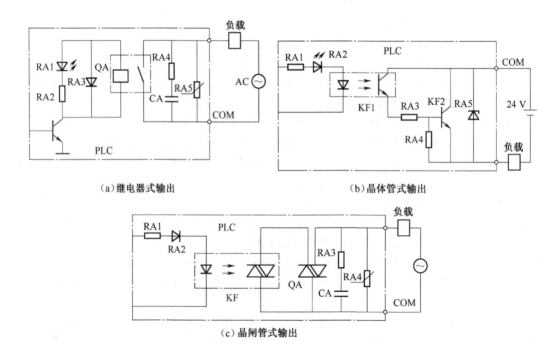

(a) 继电器式输出

(b) 晶体管式输出

(c) 晶闸管式输出

图 4-4　PLC 开关量输出接口电路原理图

直流电源,内部的开关电源为 PLC 的中央处理器。存储器等电路提供 5 V、±12 V、24 V 等直流电源,整体式的小型 PLC 还提供一定容量的直流 24 V 电源,供外部有源传感器(如接近开关)使用。

许多 PLC 的直流电源采用直流开关稳压电源,电源位置形式多样,对于整体式结构的 PLC,通常电源封装到机壳内部;对于模块式 PLC,则多数采用单独的电源模块。

(5)编程工具

编程工具是 PLC 最重要的外围设备,它实现了人与 PLC 的联系对话。用户利用编程工具不但可以输入、检查、修改和调试用户程序,还可以监视 PLC 的工作状态、修改内部系统寄存器的设置参数,以及显示错误代码等。编程工具分两种:一种是手持编程器,只需通过编程电缆与 PLC 相接即可使用;另一种是安装 PLC 专用工具软件的计算机。

5. 可编程控制器的工作原理

PLC 被认为是一个用于工业控制的数字运算操作装置。利用 PLC 制作控制系统时,控制任务所要求的控制逻辑是通过用户编制的控制程序来描述的,执行时 PLC 根据输入设备状态,结合控制程序描述的逻辑,运算得到向外部执行元件发出的控制指令,以此来实现控制。

(1)循环扫描工作方式

PLC 以微处理器为核心,故具有微机的许多特点,但它的工作方式却与微机有很大不同。微机一般采用等待命令的工作方式,而 PLC 则采用循环扫描的工作方式。

在 PLC 中用户程序按先后顺序存放,CPU 从第一条指令开始按指令步序号作周期性的循环扫描,如果无跳转指令,则从第一条指令开始逐条顺序执行用户程序,直至遇到结束符后又返回第一条指令,周而复始不断循环,因此称为循环扫描工作方式。一个完整的工作过程主要分为 3 个阶段(见图 4-5):

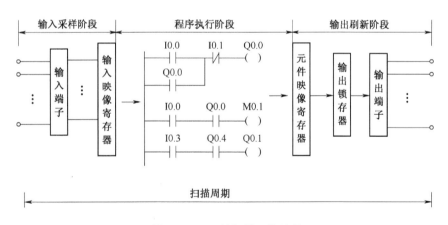

图 4-5　PLC 的扫描工作过程

①输入采样阶段:CPU 扫描所有的输入端口,读取其状态并写入输入状态寄存器。完成输入端采样后,关闭输入端口,转入程序执行阶段。在程序执行期间无论输入端状态如何变化,输入状态寄存器的内容都不会改变,直到下一个扫描周期。

②程序执行阶段:在程序执行阶段,根据用户输入的程序,从第一条开始逐条执行,并将相应的逻辑运算结果存入对应的内部辅助寄存器和输出状态寄存器。当最后一条控制程序执行完毕后,即转入输出刷新阶段。

③输出刷新阶段:在所有指令执行完毕后,将输出状态寄存器中的内容依次送到输出锁存电

路,通过一定方式输出,驱动外部负载,形成 PLC 的实际输出。

扫描周期的长短主要取决于以下几个因素:一是 CPU 执行指令的速度;二是执行每条指令占用的时间;三是程序中指令条数的多少。

(2)PLC 的工作过程

PLC 被认为是一个用于工业控制的数字运算操作装置。利用 PLC 制作控制系统时,控制任务所要求的控制逻辑是通过用户编制的控制程序来描述的,执行时 PLC 根据输入设备状态,结合控制程序描述的逻辑,运算得到向外部执行元件发出的控制指令,以此来实现控制。图 4-6 所示为 PLC 的工作原理示意图,以下进行简要说明。

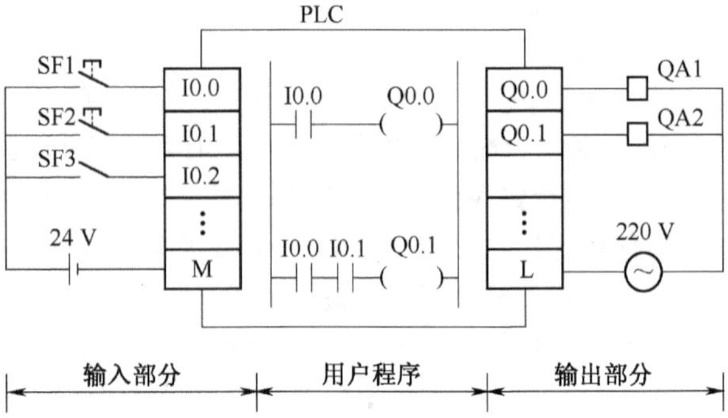

图 4-6 PLC 的工作原理示意图

在 PLC 内部没有传统的实体继电器,仅是一个逻辑概念,因此被称为"软继电器"。这些"软继电器"实质上是由程序的软件功能实现的存储器,它有"1"和"0"两种状态,对应于实体继电器线圈的 ON(接通)和 OFF(断开)状态。在编程时,"软继电器"可向 PLC 提供无数动合(常开)触点和动断(常闭)触点。

PLC 进入工作状态后,首先通过其输入端子,将外部输入设备的状态收集并存入对应的输入继电器,例如,图 4-6 中的 I0.0 就是对应于按钮 SF1 的输入继电器,当按钮被按下时,I0.0 被写入"1",当按钮被松开时,I0.0 被写入"0",并由此时写入的值来决定程序中 I0.0 触点的状态。输入信号采集后,CPU 会结合输入的状态,根据语句排序逐步进行逻辑运算,产生确定的输出信息,再将其送到输出部分,从而控制执行元件动作。

图 4-7(a)所示为 PLC 工作过程的简单示意图,其输入信号(按钮)连接到 PLC 的输入端,PLC 综合各个信号的状态,执行用户程序,计算出的逻辑结果由其输出端输出,通过接触器控制电动机的动作。图 4-7(b)可以形象地描述 PLC 的工作方式,在一个扫描周期中,PLC 完成"读输入—执行逻辑控制程序—写输出"等阶段的工作,并且一直周而复始地循环这些动作过程,一直到关机。

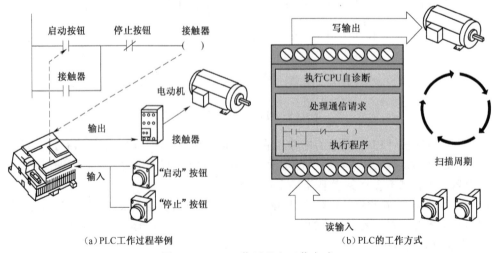

(a)PLC工作过程举例   (b)PLC的工作方式

图 4-7 PLC 工作过程和工作方式

6.PLC 的技术性能

虽然 PLC 产品技术性能不尽相同,且各有特色,但其主要性能通常是由以下几项指标进行综合描述的。

(1)输入/输出点数(即 I/O 点数)

这是 PLC 最重要的一项技术指标。输入/输出点数是指 PLC 外部的输入、输出端子数。这些端子可通过螺钉或电缆端口与外围设备相连。主机的 I/O 点数不够时可接扩展 I/O 模块。

(2)内存容量

一般以 PLC 所能存放用户程序的多少来衡量。在 PLC 中程序是按"步"存放的(一条指令少则 1 步、多则十几步),一"步"占用一个地址单元,一个地址单元占两个字节。如一个程序容量为 1 000 步的 PLC,可推知其程序容量为 2 KB。

注意:"内存容量"实际是指用户程序容量,不包括系统程序存储器的容量。

(3)扫描速度

PLC 运行时是按照扫描周期进行循环扫描的,所以扫描周期的长短决定了 PLC 运行速度的快慢。因扫描周期的长短取决于多种因素,故一般用执行 1 000 步指令所需时间作为衡量 PLC 速度快慢的一项指标,称为扫描速度,单位为 ms/k。扫描速度有时也用执行一步指令所需时间来表示,单位为"μs/步"。

(4)指令条数

PLC 指令系统拥有指令种类和数量的多少决定着其软件功能的强弱。PLC 具有的指令种类越多,说明其软件功能越强。PLC 指令一般分为基本指令和高级指令两部分。

(5)内部继电器和寄存器

PLC 内部有许多继电器和寄存器,用以存放变量状态、中间结果、数据等,还有许多辅助继电器和寄存器给用户提供特殊功能,如定时器、计数器、系统寄存器、索引寄存器等。通过使用它们,可使整个系统的设计简化。因此,内部继电器、寄存器的配置情况是衡量 PLC 硬件功能的一个主要指标。

(6)编程语言及编程手段

编程语言及编程手段也是衡量 PLC 性能的一项指标。编程语言一般分为梯形图、助记符语句表、控制系统流程图等几类,不同厂家的 PLC 编程语言类型有所不同,语句也各异。编程手段主要指采用何种编程装置。编程装置一般分为手持编程器和带有相应编程软件的计算机两种。

(7)高级模块

高级模块的配置反映了 PLC 功能的强弱,是衡量 PLC 产品档次高低的一个重要标志。目前,各厂家都在大力开发高级模块,使其发展迅速,种类日益增多,功能也越来越强。主要有:A/D、D/A、高速计数、高速脉冲输出、PID 控制、速度控制、位置控制、温度控制、远程通信、高级语言编辑,以及物理量转换模块等。这些高级模块使 PLC 不但能进行开关量顺序控制,而且能进行模拟量控制,以及精确的速度和定位控制。特别是网络通信模块的迅速发展,实现了 PLC 之间、PLC 与计算机的通信,使得 PLC 可以充分利用计算机和互联网的资源,实现远程监控。

7.PLC 的编程语言

PLC 为用户提供了完善的编程语言来满足用户程序的需求,有梯形图(LAD)、语句表(STL)和顺序功能图(SFC)语言等。

(1)梯形图(LAD)

梯形图编程语言是在继电器接触器控制系统电路图基础上简化了符号演变而来的,在形式上沿袭了传统的继电接触器控制图，作为一种图形语言，它将 PLC 内部的编程元件（如继电器的触点、线圈、定时器、计数器等）和各种具有特定功能的命令用专用图形符号、标号定义，并按逻辑要求及连接规律组合和排列，从而构成了表示 PLC 输入、输出之间控制关系的图形。由于它在继电接触器的基础上加进了许多功能强大、使用灵活的指令，并将微机的特点结合进去，使逻辑关系清晰直观，编程容易，可读性强，所实现的功能也大大超过传统的继电接触器控制电路，所以很受用户欢迎。它是目前使用最为普遍的一种 PLC 编程语言。图 4-8 所示为传统继电器控制电路图和 PLC 梯形图。

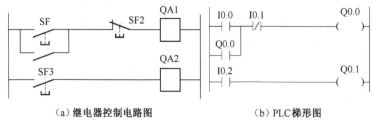

(a) 继电器控制电路图　　　　　　　　(b) PLC 梯形图

图 4-8　传统继电器控制电路图和 PLC 梯形图

在梯形图中，分别用符号—| |—和—|/|—表示编程元件（软继电器）的常开触点和常闭触点，用符号—( )—表示其线圈。与传统的控制图一样，每个继电器和相应的触点都有自己的特定标号，以示区别，其中有些对应 PLC 外部的输入、输出，有些对应内部的继电器和寄存器。例如，图 4-8 中 I0.0、I0.1 等触点代表逻辑输入条件，Q0.0、Q0.1 等线圈通常代表逻辑"输出"结果。它们并非是物理实体，而是"软继电器"，每个"软继电器"仅对应 PLC 存储单元中的一位。该位状态为"1"时，对应的继电器线圈接通，其常开触点闭合、常闭触点断开；状态为"0"时，对应的继电器线圈不通，其常开、常闭触点保持原态。另外，有一些在 PLC 中进行特殊运算和数据处理的指令，也被看作是一些广义的、特殊的输出元件，常用类似于输出线圈的方括号加上一些特定符号来表示。这些运算或处理一般是以前面的逻辑运算作为其触发条件。

（2）语句表（STL）

语句表语言类似于计算机汇编语言，它用一些简洁易记的文字符号描述 PLC 的各种指令。每个语句由地址（步序号）、操作码（指令）和操作数（数据）三部分组成。语句表可以实现某些不易用梯形图或者功能块图来实现的功能。图 4-8 中的梯形图与下面的指令相对应，"//"之后是该指令的注释。

```
Network 1
LD    I0.0      //装载指令,接在左侧"电源线"上的 I0.0 的常开触点
O     Q0.0      //"或"指令,与 I0.0 常开触点并联的 Q0.0 的常开触点
AN    I0.1      //取反后作"与"运算,与并联电路串联的 I0.2 常闭触点
=     Q0.0      //赋值指令,Q0.0 的线圈
Network 2
LD    I0.2
=     Q0.1
```

（3）功能块图编辑器（FBD）

这是一种类似于数字逻辑门电路的编程语言，有数字电路基础的人很容易掌握。该编程语言用类似于与门、或门的方框来表示逻辑运算关系，方框的左侧为逻辑运算的输入变量，右侧为输出变量。

对于西门子 S7-200 系列的 PLC 用编程软件可得到与图 4-8 相应的功能块图,如图 4-9 所示。

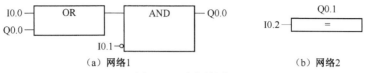

（a）网络1　　　　　　　　　　　　　　（b）网络2

图 4-9　功能块图

（4）顺序功能图（SFC）

顺序功能图是一种位于其他编程语言之上的图形语言,用来编制顺序控制程序。SFC 提供了一种组织程序的图形方法,在 SFC 中可以用别的语言嵌套编程。

顺序功能图由步、转换和动作三要素组成,如图 4-10 所示。可以用顺序功能图来描述系统的功能,根据它容易画出梯形图程序。

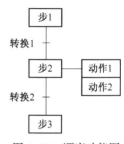

图 4-10　顺序功能图

二、S7-200PLC 结构与认知

1. 西门子 PLC 系列

德国西门子 S7 系列 PLC 分为 S7-400、S7-300、S7-200 三个系列,分别为 S7 系列的大、中、小型 PLC 系统。

S7-200 PLC 是在 2004 年推出的一种小型 PLC,它的主要特点是:极高的可靠性、极丰富的指令集、丰富的内置集成功能、实时特性强和强大的通信能力。S7-200 系列 CPU 有 CPU 221、CPU 222、CPU 224、CPU 224XP 和 CPU 226 等型号。其中,CPU221 的价格低廉,能满足多种集成功能的需要。CPU222 是 S7-200 中低成本的单元,通过可连接的扩展模块即可处理模拟量。CPU224 具有更多的输入/输出点及更大的存储器。CPU226 是功能最强的单元,可满足一些中小型复杂控制系统的要求。

各型号 PLC 的主要技术性能如表 4-2 所示。

表 4-2　S7-200 PLC 技术性能

技术指标		CPU 221	CPU 222	CPU 224	CPU 224XP	CPU 226
外形尺寸/mm		90×80×62	90×80×62	120.5×80×62	140×80×62	190×80×62
程序存储器	运行　模式	4 096 B	4 096 B	8 192 B	12 288 B	16 384 B
	停止　模式	4 096 B	4 096 B	12 288 B	16 384 B	24 576 B
数据存储区		2 048 B	2 048 B	8 192 B	10 240 B	10 240 B
掉电保持时间		50 h	50 h	100 h	100 h	100 h
本机 I/O	数字量	6 入/4 出	8 入/6 出	14 入/10 出	14 入/10 出	24 入/16 出
	模拟量	无	无	无	2 入/1 出	无
扩展模块数量		0 个模块	2 个模块	7 个模块	7 个模块	7 个模块
高速计数器	单相	4 路(30 kHz)	4 路(30 kHz)	6 路(30 kHz)	4 路(30 kHz)2 路(200 kHz)	6 路(30 kHz)
	两相	2 路(20 kHz)	2 路(20 kHz)	4 路(20 kHz)	3 路(20 kHz)1 路(100 kHz)	4 路(20 kHz)

高速脉冲输出(DC)	2(20 kHz)	2(20 kHz)	2(20 kHz)	2(100 kHz)	2(20 kHz)
模拟量调节电位器	1	1	2	2	2
实时时钟	有(时钟卡)	有(时钟卡)	有(内置)	有(内置)	有(内置)
通讯口数量	1(RS-485)	1(RS-485)	1(RS-485)	2(RS-485)	2(RS-485)
浮点数运算	有				
I/O 映像寄存器	256(128 入/128 出)				
布尔指令执行速度	0.22 μs/指令				

2. S7-200 PLC 的硬件系统

S7-200 PLC 硬件系统主要包括主机模块、扩展模块、相关设备以及编程工具,如图 4-11 所示。

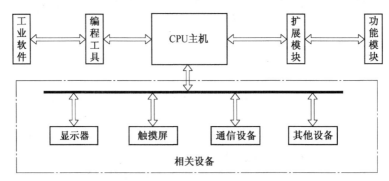

图 4-11　S7-200 PLC 系统组成图

①CPU 主机是 PLC 最基本的单元模块,是 PLC 的主要组成部分,包括 CPU、存储器、基本 I/O 单元和电源等。它实际上是一个完整的控制系统,可以单独完成一定的控制任务。

②主机 I/O 单元数量不能满足控制系统的要求时,用户可以根据需要使用各种 I/O 扩展模块。完成某些特殊功能的控制任务时,需要扩展功能模块,如模拟量输入扩展模块、热电阻(测温)功能模块等。

③相关设备是为充分和方便利用系统的硬件和软件资源而开发和使用的一些设备,主要有编程设备、人机操作界面和网络设备等。

④工业软件是为更好地管理和使用这些设备而开发的与之相配套的程序,对于 S7-200PLC 来说,与其配套的软件主要有编程软件 STEP7-Micro/WIN 和 HMI 人机界面的组态编程软件 Pro-Tool、WinCC flexible。

(1)主机模块

S7-200 主机(CPU 模块)是将一个中央处理器(CPU)、一个集成电源和数字量 I/O 点集成在一个紧凑的封装中,从而形成了一个功能强大的微型 PLC,如图 4-12 所示。

CPU 负责执行程序和存储数据,以便对工业自动控制任务或过程进行控制。

输入单元用于从现场设备中(例如传感器或开关)采集信号;输出单元则负责输出控制信号,用于驱动泵、电动机、指示灯,以及工业过程中的其他设备。

状态指示灯显示了 CPU 工作模式,本机 I/O 的当前状态,以及检查出的系统错误。当 CPU 处于 STOP 状态或重新启动时 STOP 黄灯常亮;当 CPU 处于 RUN 状态或重新启动时 RUN 绿灯常亮;CPU 硬件故障或软件错误时 SF 红灯亮。

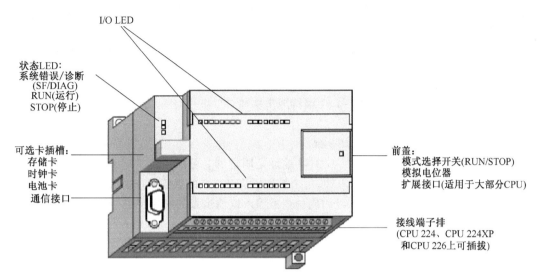

状态LED：
系统错误/诊断
(SF/DIAG)
RUN(运行)
STOP(停止)

I/O LED

可选卡插槽：
存储卡
时钟卡
电池卡
通信接口

前盖：
模式选择开关(RUN/STOP)
模拟电位器
扩展接口(适用于大部分CPU)

接线端子排
(CPU 224、CPU 224XP
和CPU 226上可插拔)

图 4-12　S7-200 CPU 外形结构图

（2）扩展模块

S7-200 系列 CPU 提供一定数量的主机数字量 I/O 点，但在主机点数不够的情况下，就必须使用扩展模块的 I/O 点。有时需要完成过程量控制时，可以扩展模拟量的输入/输出模块。当需要完成某些特殊功能的控制任务时，S7-200 主机可以扩展特殊功能模块。

S7-200 扩展模块包括数字量输入/输出扩展模块、模拟量输入/输出扩展模块和功能扩展模块。现有的输入/输出模块和特殊功能模块有：

①数字量 I/O 扩展模块：S7-200 PLC 提供了多种类型的数字量输入/输出扩展模块，如表 4-3 所示。除 CPU221 外，其他 CPU 模块均可配接多个扩展模块，连接时 CPU 模块放在最左侧，扩展模块用扁平电缆与左侧的模块相连。

表 4-3　S7-200 PLC 数字量扩展模块

数字量扩展模块	类　　型		
输入扩展模块 EM221	8 点 DC 输入	8 点 AC 输入	16 点 DC 输入
输出扩展模块 EM222	4 点 DC 输出	4 点继电器输出	
	8 点 DC 输出	8 点 AC 输出	8 点继电器输出
输入/输出扩展 模块 EM223	4 点 DC 输入/ 4 点 DC 输出	8 点 DC 输入/ 8 点 DC 输出	16 点 DC 输入/ 16 点 DC 输出
	4 点 DC 输入/ 4 点继电器输出	8 点 DC 输入/ 8 点继电器输出	16 点 DC 输入/ 16 点继电器输出

②模拟量 I/O 扩展模块：在工业控制中，被控对象常常是模拟量，如温度、压力、流量等；某些机械（如电动调节阀、晶闸管调速装置和变频器等）也要求 PLC 输出模拟信号。在 PLC 的 CPU 不能满足模拟信号输入/输出通道要求时，可以使用模拟量扩展模块。

S7-200 有 3 种模拟量扩展模块（见表 4-4），其 A/D、D/A 转换器的位数均为 12 位。模拟量输入/输出有多种量程供用户选用，如 0～10 V、0～5 V、0～20 mA、±10 V、±5 V、±100 mA 等。其中，量程为 0～10 V 时的分辨率为 2.5 mV。

表 4-4 S7-200 PLC 模拟量扩展模块

模　块	EM231	EM232	EM235
点　数	4 路模拟量输入	2 路模拟量输出	4 路模拟量输入/1 路模拟量输出

③功能扩展模块：有 EM253 位置控制模块、EM277 PROFIBUS-DP 模块、EM241 调制解调器模块、CP243-1 以太网模块、CP243-1 IT 因特网模块和 CP243-2AS-i 接口模块等。

3. I/O 点的地址分配与接线

（1）本机 I/O 与扩展 I/O 的地址分配

S7-200 CPU 有一定数量的本机 I/O，其地址是固定的。可以使用扩展 I/O 模块来增加 I/O 点数，扩展模块安装在 CPU 模块的右边，每个扩展模块 I/O 点的字节地址取决于各模块的类型和该模块在 I/O 模块链中的位置。编址时同种类型输入或输出点的模块在链中按与主机的位置递增，其他类型模块的有无，以及所处的位置不影响本模块的编号。

例如，某一控制系统选用 CPU224，系统所需的输入/输出点数各为：数字量输入 24 点、数字量输出 20 点、模拟量输入 6 点、模拟量输出 2 点。那么，本系统可有多种不同模块的选取组合，并且各模块在 I/O 链中的位置排列方式也可能有种。表 4-5 为其中的一种模块连接形式和各模块的编址情况。

表 4-5 CPU224 的 I/O 地址分配举例

主　机	模块 1	模块 2	模块 3	模块 4	模块 5
CPU224 DI 14 DO 10	EM221 DI8 DC 24 V	EM222 DO8 DC 24 V	EM235 AI4/AO1 12 位	EM223 DI4/DO4 DC 24 V	EM235 AI4/AO1 12 位
I0.0　Q0.0 I0.1　Q0.1 …　　… I1.5　Q1.1	I2.0 I2.1 … I2.7	Q2.0 Q2.1 … Q2.7	AIW0 AQW0 AIW2 AIW4 AIW6	I3.0　Q3.0 I3.1　Q3.1 I3.2　Q3.2 I3.3　Q3.3	AIW8 AQW2 AIW10 AIW12 AIW14

（2）S7-200 的外部接线

PLC 是通过 I/O 单元与外界建立联系的，用户必须灵活掌握 I/O 单元与外围设备的连接关系和配电要求。S7-200 PLC 所有型号 CPU 的直流输入（24 V），既可以作为源型输入（公共点接负电位）也可以作为漏型输入（公共点接正电位），CPU 的直流输入接线图如图 4-13 所示。S7-200 PLC 所有型号 CPU 的 24 V 直流输出和继电器输出接线图如图 4-14 所示。

对于 S7-200 CPU224XP，其模拟量输入/输出接线图如图 4-15 所示。

下面以 CPU224 为例，简要介绍 CPU 的 I/O 点与外围设备的连接图（以 24 V 漏型直流输入、24 V 直流输出型为例）。为了分析问题方便，在连接图中，外部输入设备都用开关表示，外部输出设备（负载）则以电阻代表。CPU224 集成了 14 输入/10 输出共 24 个数字量 I/O 点，图 4-16 所示为 CPU224 模块典型的外围接线图。

注意：在实际应用中，用户参考相应 PLC 的 CPU 用户手册，正确进行 I/O 接线及配电要求（电源的正/负极和电压值）。

4. S7-200 PLC 编程软元件

编程软元件是 PLC 内部具有不同功能的存储器单元，每个单元都有唯一的地址，在编程时，

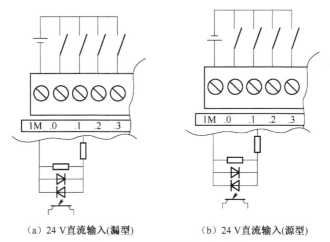

（a）24 V直流输入(漏型)　　　　（b）24 V直流输入(源型)

图 4-13 　CPU 直流输入接线图

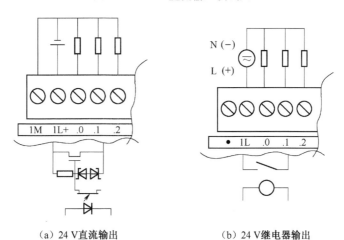

（a）24 V直流输出　　　　　　（b）24 V继电器输出

图 4-14 　CPU 直流/继电器输出接线图

用户只需记住软元件的符号地址即可。为了方便不同的编程
功能需要,存储器单元做了分区,即 PLC 内部根据软元件的不
同,分成了许多区域,如输入寄存器、输出寄存器、位存储器、定
时器、计数器、通用寄存器、数据寄存器及特殊功能存储器等。

　　PLC 内部这些存储器的作用和继电接触控制系统中使用
的继电器十分相似,也有"线圈"与"触点",但它们不是"硬"继
电器,而是 PLC 存储器的存储单元。当写入该单元的逻辑状态
为"1"时,则表示相应继电器线圈通电,其动合触点闭合,动断
触点断开。所以,内部的这些继电器称之为"软"继电器,这些
软继电器的最大特点是其触点(包括常开触点和常闭触点)可
以无限次使用。

　　下面介绍 S7-200 PLC 的软元件类型和功能。

（1）输入映像寄存器 I

输入映像寄存器是 PLC 接收外部输入的数字量信号的窗口。在每个扫描周期的开始,CPU

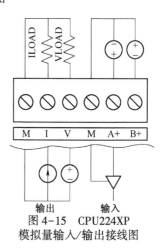

输出　　　　输入

图 4-15 　CPU224XP
模拟量输入/输出接线图

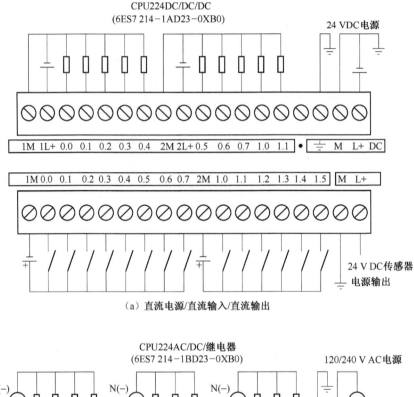

（a）直流电源/直流输入/直流输出

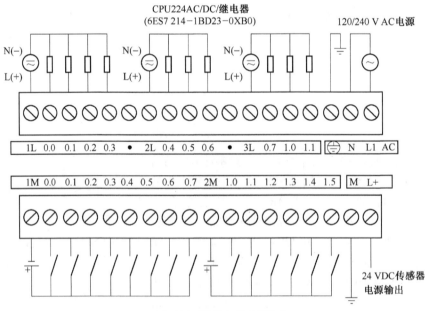

（b）交流电源/直流输入/继电器输出

图 4-16　CPU224 典型外围接线图

对物理输入点进行采样,并将采样值存于输入映像寄存器中。

S7-200 PLC 的输入映像寄存器是以字节为单位的寄存器,它的每一位对应一个数字量输入点,CPU 一般按位编址来读取一个输入继电器状态,当然也可以按字节、字、双字方式进行存取,如 I0.1、IB2、IW2、ID10。S7-200 系列 PLC 的输入映像寄存器有 IB0～IB15 共 16 个字节单元,因此输入映像寄存器能存储 16×8 共计 128 个输入点信息。

（2）输出映像寄存器 Q

通过输出继电器,将 PLC 存储系统与外部输出端子相连,用来将 PLC 的输出信号传递给负载。如果梯形图中 Q0.0 的线圈"通电",继电器型输出模块中对应的硬件继电器的常开触点闭合。使接在标号为 Q0.0 端子的外部负载通电,反之则外部负载断电。在梯形图中,每一个输出位的常开触点和常闭触点都可以多次使用。

输出映像寄存器也可以按字节、字、双字方式进行存取。

（3）变量寄存器 V

S7-200 系列 PLC 中有大量的变量寄存器,用来存储全局变量、存放数据运算的中间结果。它可以按位、字节、字、双字方式使用。变量寄存器的数量与 CPU 型号有关,CPU222 为 V0.0～V2047.7,CPU224/226 为 V0.0～V5119.7。

（4）辅助继电器 M

在 S7-200 系列 PLC 中也称为内部标志位寄存器 M,它相当于传统的继电器控制电路中的中间继电器。辅助继电器与外部输入/输出端没有任何对应,不能直接驱动外部负载,它用来存储中间操作数或建立输入/输出之间复杂的逻辑关系。S7-200 PLC 的 CPU22X 系列的辅助继电器的数量为 256 个(32B、256 位),可按位、字节、字、双字方式使用,如 M21.2、MB11、MW12、MD22。

（5）特殊继电器 SM

在 S7-200 系列 PLC 中特殊继电器 SM 也称为特殊标志位寄存器 SM,它用于 CPU 与用户程序之间信息的交换,用这些位可选择和控制 PLC 的一些特殊控制功能。特殊标志位寄存器可按位、字节、字、双字方式使用。常用的特殊标志位寄存器的功能如下:

①SM0.0:运行监控,当 PLC 运行时,SM0.0 接通。

②SM0.1:初始化脉冲。PLC 由 STOP 转入 RUN 时,该位接通一个扫描周期,常用来调用初始化子程序。

③SM0.2:当 RAM 中保存的数据丢失时,SM 0.2 ON 一个扫描周期。

④SM0.3:PLC 上电进入 RUN 状态时,SM 0.3 ON 一个扫描周期。

⑤SM0.4 分脉冲:占空比为 50%,周期 1 min 的脉冲串。

⑥SM0.5 秒脉冲:占空比为 50%,周期 1 s 的脉冲串。

⑦SM0.6:该位为扫描时钟脉冲,本次扫描为 1,下次扫描为 0,可以作为扫描计数器的输入。

⑧SM0.7:工作方式开关位置指示。开关放置在 RUN 时为 1,PLC 为运行状态,开关放置在 TERM 时为 0,PLC 可进行通信编程。

⑨SM1.0:当执行某些指令,其结果为 0 时,将该位置 1。

⑩SM1.1:当执行某些指令,其结果溢出或为非法数值时,将该位置 1。

⑪SM1.2:当执行数学运算指令,其结果为负数时,将该位置 1。

⑫SM1.3:试图除以 0 时,将该位置 1。

其他常用特殊标志继电器的功能可以参见 S7-200 系统手册。

特殊继电器波形图如图 4-17 所示。

（6）状态继电器 S

状态继电器 S 也称为顺序控制继电器,它是使用顺序控制指令编程时的重要元件,可按位、字节、字、双字方式使用,有效编址范围是 S0.0～S31.7。

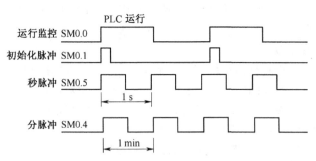

图 4-17　特殊继电器波形图

（7）定时器 T

PLC 中的定时器相当于时间继电器，用于延时控制，是对内部时钟累计时间的重要编程元件。通常，定时器的设置值由程序设置，当定时器的当前值大于或等于设置值时，定时器位被置1，其常开触点闭合，常闭触点断开。PLC 中每个定时器都有 1 个 16 bit 有符号的当前值寄存器，用于存储定时器累计值（1~32 767）。S7-200 定时器的时基有 3 种：1 ms、10 ms、100 ms，有效范围为 T0~T255。

（8）计数器 C

计数器用来对输入脉冲的个数进行累计，实现计数操作。使用计数器时要预设计数的设置值，当输入触发条件满足时，相应计数器开始对输入端的脉冲进行计数，若当前计数值大于或等于设置值，计数器状态位置 1，其常开触点闭合，常闭触点断开。PLC 中每个计数器都有 1 个 16 bit 有符号的当前值寄存器，用于存储计数器累计的脉冲个数（1~32 767）。S7-200 计数器有 3 种类型：加计数器、减计数器、加减计数器，有效范围为 C0~C255。

（9）高速计数器 HSC

高速计数器用来计数比 CPU 扫描速度更快的高速脉冲，工作原理与普通计数器相同。高速计数器的当前值是一个双字长（32 位）的整数，且为只读值。高速计数器的数量很少，地址格式为 HC（高速计数器号），如 HC2。

（10）累加器 AC

累加器用来暂存数据、计算的中间结果、子程序传递参数等可以像存储器一样使用读/写存储区。S7-200 PLC 共有 4 个 32 位的累加器：AC0~AC3。可按字节、字或双字形式存取。以字节或字为单位存取时，累加器只使用了低 8 位或低 16 位。

（11）局部变量存储器 L

局部变量存储器用于存储局部变量（局部变量只在特定的程序内有效），可以用来存储临时数据或者子程序的传递参数。局部变量可以分配给主程序段、子程序段或中断程序段，但不同程序段的局部存储器是不能相互访问的。

（12）模拟量输入 AI、模拟量输出 AQ

模拟量输入映像寄存器用于存放 A/D 转换后的 16 位数字量，其地址格式为 AIW（起始字节的地址），如 AIW2。注意：在模拟量输入/输出映像寄存器中，数字量的长度为 1 字长（16 位），因此必须用偶数号字节进行编址，如 0、2、4、6、8，且只能进行读取操作。

模拟量输出映像寄存器用于存放需要进行 D/A 转换的 16 位数字量，其地址格式为 AQW（起始字节的地址），如 AQW2。注意：必须用偶数号字节进行编址，如 0、2、4、6、8，且只能进行写操作。

5. S7-200 PLC 的寻址方式

（1）数据类型

S7-200 PLC 数据类型可以是整型、实型（浮点数）、布尔型或字符串型，常用的数据长度有位、字节、字和双字。

①位、字节、字、双字：

● 位（bit）：指二进制中的一位，是最基本的存储单位，只有"0"和"1"两种状态。在 PLC 中，一个位对应一个继电器。若继电器线圈通电，相应位的状态为"1"；若继电器线圈断电，相应位的状态为"0"。

● 字节（Byte）：由 8 位二进制数构成，其中的第 0 位为最低位（LSB），第 7 位为最高位（MSB）。

● 字（Word）：由字节构成，两个字节组成一个字。

● 双字（Double Word）：由字构成，两个字组成一个双字。

②数据类型：不同的数据对象具有不同的数据类型。在 S7-200 中，主要的数据类型有布尔型（BOOL）、整型（INT）和实型（REAL）。布尔型是由"0"和"1"构成的字节型无符号整数；整型包括 16 位单字和 32 位双字的带符号整数；实型以 32 位的单精度数表示。每种数据类型都有一定的范围，如表 4-6 所示。

表 4-6　S7-200 PLC 的数据类型及范围

数 据 类 型	无符号整数		有符号整数	
	十进制	十六进制	十进制	十六进制
字节，8 位	0~255	0~FF	−128~+127	80~7F
字，16 位	0~65 535	0~FFFF	−32 768~+32 767	8000~7FFF
双字，32 位	0~4 294 967 295	0~FFFFFFFF	−2 147 483 648~ +2 147 483 647	80000000~ 7FFFFFFF

③编址方式：在 S7-200 中对数据存储器的编址主要是进行位、字节、字、双字编址。

● 位编址方式：（存储区域标志符）字节号．位号，如 I0.1、Q0.2。

● 字节编址方式：（存储区域标志符）B 字节号，如 IB1 表示输入继电器 I1.0~I1.7 这 8 位组成的字节；QB0 表示输出继电器 Q0.0~Q0.7 这 8 位组成的字节。

● 字编址方式：（存储区域标志符）W 起始字节号，且最高有效字节为起始字节。例如，VW0 表示由 VB0 和 VB1 这两个字节组成的字。

● 双字编址方式：（存储区域标志符）D 起始字节号，且最高有效字节为起始字节。例如，VD100 表示由 VB100、VB101、VB102、VB103 这四个字节组成的双字。

（2）寻址方式

① 直接寻址：在指令中直接使用存储器或寄存器的元件名称（区域标志）和地址编号，直接到指定的区域读取或写入数据。直接寻址可以采用位寻址、字节寻址、字寻址、双字寻址等方式。

②间接寻址：间接寻址时，操作数并不提供直接数据位置，而是通过使用地址指针来存取存储器中的数据。在 S7-200 中，允许使用指针对 I、Q、M、V、S、T、C（仅当前值）存储区进行间接寻址。

第一步：建立指针。使用间接寻址前，要先创建一个指向该位置的指针。指针为双字（32 位），存放的是另一个存储器的地址，只能用 V、L 或累加器 AC 作指针。

生成指针时,要使用双字传送指令(MOVD),将数据所在单元的内存地址送入指针,双字传送指令的输入操作数开始处加 & 符号,表示某存储器的地址,而不是存储器内部的值。指令输出操作数是指针地址。例如:

```
MOVD &VB200,AC1    ;双字传送指令,将 VB200 的地址送入累加器 AC1 中
                   ;建立指针
```

第二步:用指针来存取数据。在使用地址指针存取数据的指令中,操作数前加"＊"号表示该操作数为地址指针。例如:

```
MOVD  &VB200,AC1
MOVW  ＊AC1 AC0     ;字传送指令,将 AC1 所指的值送入 AC0
```

此例中,将存于 VB200、VB201 的数据送入 AC0 的低 16 位,如图 4-18 所示。

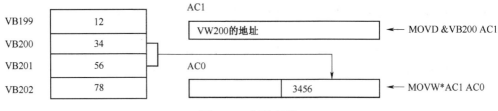

图 4-18　间接寻址

三、建立 PLC 与计算机的连接

1. 连接 RS-232/PPI 电缆

西门子公司提供了多种方式连接 S7-200PLC 和编程设备:通过 PPI 多主站电缆直接连接,或者通过带有 MPI 电缆的通信处理器(CP)卡连接,或以太网通信卡连接。

使用 PPI 多主站编程电缆是将计算机连接至 S7-200 的最常用和最经济的方式。S7-200 可以通过两种不同类型的 PPI 多主站电缆进行通信,这些电缆允许通过 RS-232 或 USF 接口进行通信。本项目中所有示例使用的 PC/PPI 电缆的 PC 端都是连在 RS-232 串口上的,也可称编程电缆为 RS-232/PPI 电缆。

图 4-19 所示为连接 S7-200 与编程设备的 RS-232/PPI 多主站电缆。

具体连接如下:

①连接 RS-232/PPI 多主站电缆的 RS-232 端(标识为 PC-RS232)到编程设备的通信接口(例如计算机的 RS-232 通信接口 COM1 或 COM2 接口)上。

②连接 RS-232/PPI 多主站电缆的 RS-485 端(标识为 PPI-RS485)到 S7-200 CPU 的通信接口 0 或端口 1 上。

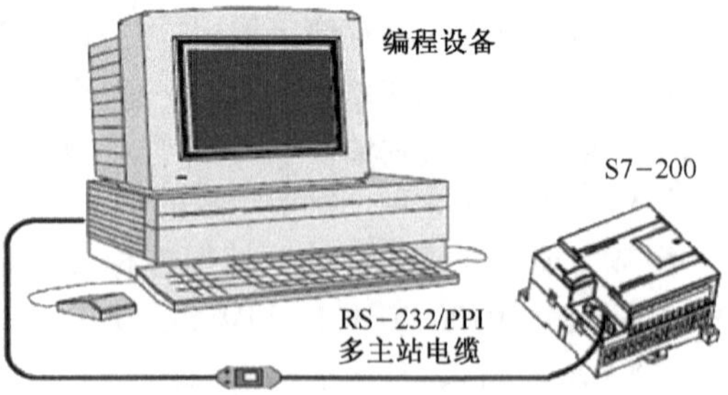

图 4-19　编程设备与 S7-200 的连接

2.STEP 7 编程软件介绍

STEP 7-Micro/WIN 编程软件为用户开发、编辑和监控自己的应用程序提供了良好的编程环境。为了能快捷高效地开发应用程序,STEP7-Micro/WIN 软件为用户提供了 3 种程序编辑器,即梯形图程序编辑器、语句表、逻辑功能图,在软件中三者之间可以方便地进行相互转化,以便有效地应用、开发、控制程序。以下简要介绍 STEP7-Micro/WIN 的使用方法。

（1）STEP7-Micro/WIN 窗口介绍

双击桌面上的快捷方式图标，打开编程软件。选择工具菜单 Tools 选项下的 Options，在弹出的对话框选中 Options，General 在 Language 中选择 Chinese。最后单击 OK 按钮，退出程序后重新启动。重新打开编程软件，此时为中文界面。

主界面如图 4-20 所示，一般可以分为以下几部分：菜单栏、工具栏、浏览栏、指令树、用户窗口、输出窗口和状态栏。除菜单栏外，用户可以根据需要通过"查看"菜单和"窗口"菜单决定其他窗口的取舍和样式的设置。

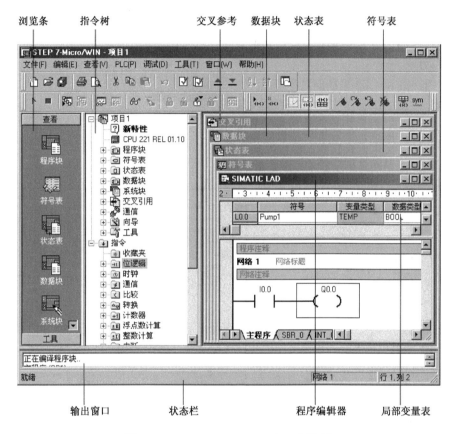

图 4-20　STEP7-Micro/WIN 窗口主界面

S7-200 系列 PLC 的程序结构一般由三部分构成：程序块、数据块和系统块。

①程序块：图 4-20 中"程序块"的目录下包含"主程序（OB1）、子程序（SFR0）、中断服务程序（INT0）"的图标；同时在程序编辑器窗口下方也有这 3 个程序块的标签，以方便编程时切换。主程序是应用程序中的必选组件，CPU 在每一个扫描周期中顺序执行这些指令。在用手持编程器时，主程序应以一条 MEND 指令作为主程序结束指令。但 STEP7-Micro/WIN 软件不再需要编程人员将这条指令加到主程序的结尾，而是在程序编译时由系统自动加入。

②数据块：数据块为可选部分，又称为 DB1，在存储空间中使用 V 存储器。它主要存放程序运行所需的数据，数据块仅允许对 V 存储区进行数据初始值或 ASC 字符赋值。

③系统块：系统块也是可选部分，它存放的是 CPU 组态数据，如果在编程软件或其他编程工具上未进行 CPU 组态，则系统以默认值进行自动配置。

（2）程序编制及下载运行

要打开编译软件，可以双击桌面上的 STEP7 Micro/WIN SP5 图标，也可以选择"开始"→SI-MATIC→STEP 7 MicroWIN 32 V4.0。打开后进入 STEP 7 MicroWIN 的主界面，可以按下面步骤创建一个新项目：

①选择"文件"→"新建"→命令。

②在工具栏中单击"保存"按钮，在弹出的对话框中选择保存路径，编辑文件名，如图4-21 所示。

③在程序编辑器里输入指令来编制程序。

下面通过一个简单的例子来介绍程序编制和调试运行方法。

例如：用开关 K1 、K2 来控制红绿灯 L1、L2 的亮灭。假定 K1、K2 分别接 PLC 的输入端 I0.0、I0.1；红灯 L1、绿灯 L2 分别接 PLC 的输出端 Q0.0、Q0.1。

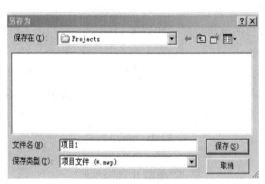

图4-21 "另存为"对话框

• 编辑指令：从指令树中拖动或者从指令输入栏上找到需要的指令，编制程序，如图 4-22 所示。

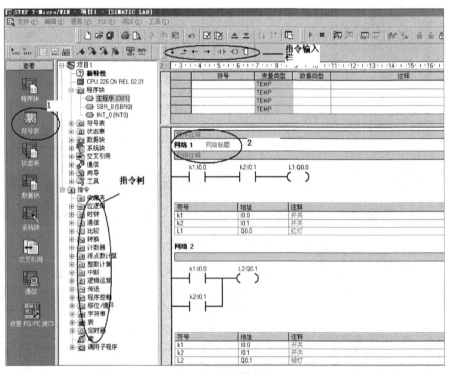

图4-22 编制程序

注意：为了使程序的可读性增强，可以在符号表中定义和编辑符号名，使用户能在程序中用符号地址访问变量。单击图 4-22 中的符号表（标注圈 1）即出现图 4-23 所示的内容，在此可以编辑所用的变量。同时，还可以在标注圈 2 的部分为程序和网络添加注释，使程序更有可读性。

			符号	地址	注释
1			k1	I0.0	开关
2			k2	I0.1	开关
3			L1	Q0.0	红灯
4			L2	Q0.1	绿灯

图 4-23　符号表的编辑框

● 程序编译:单击工具栏中的编译图标 ,进行全部编译。如果程序在编辑层面上没有语法错误,将会在输出窗口显示"已编译的块有 0 个错误,0 个警告,总错误数目:0",这样就可以进行程序的下载。如果出现错误,输出窗口也会有出错提示,此时要修改完错误后才能下载。

● 下载程序:单击工具栏中的下载图标 ,进行下载。如果通信正常,则弹出如图 4-24 所示对话框,单击"下载"按钮;在弹出的对话框中单击"确定"按钮,将 PLC 设为 STOP 模式,如图 4-25 所示;如果通信错误,则可根据通信连接部分重新调整设置。

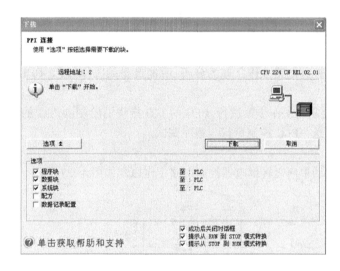

图 4-24　"下载"对话框

● 程序运行:待下载完成后将 PLC 设为 run 模式即可,如图 4-26 所示。至此 PLC 的编译下载已经完成,接下来就可以进入 PLC 程序的调试监控等操作。单击程序状态监控图标 ,进入程序调试状态,可观察触点及线圈等实时状态,便于程序的纠错和完善。

图 4-25　PLC 停止窗口

图 4-26　PLC 运行确定窗口

任务 继电器-接触器控制电路改造 PLC 控制

1. 任务目的
①熟悉传统继电器-接触器控制与 PLC 控制的原理与差异。
②熟悉继电-接触器控制电路改造 PLC 控制的步骤。
③掌握 PLC 控制系统的工作步骤。

2. 任务内容
在将继电器控制电路改装为 PLC 控制前，必须明确以下几点：

①明确在继电器控制电路中，哪些元件是接 PLC 输入端的控制元件和接 PLC 输出端的执行元件。

注意：由于 PLC 内部已有定时器和辅助继电器等软元件，所以继电器电路中的时间继电器和中间继电器在改造后就可以不用了。

②明确继电器控制电路中的执行元件（如线圈、指示灯、蜂鸣器等）的工作电压。

③通过对继电器控制电路工作原理的分析，明确设备的工作过程，列出控制要点，建立编程的思路。

④按实现 PLC 控制的工作步骤进行：PLC 的 I/O 接线图绘制→PLC 的 I/O 端子接线→PLC 控制程序的编写与传送→PLC 控制运行与程序调试。

3. 任务准备
电动机连续与点动单向运转继电器控制电路工作原理如图 4-27 所示。

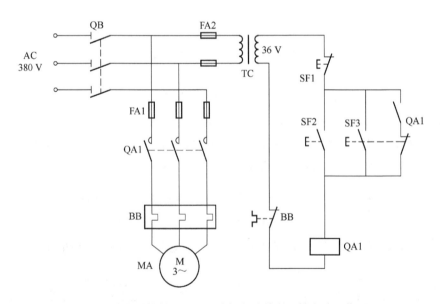

图 4-27 继电器控制电动机连续与点动单向运转电路工作原理

（1）控制电路工作原理

①连续运行控制：按下按钮 SF2，线圈 QA1 通电，电动机运行，同时 QA1 动合触点闭合并自保

持,即使按钮 SF2 复位,电动机也会继续运行;按下按钮 SF1,QA1 断电,电动机停止运行。

②点动运行控制:按下按钮 SF3 ,线圈 QA1 通电,电动机运行;但由于 SF3 机械连锁的动断触点同时断开自保持电路,所以当按钮 SF3 复位后,电动机就停止运行。

(2)电路安全要求

①保证辅助电路与主电路的电隔离。因主电路是 380 V 压,而辅助电路是 36 V 电压,辅助电路由隔离变压器降压后供电。因此,必须保证辅助电路与主电路的电隔离。

②电动机的过载保护。用热继电器作电动机的过载保护,必须保证过载触点 BB 在发生过载动作时能将辅助电路切断,从而使主电路断电。

4. 任务实施

(1)PLC 的 I/O 分配与接线

①与 PLC I/O 端相接的控制元件与执行元件。

• 输入元件:

动断按钮 SF1:停止控制。

动合按钮 SF2:连续运行启动控制。

动合按钮 SF3:点动运行控制。

• 输出元件:

继电器 KF,线圈额定电压:DC 24 V 。

交流接触器线圈 KM:电动机主电路运行触点控制。线圈额定工作电压:AC 36 V。

②PLC 的 I/O 分配与接线如图 4-28 所示,并按图完成接线。

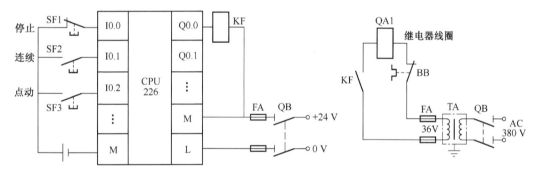

图 4-28　连续与点动运转控制的 PLC 的 I/O 接线

(2)电路的安全设置

①电源隔离与 PLC 输出负载保护。PLC 输出负载(线圈)电源由变压器低压端供电。变压器一次侧加装断路器,作电源控制与变压器漏电、短路保护;变压器二次侧装熔断器,作输出负载短路保护。

②电动机过载保护。作过载保护的热继电器触点 BB,可以接到 PLC 输入端,通过 PLC 程序来实现过载动作,一般称为"软保护"。也可以直接与线圈 QA1 串接,在发生过载时切断线圈电源,一般称为"硬保护"。一般情况下,为了保护动作的可靠性,都要求接在外电路作硬保护。

(3)PLC 程序的编写与传送

尽管 PLC 梯形图程序与继电器原理图有相似性,但是,在对继电器控制电路进行改造时,不能简单地将继电器控制电路直接转化成 PLC 梯形图程序,需要根据控制要点建立编程思路。如图 4-29 所示的梯形图程序,用一个连续控制触点 M0.0 和一个点动触点 I0.2 并联来控制 Q0.0 ,

思路十分清晰。

(4)程序的执行与调试

用实训装置的指示灯 PG 代替线圈 KF,接在 PLC 输出端 Q0.0 上,并接上 DC 24 V 电源,将图 4-29 所示的指令程序,传送到 PLC,并进行调试。应能实现以下控制:

①连续运行:按下按钮 SF2,灯发光,按钮 SF2 复位后,灯仍保持发光,表示电动机连续运行;按下按钮 SF1,灯熄灭,表示停机。

②点动运行:按下按钮 SF3,灯发光,按钮 SF3 复位后,灯马上熄灭,表示电动机点动运行。

5. 任务评价

(1)纪律要求

训练期间不准穿裙子、西服、皮鞋,必须穿

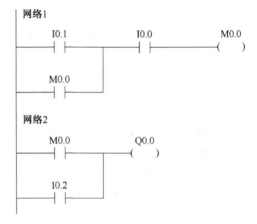

图 4-29 连续与点动控制的 PLC 梯形图程序

工作服(或学生服)、胶底鞋;注意安全、遵守纪律,有事请假,不得无故不到或随意离开;训练过程中要爱护器材,节约用料。

(2)评分标准(见表 4-7):

表 4-7 评分标准

项 目 内 容	分 配	评 分 标 准	得 分
PLC I/O 分配	10	按照输入/输出要求合理分配 I/O	
PLC 接线图的绘制	10	按照 I/O 分配和 PLC 机型正确绘制 PLC 接线图	
PLC I/O 端子接线	20	按照 I/O 分配进行 PLC 端子接线,正确连接 PLC 公共端	
PLC 控制程序的编写与传送	40	按照控制系统功能正确编写 PLC 控制程序,按照正确步骤下载给 PLC 主机	
PLC 程序运行与调试	20	调试程序直至无误,正确实现控制系统功能	
开始时间		结束时间		实际时间	
成绩			

习 题

1. PLC 的主要特点是什么?

2. PLC 的硬件由哪几部分组成?各有什么用途?

3. PLC 的工作原理是什么?

4. 简述 S7-200 PLC 的硬件系统组成。

5. S7-200 PLC 包括哪些编程软元件?其主要作用是什么?

6. PLC 有哪几种编程语言?梯形图每行的画法规则是什么?

7. 何为 PLC 的扫描周期?PLC 的扫描周期与什么有关?

8. 顺序功能图的组成要素是什么?有哪几种基本结构?

9. S7-200 PLC 有哪些寻址方式?举例说明。

10. 继电器控制与 PLC 控制有什么差异?

- 掌握 S7-200 系列 PLC 基本指令的功能和用法。
- 熟悉梯形图的编程规则和方法。
- 熟练使用 STEP 7 编程软件。

S7-200 系列 PLC 有两类基本指令集:SIMATIC 指令集和 IEC1131-3 指令集。其中,SI-MATIC 指令有梯形图 LAD(Ladder)、功能块图 FBD(Function Block Diagram)或语句表 STL(Statement List)3 种编程语言。本章主要介绍 SIMATIC 指令集中的基本指令及其使用方法,并以梯形图和语句表两种编程语言为例介绍指令的结构形式、功能及相关知识。内容包括:逻辑指令、定时器/计数器指令、比较指令和程序控制指令,这些基本指令能满足一般的程序设计要求。本项目的重点是在掌握 SIMATIC 指令集中的基本指令的基础上,熟练掌握梯形图的编程方法,为指令的具体灵活运用打好基础。

相关知识

一、S7-200 系列 PLC 指令及其结构

1.S7-200 系列 PLC 指令

S7-200 系列 PLC 既可使用 SIMATIC 指令集,又可使用 IEC1131-3 指令集。SIMATIC 指令集是西门子公司专为 S7-200 系列 PLC 设计的,在 STEP 7-Micro/WIN 32 编程软件中可选用梯形图 LAD、功能块图 FBD 或语句表 STL 3 种编程语言来编辑该指令集,而且指令的执行速度较快。IEC1131-3 指令集是国际电工委员会(IEC)推出的 PLC 编程方面的轮廓性标准,旨在统一各 PLC 生产厂家指令的指令集,有利于用户编写出适用于不同品牌 PLC 的程序。但对于 S7-200 系列 PLC,该指令集的指令执行时间要长一些,且只能在梯形图(LAD)、功能块图(FBD)编辑语言中使用,不能使用灵活的指令表(STL)。许多 SIMATIC 指令集不符合 IEC1131-3 指令集标准,所以两种指令集不能混用,而且许多功能不能使用 IEC1131-3 指令集实现。

在这 3 种编辑语言中,梯形图(LAD)、指令表(STL)编程语言为广大编程人员所熟悉。同时,由于指令表属于文本形式的编程语言,和计算机汇编语言类似,能解决梯形图指令不易解决的问题,但其适用于对 PLC 和逻辑编程有经验的程序员。

而梯形图语言直接来源于传统的继电器控制系统,其符号及规则充分体现了电气技术人员的读图及思维习惯,简洁、直观、易懂,即使没有学过计算机技术的人也很容易接受。因此,本部分就以梯形图为例,说明梯形图的编制方法。

在梯形图程序中常用的符号如图 5-1 所示。

①左母线:在梯形图程序的左边,有一条从上到下的竖线,称为左母线。所有的程序支路都

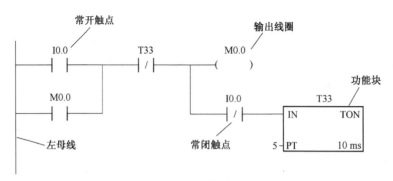

图 5-1　梯形图

连接在左母线上,并起始于左母线。

左母线上有一个始终存在,由上而下从左到右的电流(能流),称为假象电流。触点导通"能流"通过,触点断开,"能流"不能通过。下面将利用能流概念进行梯形图程序的分析。

②触点:触点符号 $\dashv^{bit}\vdash$ (常开触点)、$\dashv^{bit}_{/}\vdash$ (常闭触点)代表输入条件如外部开关、按钮及内部条件等。bit 位对应 PLC 内部的各个编程元件,该位数据(状态)为 1 时,表示"能流"能通过,即该点接通。由于计算机读操作的次数不受限制,用户程序中,常开触点、常闭触点可以使用无数次。

③线圈:线圈 $\dashv\!\!\left(\!^{bit}\right)$ 表示输出结果,通过输出接口电路来控制外部的指示灯、接触器等。线圈左侧接点组成的逻辑运算结果为 1 时,"能流"可以达到线圈,使线圈通电动作,PLC 将 bit 位地址指定的编程元件置位为 1;逻辑运算结果为 0,线圈不通电,编程元件的位置 0。即线圈代表 PLC 对编程元件的写操作。PLC 采用循环扫描的工作方式,所以在用户程序中,每个线圈只允许使用一次。

④功能块:功能块代表一些较复杂的功能,如定时器、计数器或数据传输指令等。当"能流"通过功能块时,执行功能块的功能。

在梯形图中,由触点和线圈构成的具有独立功能的电路就是梯形图网络,如图 5-2 所示。

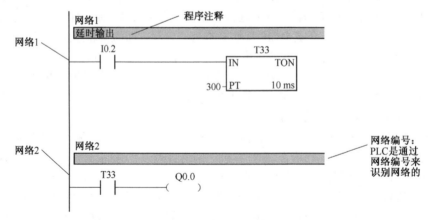

图 5-2　梯形图网络

2. S7-200 系列 PLC 程序结构

S7-200 系列 PLC 的程序由三部分组成:用户程序 + 数据块 + 参数块。用户程序是必选项,可以管理其他块。用户程序由 3 个基本元素构成:主程序 + 子程序(可选)+ 中断程序(可选)。

①主程序:主程序是程序的主体,每个项目都必须有并只能有一个主程序。在主程序中可以调用子程序和中断程序。主程序控制整个程序的执行,每次 CPU 扫描都要执行一次主程序。

②子程序:子程序是一个可选的指令集合,仅在被其他程序调用时才执行。同一子程序可在不同的地方被多次调用,使用子程序可以简化程序和减少扫描时间。

③中断程序:中断程序是指令的一个可选集合,中断程序不是被主程序调用,它们在中断事件发生时由 PLC 的操作系统调用。中断程序用来处理预先规定的中断事件,应为不能预知中断事件何时发生,因此不允许中断程序改写可能在其他程序中使用的存储器。

二、梯形图编程的基本规则

PLC 编程应该遵循以下基本原则:

①梯形图所使用的元件编号应在所选用的 PLC 机型规定范围内,不能随意选用。

②外部输入/输出继电器、内部继电器、定时器、计数器等器件的触点可多次重复使用,无须用复杂的程序结构来减少触点的使用次数。但触点的编号应与控制信号的输入/输出端号一致。

③触点应接在线圈的左边,触点不能放在线圈的右边,否则,编程时会报错。

④线圈不能直接与左母线相连。如果需要,可以通过一个没有使用的内部继电器的常闭触点或者特殊内部继电器 SM0.0 的常开触点来连接,如图 5-3 所示。

图 5-3　原则④说明

⑤多上串左。有串联电路相并联时,应把串联触点较多的电路放在梯形图上方,如图 5-4(a)所示。有并联电路相串联时应把并联触点较多的电路尽量靠近母线,如图 5-4(b)所示。

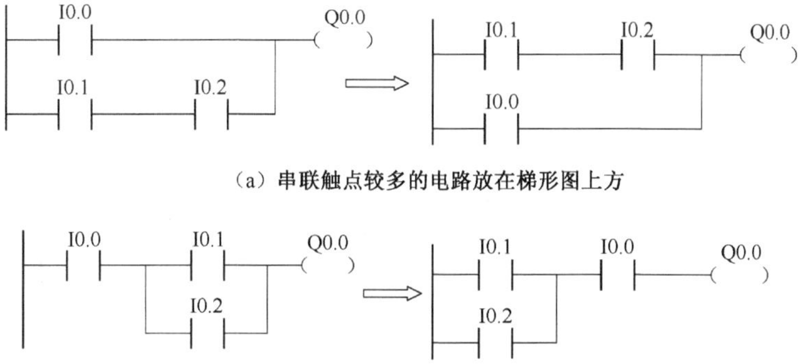

(a) 串联触点较多的电路放在梯形图上方

(b) 并联触点较多的电路尽量靠近母线

图 5-4　原则⑤说明

⑥应使梯形图的逻辑关系尽量清楚,便于阅读检查和输入程序。图 5-5(a)中的逻辑关系就不够清楚,给编程带来不便。

改画为图 5-5(b)后的程序虽然指令条数增多,但逻辑关系清楚,便于阅读和编程。

⑦梯形图程序必须符合顺序执行的原则,即从左到右,从上到下地执行,不符合执行顺序的电路不能直接编程。例如,图 5-6(a)所示的桥式电路就不能直接编程,这样的电路必须按逻辑功能进行等效变换才能编程,如图 5-6(b)所示。

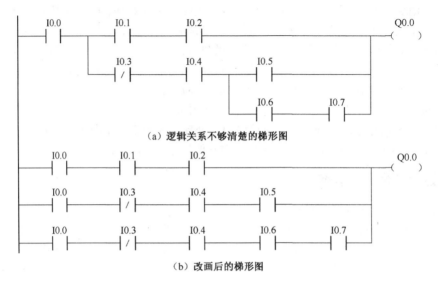

（a）逻辑关系不够清楚的梯形图

（b）改画后的梯形图

图 5-5　原则⑥说明

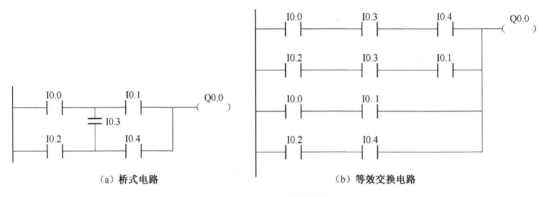

（a）桥式电路　　　　　　　　　　　　（b）等效交换电路

图 5-6　原则⑦说明

三、基本逻辑指令

基本逻辑指令是构成基本逻辑运算功能指令的集合，包括基本位操作、置位/复位、边沿触发、定时、计数、比较等逻辑指令。

1. 逻辑取指令及线圈驱动指令（LD、LDN、=）

①取指令 LD（load）：指的是常开触点与左母线相连，即常开触点逻辑运算起始。

②取反指令 LDN（load Not）：指的是常闭触点与左母线相连，即常闭触点逻辑运算起始。

③线圈驱动指令" = "（out）：功能是将运算结果输出到位地址指定的继电器，使其线圈状态发生变化，从而改变其常开触点与常闭触点的状态。线圈驱动不能操作输入继电器 I。图 5-7 所示为

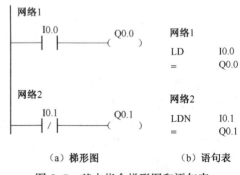

（a）梯形图　　　　（b）语句表

图 5-7　基本指令梯形图和语句表

上述三条基本指令梯形图和语句表的用法。

注意:

①LD、LDN 指令操作数为 I、Q、M、T、C、SM、S、V。

②"="指令的操作数为 M、Q、T、C、SM、S。

③同一程序中,"="指令后的线圈只能使用一次。

2. 逻辑与指令

逻辑与指令 A(And)用于常开触点的串联,只有串联在一起的所有触点闭合时输出才有效。

逻辑与非指令 AN(And Not),用于常闭触点的串联。

【例 5.1】　编写一个电动机的多条件启动控制程序。需要同时按下按钮 SF1 和 SF2,电动机才能运转。按钮 SF1 和 SF2 分别接输入继电器 I0.1 和 I0.2 端口,接触器 QA 接输出继电器 Q0.0 端口。多条件启动控制梯形图及语句表如图 5-8 所示。

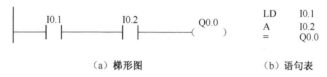

　　(a) 梯形图　　　　　　　　(b) 语句表

图 5-8　多条件启动控制梯形图及语句表

3. 逻辑或指令

①逻辑或指令 O(Or):用于常开触点的并联,并联在一起时只要有一个触点闭合输出就有效。

②逻辑或非指令 ON(Or Not):用于常闭触点的并联。

【例 5.2】　编写一个电动机的多地点控制程序,如图 5-9 所示。按下 SF1、SF2 和 SF3 中的任意一个启动按钮,电动机运转;按下 SF4、SF5 和 SF6 中的任意一个停止按钮,电动机停转。按钮 SF1~SF6 分别接输入继电器 I0.1~I0.6 端口,接触器 QA 接输出继电器 Q0.0 端口。

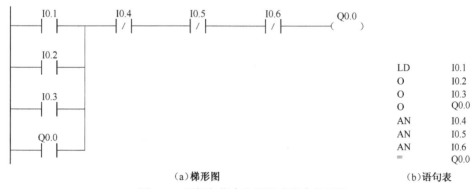

　　　　　　(a)梯形图　　　　　　　　　　　(b)语句表

图 5-9　逻辑与指令和逻辑或指令的用法

4. 逻辑块与指令

逻辑块与指令 ALD(And Load)用于并联电路块的串联。逻辑块与指令 ALD 的使用说明如下:

①ALD 指令不带操作数。

②当并联电路块与前面的电路串联连接时,使用 ALD 指令。

③并联电路块的起点用 LD 或 LDN 指令,并联结束后使用 ALD 指令,表示与前面的电路

串联。

图 5-10 所示为该指令的梯形图和语句表的用法。

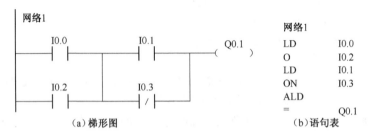

图 5-10　并联电路的串联

在图 5-10 中,第一逻辑块实现 I0.0 与 I0.2 逻辑或操作,第二逻辑块实现 I0.1 与 I0.3(常闭)逻辑或操作,然后实现这两个逻辑块的逻辑与操作,驱动 Q0.1。

5. 逻辑块或指令

逻辑块或指令 OLD(Or Load)用于串联电路块的并联。逻辑块或指令 OLD 的使用说明如下：

①OLD 指令不带操作数。

②串联电路块的起点用 LD 或 LDN 指令,每完成一次并联要使用 ALD 指令,表示与前面的电路并联。

图 5-11 所示为该指令的梯形图和语句表的用法。

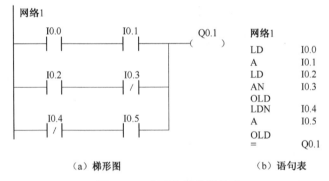

图 5-11　串联电路块的并联

在图 5-11 中,第一逻辑块实现 I0.0 与 I0.1 的逻辑与操作,第二逻辑块实现 I0.2 与 I0.3(常闭)的逻辑与操作,第三逻辑块实现 I0.4(常闭)与 I0.5 的逻辑与操作,然后实现这 3 个逻辑块的逻辑或操作,驱动 Q0.1。

6. 置位/复位指令

①置位指令的梯形图及语句表指令格式如下：

$$—(\overset{bit}{\underset{n}{S}})\quad S\ \ bit\ ,\ n$$

其功能是让从 bit(位)开始的 n 个元件(位)置 1 并保持,其中 n＝1～255。

②复位指令的梯形图及语句表指令格式如下：

$$—(\overset{bit}{\underset{n}{R}})\quad R\ \ \ bit\ ,\ n$$

其功能是让从 bit(位)开始的 n 个元件(位)置 0 并保持。

S/R 操作数:Q、M、SM、V、S、C、T、L。

生产实际中,许多情况需要自锁控制。在 PLC 控制系统中,自锁控制可以用置位复位指令实现。置位指令与复位指令的使用说明如下:

①bit 表示位元件,n 表示常数,n 的范围是 1~255。

②被 S 指令置位的软元件只能用 R 指令才能复位。

③R 指令也可以对定时器和计数器的当前值清 0。

【例 5.3】　用置位指令与复位指令编写电动机启停的控制程序。启动/停止按钮分别接输入继电器 I0.0、I0.1 端口,接触器接输出继电器 Q0.5。其梯形图和语句表如图 5-12 所示。时序图如图 5-13 所示。

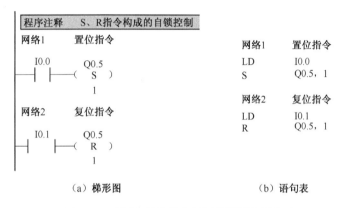

（a）梯形图　　　　　　　　　（b）语句表

图 5-12　置位/复位指令示例梯形图和语句表

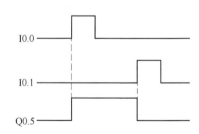

图 5-13　置位/复位指令示例时序图

7. 边沿触发指令 ⊢ P ⊢ ⊢ N ⊢

上升沿触发指令 EU,一旦检测到前端有正跳变(由 0 到 1),让能流接通一个扫描周期,用于驱动其后面的输出线圈等。

下降沿触发指令 ED,一旦检测到前端有负跳变(由 1 到 0),让能流接通一个扫描周期,用于驱动其后面的输出线圈等。

【例 5.4】　某台设备有两台电动机 MA1 和 MA2,其交流接触器分别连接 PLC 的输出端 Q0.1 和 Q0.2,启动/停止按钮分别连接 PLC 的输入端 I0.0 和 I0.1。为了减小两台电动机同时启动对供电电路的影响,让 MA2 稍微延迟片刻启动。控制要求是:按下启动按钮,MA1 立即启动,松开启动按钮时,MA2 才启动;按下停止按钮,MA1、MA2 同时停止。其梯形图和语句表如图 5-14 所示,时序图如图 5-15 所示。

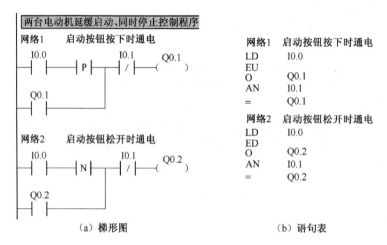

（a）梯形图　　　　　　　　　　　　　（b）语句表

图 5-14　边沿触发指令示例梯形图和语句表

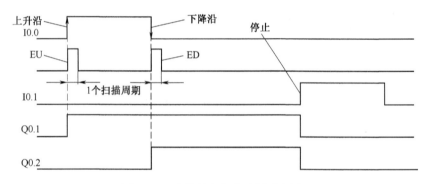

图 5-15　边沿触发指令示例时序图

8. 取反指令 NOT

取反指令 NOT 的功能是将其左边的逻辑运算结果取反，指令本身没有操作数。取反指令应用示例如图 5-16 所示。

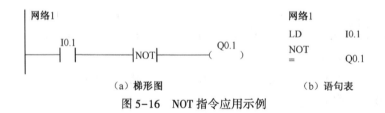

（a）梯形图　　　　　　　　　　　　　（b）语句表

图 5-16　NOT 指令应用示例

四、定时器/计数器指令

1. 定时器指令

在继电器-接触器控制系统中，经常使用时间继电器来实现延时控制，在 PLC 控制系统中，也有与时间继电器一样起延时作用的定时器指令：

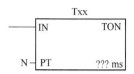

S7-200 系列 PLC 有 256 个定时器,地址编号为 T0~T255,共分为三类:延时接通定时器(TON)、有记忆的延时接通定时器(TONR)、断电延时定时器(TOF)。

TON 和 TONR 在使能输入接通时开始计时,TOF 用于在输入断开后延时一段时间断开输出。定时器的分辨率也称为时基,有 3 种:1 ms、10 ms、100 ms。在选用定时器时,先选择定时器号(Txx),定时器号决定了定时器的分辨率,并且分辨率已经在指令盒上标出。定时器总的定时时间=预设值(PT)×时基。定时器的有效操作数如表 5-1 所示,定时器号和分辨率如表 5-2 所示。

表 5-1　定时器的有效操作数

输入/输出	数据类型	操　作　数
TXX	WORD	常数(T0~T255)
IN	BOOL	I、Q、V、M、SM、S、T、C、L、能流
PT	INT	IW、QW、VW、MW、SMW、SW、LW、T、C、AC、AIW、VD、LD、AC、常数

表 5-2　定时器号和分辨率

定时器类型	用毫秒(ms)表示的分辨率	用秒(s)表示的最大值	定 时 器 号
TONR	1 ms	32.767 s	T0、T64
	10 ms	327.67 s	T1~T4、T65~T68
	100 ms	3276.7 s	T5~T31、T69~T95
TON、TOF	1 ms	32.767 s	T32、T96
	10 ms	327.67 s	T33~T36、T97~T100
	100 ms	3276.7 s	T37~T63、T101~T255

定时器使用说明如下:

虽然 TON 和 TOF 的定时器编号范围相同,但一个定时器不能同时用作 TON 和 TOF,例如,不能既有 TON T32 又有 TOF T32。

①定时器的分辨率由定时器编号决定。

②每个定时器都有一个 16 位有符号的当前值寄存器及一个 1 位的状态位。

③定时器计时实际上是对脉冲周期进行计数,其计数值存放于当前值寄存器中。

④定时器满足输入条件时开始计时,定时时间到,位元件动作。

(1)延时接通定时器(TON)

【例 5.5】用延时接通定时器指令 TON 编写延时程序,如图 5-17 所示。合上拨动开关 S1,灯 L1 延时 1 s 后点亮。拨动开关 S1 接输入继电器 I0.0 端口,灯 PG1 接输出继电器 Q0.0 端口。

在图 5-17 所示的例子中,给出了程序对应的时序图、梯形图及语句表。当 I0.0 接通并保持时,即 T37 开始计数;计时到设置值 PT 时,T37 状态位置 1,其对应的常开触点闭合,驱动 Q0.0 有输出;其后当前值仍增加,但不影响状态位。当 I0.0 断开时,T37 复位,当前值清零,状态位清零,

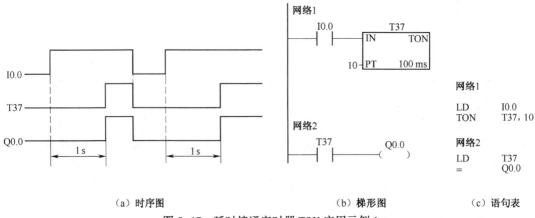

（a）时序图　　　　　　　　（b）梯形图　　　　　（c）语句表

图 5-17　延时接通定时器 TON 应用示例 1

即回复到初始状态。若 I0.0 接通后未达到设置值时就断开，则 T37 跟随复位，即状态位为 0，当前值也清零，Q0.0 也不会有输出。对于 16 位的当前值寄存器，最大值是 2^{16}，即预设值最大为 32 767。

【例 5.6】　用接在 I0.0 输入端的光电开关检测传送带上通过的产品，有产品通过时，I0.0 为 ON，如果在 10 s 内没有产品通过，由 Q0.0 发出报警信号，用 I0.1 输入端外接的开关解除报警信号。对应的梯形图和语句表如图 5-18 所示。

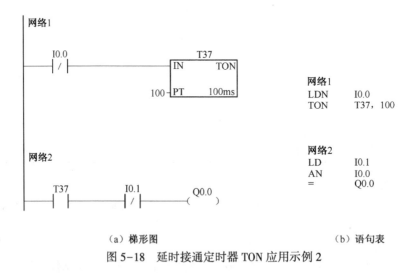

（a）梯形图　　　　　　　　　　　　　　（b）语句表

图 5-18　延时接通定时器 TON 应用示例 2

（2）有记忆的延时接通定时器（TONR）

该类型的定时器应用示例如图 5-19 所示。当输入 I0.0 为 1 时，定时器开始计时；当 I0.0 为 0 时，当前值保持（不像 TON 一样清零）；当下次 I0.0 再为 1 时，T1 的当前值从上次保持值开始往上加，当达到预定值时，T1 状态位置 1，对应的常开触点闭合，驱动 Q0.0 有输出。以后即使 I0.0 再为 0 也不会使 T1 复位，要使 T1 复位必须用复位指令。I0.1 闭合，T1 及 Q0.0 都复位。

（3）断电延时定时器（TOF）

断电延时定时器 TOF，用于断电后的单一时间间隔计时。输入端 IN 有效时，定时器位为 ON，当前值为 0，当输入端由接通到断开时，定时器从当前值 0 开始计时，定时器位仍为 ON，只有在当

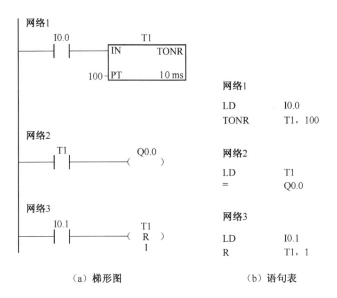

（a）梯形图　　　　　　　（b）语句表

图 5-19　TONR 应用示例

前值等于设置值时,输出位变为 OFF,当前值保持不变,停止计时。其应用示例梯形图和语句表如图 5-20 所示,时序图如图 5-21 所示。

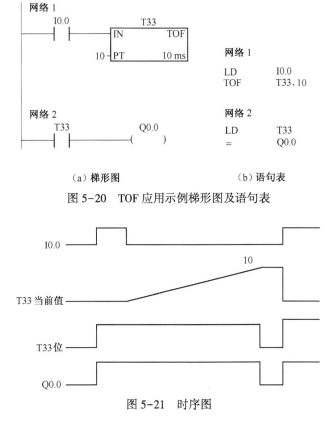

（a）梯形图　　　　　　　（b）语句表

图 5-20　TOF 应用示例梯形图及语句表

图 5-21　时序图

在本例中，定时时间 T=10×10 ms＝100 ms，其工作过程如下：

①I0.0 接通时，T33 为 ON，Q0.0 为 ON。

②I0.0 断开时，T33 仍为 ON 并从当前值 0 开始计时。

③当前值等于设置值（PT＝10）时，当前值保持，T33 变为 OFF，常开触点断开，Q0.0 为 OFF。

④I0.0 再次接通时，当前值复位清零，定时器为 ON。

【例 5.7】 某设备的生产工艺要求是：当主电动机停止工作后，冷却风机要继续工作 60 s，以便对主电动机降温。上述工艺要求可以用断开延时定时器来实现，Q0.1 控制主电动机，Q0.2 控制冷却风机，启动按钮接在 I0.0 端口，停止按钮接在 I0.1 端口。其梯形图和语句表如图 5-22 所示。

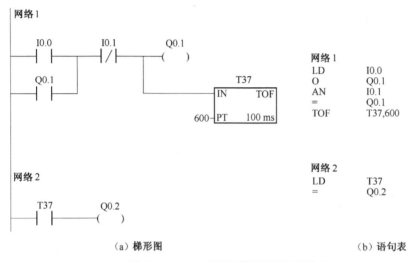

（a）梯形图　　　　　　　　　　　　　　　　　　（b）语句表

图 5-22　TOF 应用示例梯形图和语句表

工作原理：按下启动按钮，I0.0 常开触点接通，Q0.1 通电自锁，同时断电延时定时器 T37 常开触点闭合，Q0.2 通电，因此，主电动机和冷却风机同时工作。按下停止按钮，Q0.1 断开解除自锁，主电动机停止工作；同时 T37 开始延时，当 T37 延时 60 s 时，T37 常开触点分断，Q0.2 断电，冷却风机停止工作。

2. 计数器指令

S7-200 系列 PLC 的计数器分为内部计数器和高速计数器两大类。内部计数器用来累计输入脉冲的个数，其计数速度较慢，其输入脉冲频率必须要小于 PLC 程序扫描频率，一般最高为几百赫［兹］（Hz），所以在实际应用中主要用来对产品进行计数等控制任务。高速计数器主要用于对外部高速脉冲输入信号进行计数，例如在定位控制系统中，编码器的位置反馈脉冲信号一般高达几千赫［兹］（kHz），有时甚至达几十千赫［兹］，远远高于 PLC 程序扫描频率，这时一般的内部计数器已经无能为力。本节只介绍内部计数器，高速计数器在后面章节进行介绍。

S7-200 系列 PLC 提供了 256 个内部计数器（C0~C255），共分为 3 种类型：增计数器 CTU、减计数器 CTD 和增/减计数器 CTUD。每个计数器都有一个 16 位有符号的当前值寄存器和计数器状态位，最大计数值为 32 767。

计数器用来累计输入脉冲的个数，与定时器的使用类似。编程时先设置计数器的预设值，计数器累计脉冲输入端上升沿的个数。当计数器的当前值达到预设值时，状态位被置位为 1，完成计数器控制的任务。计数器的设置值输入数据类型为 INT 型。操作数为：VW、IW、QW、MW、SW、

SMW、LW、AIW、T、C、AC、* VD、* AC、* LD 和常数。一般情况下使用常数作为计数器的设置值。

（1）增计数器

增计数器（CTU）的梯形图和语句表如图 5-23 所示。首次扫描时，计数器位为 OFF，当前值为 0。在计数脉冲 CU 输入端 I0.0 的每个上升沿，C20 计数 1 次，当前值增加 1。当前值达到预设值 PV=3 时，计数器状态位置 1，C20 常开触点闭合，线圈 Q0.0 有输出。当前值可继续计数到 32 767 后停止计数。当复位（R）输入端 I0.1 接通或执行复位指令时，计数器 C20 复位，计数器状态位置 0，当前值清零，C20 触点复位，Q0.0 也复位。

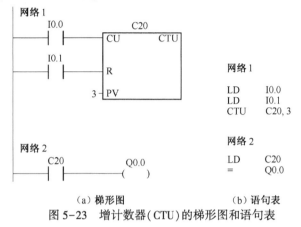

（a）梯形图　　　　　　　（b）语句表

图 5-23　增计数器（CTU）的梯形图和语句表

【例 5.8】　用增计数器指令 CTU 编写一个长时间延时控制程序，设 I0.0 闭合 5 h 后，输出端 Q 0.1 接通。其梯形图和语句表如图 5-24 所示。

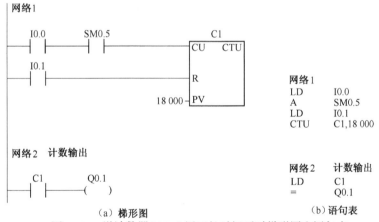

（a）梯形图　　　　　　　　　（b）语句表

图 5-24　增计数器（CTU）用于长时间延时梯形图和语句表

（2）减计数器

减计数指令（CTD）从当前计数值开始，在每一个（CD）输入状态的低到高时递减计数。当 CXX 的当前值等于 0 时，计数器位 CXX 置位。当装载输入端（LD）接通时，计数器位被复位，并将计数器的当前值设为预置值 PV。当计数值到 0 时，计数器停止计数，计数器位 CXX 接通。图 5-25 所示为减计数器（CTD）的梯形图和语句表。

（3）增/减计数器

增/减计数指令（CTUD），在每一个增计数输入（CU）的低到高时增计数，在每一个减计数输入

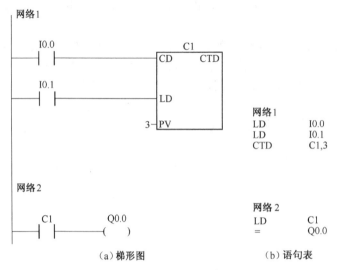

图 5-25 减计数器(CTD)的梯形图和语句表

入(CD)的低到高时减计数。计数器的当前值 CXX 保存当前计数值。在每一次计数器执行时,预置值 PV 与当前值做比较。

当达到最大值(32 767)时,在增计数输入处的下一个上升沿导致当前计数值变为最小值(-32 768)。当达到最小值(-32 768)时,在减计数输入端的下一个上升沿导致当前计数值变为最大值(32 767)。当 CXX 的当前值大于等于预置值 PV 时,计数器位 CXX 置位;否则,计数器位关断。当复位端(R)接通或者执行复位指令后,计数器被复位。当达到预置值 PV 时,CTUD 计数器停止计数。

【例 5.9】 一个可容纳 4 人的展厅,有一个入口和一个出口,出入口处都装有传感器,检测是否有人员通过。当展厅中人数达到 4 时,灯 PG1 点亮。出入口的传感器分别连接 PLC 的 I0.0 和 I0.1 端口,灯 PG1 连接 PLC 的 Q0.0 端口。

增/减计数器(CTUD)的梯形图和语句如图 5-26 所示,其时序图如图 5-27 所示。

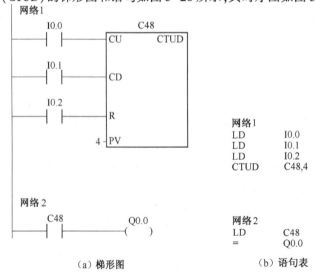

图 5-26 增/减计数器(CTUD)的梯形图和语句表

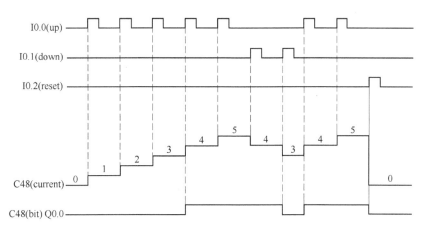

图 5-27　增/减计数器(CTUD)的时序图

3. 长时定时器与长计数器

（1）长时定时器

因为内部定时器都有一个 16 位的有符号当前值寄存器，所以其最长的定时时间是 3 276.7 s，即不到 1h。这样问题就产生了，如果需要定时 1h 以上的时间，该如何实现呢?

当然，可以考虑将多个定时器串联起来使用，但当要求的延时时间更长（比如 10 h）时这种做法就会使程序变得冗长。因此，为了产生更长的延时时间，可以将多个定时器、计数器联合起来使用，以扩大延时时间。例如，现在需要延时 2 h，其梯形图如图 5-28 所示。

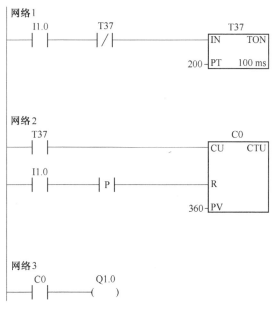

图 5-28　长时定时器应用梯形图

结合 PLC 的工作原理，具体分析如下：

第 1 周期：I1.0 的常开触点闭合，T37 开始计时；C0 复位端 R 有效，计数器复位，当前值为 0；Q1.0 无输出。

第 2 周期:T37 继续计时,C0 复位端 R 无效,但 C0 当前值仍为 0;Q1.0 无输出。

……

第 *N* 周期:当这个周期到来时,T37 计时达到 20 s 时,T37 的常开触点闭合,产生正跳变,C0 加 1,当前值变为 1;T37 的常闭触点断开,T37 复位,当前值清零;Q1.0 无输出。

第 *N*+1 周期:I1.0 的常开触点仍闭合,T37 的常闭触点复位,T37 又从零开始计时,C0 当前值为 1;

……

当 C0 计数达到预设值后,C0 的常开触点闭合,Q1.0 有输出,即定时时间为 T37 的定时时间× C0 的计数值 =(200×100ms)×360 = 2 h 后,Q1.0 有输出。

(2)长计数器

同定时器一样,计数器的最大计数值为 32 767。为了产生更长的计数值,可以将多个计数器连接以等效更大的计数值。图 5-29 所示为长计数器的应用示例。具体的工作过程读者可自行分析。

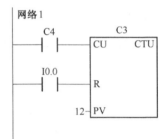

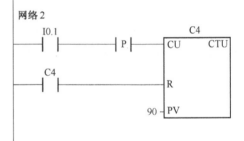

图 5-29　长计数器的应用示例

五、比较指令

1. 指令功能

比较指令用于比较两个数值 IN1 和 IN2 或字符串的大小,其功能是当比较数 IN1 和比较数 IN2 的关系符合比较符的条件时,比较触点闭合,后面的电路被接通;否则,比较触点断开,后面的电路不接通。

2. 比较指令的用法

(1)比较运算符

在梯形图中,对于数值比较,运算符有:等于(= =)、大于(>)、小于(<)、不等于(< >)、大于等于(> =)、小于等于(< =)共 6 种;而字符串的比较指令只有等于(= =)和不等于(< >)两种。

(2)比较指令类型

比较指令有 5 种类型:字节比较、整数比较、双字比较、实数比较和字符串比较,在触点中间分别用 B、I、D、R、S 表示。其中,字节比较是无符号的,整数、双字、实数的比较是有符号的。

①字节比较:用于比较两个字节型整数值 IN1 和 IN2 的大小,字节比较是无符号的。

整数 IN1 和 IN2 的操作为:VB、IB、QB、MB、SF、SMB、LB、*VD、*AC、*LD 和常数。

②整数比较:用于比较两个一字长整数值 IN1 和 IN2 的大小,整数比较是有符号的(整数范围为 16#8000 和 16#7FFF 之间)。

整数 IN1 和 IN2 的操作数为:VW、IW、QW、MW、SW、SMW、LW、AIW、T、C、AC、*VD、*AC、*LD 和常数。

③双字整数比较:用于比较两个双字长整数值 INl 和 IN2 的大小,双字整数比较是有符号的(双字整数范围为 16#80000000~16#7FFFFFFF)。

双字整数 IN1 和 IN2 的操作数为:VD、ID、QD、MD、SD、SMD、LD、HC、AC、*VD、*AC、*LD 和常数。

④实数比较:用于比较两个双字长实数值 IN1 和 IN2 的大小,实数比较是有符号的(负实数范围为 $-1.175495E-38 \sim -3.402823E+38$,正实数范围为 $+1.175495E-38 \sim +3.402823E+38$)。

实数 IN1 和 IN2 的操作数为:VD、ID、QD、MD、SD、SMD、LD、AC、*VD、*AC、*LD 和常数。

⑤字符串比较:比较两个字符串的 ASCII 码是否相等。

(3)比较指令的语句表格式

以 LD、A、O 开始的比较指令分别表示开始、串联和并联的比较触点。

比较指令的应用如图 5-30 所示。

①网络 1:整数比较取指令,IN1 为计数器 C5 的当前值,IN2 为常数 16。当计数器 C5 的当前值等于 16 时,比较触点闭合,M0.1 输出有效。

②网络 2:实数比较逻辑与指令,IN1 为双字存储单元 VD11 中的数据,IN2 为常数 120.1。当 I0.1 有效,且 VD11 中的数据小于 120.1,比较指令的触点闭合时,M0.2 输出有效。

③网络 3:字节比较逻辑或指令,IN1 为字节存储单元 VB11 中的数据,IN2 为字节存储单元 VB12 中的数据;当 VB11 的数据大于 VB12 的数据,比较指令触点闭合,该触点与 I0.1 构成逻辑或,使得 M0.3 输出有效。

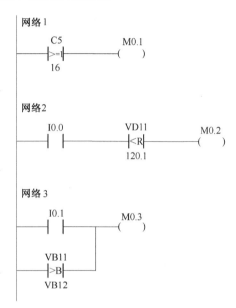

图 5-30　比较指令应用举例

【例 5.10】　某轧钢厂的成品库可存放钢卷 1 000 个,因为不断有钢卷进库、出库,需要对库存的钢卷数进行统计。当库存数低于下限 100 时,指示灯 PG1 亮;当库存数大于 900 时,指示灯 PG2 亮;当达到库存上限 1 000 时,报警器 HA 响,停止库存。

分析:需要检测钢卷的进库、出库情况,可用增/减计数器 C0 进行统计。I0.0 和 I0.1 分别作为进库和出库的检测标志,I1.2 作为复位信号,设量值为 1 000。用 Q0.0 和 Q0.1 分别控制指示灯 PG1 和 PG2,Q0.2 控制报警器 HA。

控制系统的梯形图及语句表如图 5-31 所示。

六、程序控制类指令

程序控制指令用于对程序流转的控制,可以控制程序的结束、分支、循环、子程序或中断程序调用等。通过程序控制指令的合理应用,可以使程序结构灵活、层次分明,增强程序功能。它包括跳转、循环、条件结束、停止、把关定时器(俗称看门狗)复位、子程序调用及顺序控制等指令。由于顺序控制指令在工程中使用较多,且比较重要,所以本节予以重点介绍。

1. 跳转指令

(1)指令格式

跳转指令 JMP 和标号指令 LBL。其 LAD 指令格式如下:

```
        N                    N
                          ┌─────┐
     ──( JMP )            │ LBL │
                          └─────┘
```

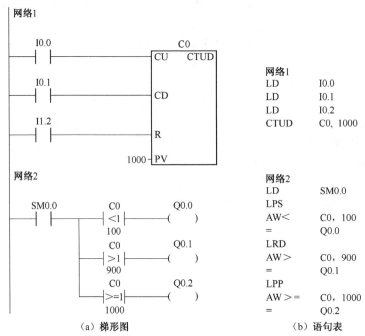

（a）梯形图　　　　　　　　　　（b）语句表

图 5-31　比较指令库存计数应用举例

其中，JMP 与 LBL 指令中的操作数 n 为常数 0~255。

（2）指令功能

JMP：跳转指令，在当条件满足时，使程序跳转到 N 所指定的相应标号处。

LBL：标号指令，标记跳转的位置。由 N 来标记与哪个 JMP 指令对应。

（3）指令应用举例

跳转指令应用示例如图 5-32 所示。

在 I0.0 闭合期间，程序会从网络 1 跳转到网络 8 的标号 1 处继续运行。在跳转发生过程中，被跳过的程序段 Network2 到 Network7 停止执行。

（4）指令说明

①JMP 和 LBL 指令必须成对使用于主程序、子程序或中断程序中。主程序、子程序或中断程序之间不允许相互跳转。若在顺序控制程序中使用跳转指令，则必须使 JMP 和 LBL 指令在同一个 SCR 段中。

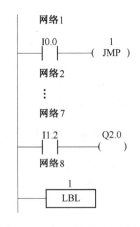

图 5-32　跳转指令应用示例

②多条跳转指令可对应同一标号，但不允许一个跳转指令对应多个相同标号，即在程序中不能出现两个相同的标号。

③执行跳转指令时，跳过的程序段中各元件的状态如下：

● 各输出线圈保持跳转前的状态。

● 计数器停止计数，当前值保持跳转之前的计数值。

● 1 ms、10 ms 定时器保持跳转之前的工作状态，原来工作的继续工作，到设置值后可以正常动作，当前值要累计到 32 767 才停止。100 ms 定时器在跳转时停止工作，但不会复位，当前值保持不变，跳转结束后若条件允许可继续计时，但已不能准确计时。

④标号指令 LBL：一般放置在 JMP 指令之后，以减少程序执行时间。若要放置在 JMP 指令之前，则必须严格控制跳转指令的运行时间，否则会引起运行瓶颈，导致扫描周期过长。

2. 循环指令

（1）指令格式

循环指令主要用于反复执行若干次相同功能程序的情况。循环指令包括循环开始指令 FOR 和循环结束指令 NEXT。其 LAD 指令格式如下：

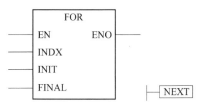

（2）指令功能

FOR 指令表示循环的开始，NEXT 指令表示循环的结束。当驱动 FOR 指令的逻辑条件满足时，反复执行 FOR 和 NEXT 之间的程序。在 FOR 指令中，需要设置指针或当前循环次数计数器（INDX），初始值（INIT）和终值（FINAL）。

FOR 指令中 INDX 指定当前循环计数器，用于记录循环次数；INIT 指定循环次数的初值，FINAL 指定循环次数的终值。当 EN 端口执行条件存在时，开始执行循环体，当前循环计数器从 INIT 指定的初值开始，每执行 1 次循环体，当前循环计数器值增加 1。当前循环计数器值大于 FINAL 指定的终值时，循环结束。

INDX 操作数为：VW、IW、QW、MW、SW、SMW、LW、T、C、AC、* VD、* AC、和 * CD，属 INT 型。

INIT 和 FINAL 操作数除上面的之外，再加上常数，也属 INT 型。

（3）指令应用举例

循环指令应用示例如图 5-33 所示。

当 I0.0 接通时，将 INIT 指定初值放入 VW100 中，开始执行循环体，VW100 中的值从 1 增加到 8，循环体执行 8 次，VW100 中的值变为 9（9>8）时，循环结束。

（4）指令说明

①FOR、NEXT 指令必须成对使用。

②初值大于终值时，循环指令不被执行。

③每次 EN 端口执行条件存在时，自动复位各参数，同时将 INIT 指定初值放入当前循环计数器中，使循环指令可以重新执行。

④循环指令可以进行嵌套编程，最多可嵌套 8 层，单个循环指令之间不能交叉。图 5-34 所示为 2 层嵌套使用。

3. 条件结束指令

条件结束指令（END）根据前一个逻辑条件终止用户主程序。条件结束指令不能直接连接母线，只能在主程

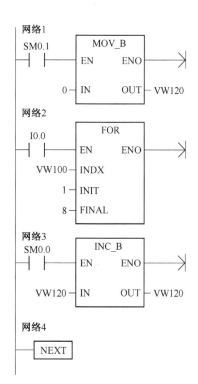

图 5-33　循环指令应用示例

序中使用,不能在子程序或中断程序中使用。

在图 5-35 所示的程序中,当 I0.2＝0 时,I0.0、Q0.0 和 Q0.1 都会接通;当 I0.2＝1、Q0.1＝0 时,接通 I0.0,只有 Q0.0 接通而 Q0.1 不会接通。但当 I0.1＝1 时再接通 I0.2,不管 I0.0 是接通还是断开,Q0.1 都保持接通。

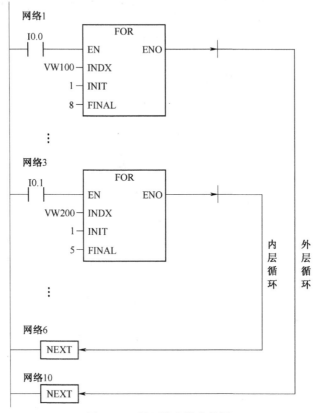

图 5-34　循环指令嵌套使用

4. 停止指令

执行停止指令(STOP)可以将 S7-200 CPU 从 RUN 到 STOP 模式从而终止程序执行。

如果在中断程序中执行 STOP 指令,该中断程序立即终止,并且忽略所有待执行的中断,继续扫描程序的剩余部分,完成当前周期的剩余动作,包括主用户程序的执行,并在当前扫描结束时,完成从 RUN 到 STOP 模式的转变。

在图 5-36 所示的程序中,当 I0.2＝1 时,将 S7-200 CPU 从 RUN 转换到 STOP 模式,终止程序执行。

5. 看门狗复位指令

看门狗(WDT)复位指令(WDR):为了保证系统可靠运行,PLC 内部都设置了系统监控定时器 WDT,用于监控扫描周期是否超时。当扫描到 WDT 时,WDT 将复位。WDT

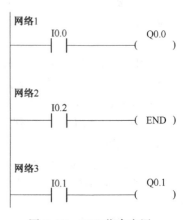

图 5-35　END 指令应用

有一个设置值(100~300 ms),系统正常工作时,所需扫描时间小于 WDT 的设置值,WDT 被及时复位。系统出现故障时,扫描时间大于 WDT 的设置值,WDT 不能及时复位,则会出现报警并停止 CPU 运行,同时复位输入、输出。这种故障称为 WDT 故障,以防止系统故障或程序进入死循环而引起扫描周期过长。

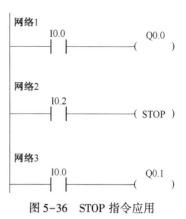

图 5-36　STOP 指令应用

使用 WDR 指令时要小心,因为如果用循环指令去阻止扫描完成或过度的延迟扫描完成的时间,那么在终止本次扫描之前,下列操作过程将被禁止:

①通信(自由端口方式除外)。

②I/O 更新(立即 I/O 除外)。

③强制更新。

④SM 位更新(SM0,SM5~SM29 不能被更新)。

⑤运行时间诊断。

⑥扫描时间超过 25 s,10 ms 和 100 ms 定时器将不会正确累计时间。

⑦在中断程序中的 STOP 指令。

如果希望程序的扫描周期超过 500 ms,或者在中断事件发生时有可能使程序的扫描周期超过 500 ms 时,应该使用看门狗复位指令来重新触发看门狗定时器。每次使用看门狗复位指令,应该对每个扩展模块的某一个输出字节使用一个立即写指令来复位每个扩展模块的看门狗。

6. 子程序指令

子程序在结构化程序设计中是一种方便有效的工具。当程序员希望重复执行某项功能时,子程序是非常有用的。与其在主程序的不同位置多次使用相同的程序代码,不如将这段程序写在子程序中,然后在主程序中需要的地方调用。调用子程序有以下几个优点:用子程序可以减少主程序的长度;由于将代码从主程序中移出,因而用子程序可以缩短程序扫描周期。CPU 在每个扫描周期中处理主程序中的代码,不管代码是否执行;而子程序只有在被调用时,CPU 才会处理其代码。S7-200 PLC 的指令系统具有简单、方便、灵活的子程序调用功能。与子程序有关的操作有:建立子程序、子程序的调用和返回。

(1)建立子程序

可以选择编程软件中的"编辑"→"插入"→"子程序"命令来建立一个新的子程序。默认的子程序名为 SBR_N,编号 N 的范围为 0~63,从 0 开始按顺序递增,也可以通过重命名命令为子程序改名。每一个子程序在程序编辑区内都有一个单独的页面,选中该页面后就可以进行编辑,其编辑方法与主程序完全一样。

(2)子程序调用指令 CALL 和子程序条件返回指令 CRET

①指令格式:

②指令功能:

● CALL:子程序调用指令,当 EN 端口执行条件存在时,将主程序转到子程序入口开始执行子程序。SBR_N 是子程序名,标记子程序入口地址。在编辑软件中,SFR_N 随着子程序名称的修改而自动改变。

● CRET:有条件子程序返回指令,在其逻辑条件成立时,结束子程序执行,返回主程序中的子程序调用处继续向下执行。

③指令应用举例:子程序调用应用如图5-37所示。

在I0.0闭合期间,调用子程序SBR_0,子程序所有指令执行完毕,返回主程序调用处,继续执行主程序。每个扫描周期子程序运行一次,直到I0.0断开。在子程序调用期间,若I0.1闭合,则线圈Q0.0接通。

在M0.0闭合期间,调用子程序DIANJI,执行过程同子程序SBR_0。在子程序DIANJI执行期间,若I0.3闭合,则线圈Q0.1接通;I0.4断开且I0.5闭合,则MOV_B指令执行;若I0.4闭合,则执行有条件子程序返回指令CRET,程序返回主程序继续执行,MOV_B指令不执行。

④指令说明:

• CRET多用于子程序内部,在条件满足时结束子程序的作用。在子程序的最后,编程软件将自动添加子程序无条件结束指令RET。

• 子程序可以嵌套运行,即在子程序内部又对另一子程序进行调用。子程序的嵌套深度最多为8层。在中断程序中仅能有一次子程序调用。可以进行子程序自身的递归调用,但使用时要慎重。

• 子程序在调用时,可以带参数也可以不

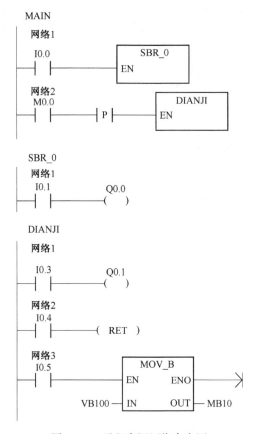

图 5-37　子程序调用指令应用

带,以上举例是不带参数的调用。带参数的子程序调用扩大了子程序的使用范围,增加了调用的灵活性。这里不再具体详述带参数的子程序调用。

7. 顺序控制指令

在工业控制过程中,简单的逻辑或顺序控制用基本指令通过编程就可以解决。但在实际应用中,系统常要求具有并行顺序控制或程序选择控制能力。同时,多数系统都是由若干个功能相对独立但各部分之间又有相互连锁关系的工序构成,若以基本指令完成控制功能,其连锁部分编程较易出错,且程序较长。为方便处理以上问题,PLC中专门设计了顺序控制指令来完成多程序块连锁顺序运行和多分支、多功能选择并行或循环运行的功能,也制定了顺序功能图这一方式,辅助顺序控制程序的设计。

(1)顺序功能图

顺序功能图(SFC)也叫作状态转移图,它使用图解方式描述顺序控制程序,属于一种功能说明性语言。顺序功能图的基本要素由状态块、转移条件、动作说明构成。合理运用各元素,就可得到顺序控制程序的静态表示图,再根据图形编辑为顺序控制程序即可。顺序功能图的构成要素如下:

①状态块:每一个状态块相对独立,拥有自己的编号或代码,表示顺序控制程序中的每一个SCR段(顺序控制继电器段)。顺序功能图往往以一个横线表示开始,下面就是一个个的状态块

连接。每一个状态块在控制系统中都具有一定的动作和功能,在画顺序功能图时也要表示出来。一般在状态块的右端用线段连接一个方框,描述该段内的动作和功能,如图 5-38 所示。

②转移条件:在顺序功能图中是必不可少的,它表明了从一个状态到另一个状态转移时所要具备的条件。其表示非常简单,只要在各状态块之间的线段上画一短横线,旁边标注上条件即可,如图 5-39 所示。SM0.1 是从初始状态向 SCR1 段转移的条件,SCR1 段的动作是 Q0.0 接通输出;I0.0 是从 SCR1 段向 SCR2 段转移的条件,SCR2 段的动作是 Q0.1 接通输出。

图 5-38　状态块的表示　　　　　　图 5-39　转移条件的表示

③动作说明:动作是状态的属性,是描述一个状态块需要执行的功能操作。动作说明是在状态块的右侧加一矩形框,并在框中加文字进行说明,如图 5-40 所示。

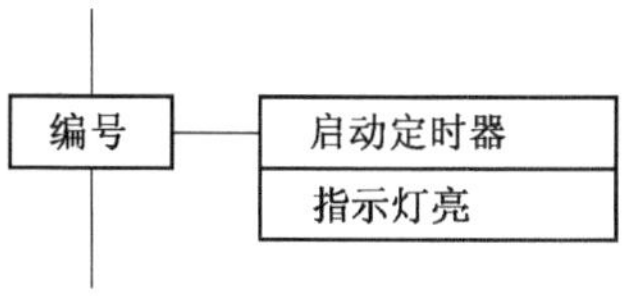

（2）顺序控制指令

顺序控制指令是实现顺序控制程序的基本指令,它由 LSCR、SCRT、SCRE 3 条指令构成,其操作数为顺序控制继电器(S)。

图 5-40　动作说明

①指令的梯形图格式(见图 5-41):

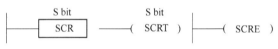

图 5-41　LSCR、SCRT、SCRE 指令的梯形图格式

②指令功能:

• LSCR:装载顺序控制继电器指令,标志一个顺序控制继电器段(SCR 段)的开始。LSCR 指令将 S 位的值装载到 SCR 堆栈和逻辑堆栈的栈顶,其值决定 SCR 段是否执行,值为 1 执行该 SCR 段;值为 0 不执行该段。

• SCRT:顺序控制继电器转换指令,用于执行 SCR 段的转换。SCRT 指令包含两方面功能:一是通过置位下一个要执行的 SCR 段的 S 位,使下一个 SCR 段开始工作;二是使当前工作的 SCR 段的 S 位复位,使该段停止工作。

• SCRE:顺序控制继电器结束指令,使程序退出当前正在执行的 SCR 段,表示一个 SCR 段的结束。每个 SCR 段必须由 SCRE 指令结束。

③指令应用举例:

【例 5.11】　某机床有一个安装工件的滑台,由一台交流电动机拖动,其主电路如图 5-42 所示。开始工作时,要求滑台先快速移动到加工位置(BG1),然后自动变为慢速进给,进给到指定位置(BG2),自动停止,再由操作者发出指令使滑台快速返回,回到原位(BG3)后自动停车。用顺控指令编写滑台电动机程序。

滑台电动机的工序示意图如图 5-43 所示。从工序图可以看出,整个工作过程依据电动机的工作状况分成若干个工序,工序之间的转移需要满足特定的条件(按钮、行程开关或延时时间)。

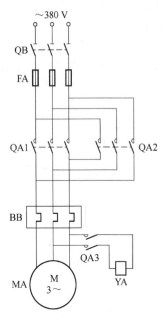

图 5-42 滑台电动机主电路

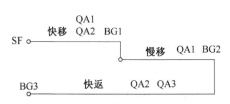

图 5-43 滑台电动机的工序示意图

PLC 输入/输出端口分配如表 5-3 所示。

表 5-3 PLC 输入/输出端口分配

输 入			输 出		
输入继电器	输入元件	作 用	输出继电器	输出元件	作 用
I0.0	SF 常开触点	启动	Q0.1	接触器 QA1	正转接触器
I0.1	BG1 常开触点	加工位置	Q0.2	接触器 QA2	反转接触器
I0.2	BG2 常开触点	指定位置	Q0.3	接触器 QA3	快移接触器
I0.3	BG3 常开触点	原位			

由工序图图 5-43 可以方便地转换成顺序控制功能图,如图 5-44 所示。例如,"快移"对应着初始状态 S0.0,"慢移"对应状态 S0.1,"快返"对应状态 S0.2。利用启动按钮 I0.0 进入初始状态 S0.0,S0.0 状态下的控制对象有 Q0.1 和 Q0.3。当到达加工位置(BG1)时,I0.1 触点接通,由 S0.0 状态转移到 S0.1 状态,S0.1 状态下的控制对象有 Q0.1。

根据顺序控制功能图编写滑台电动机控制程序,如图 5-45 所示。由于 Q0.1 在 S0.0 和 S0.1 状态中都要通电,为了避免同一线圈在程序中出现两次的问题,在 S0.0 状态中使用保持型的置位指令将 Q0.1 置"1",这样当程序运行到 S0.1 时,Q0.1 仍将保持通电状态不变。

程序原理如下:

①在网络 1 中,按下按钮 I0.0 使程序自动进入初始状态 S0.0。

②在网络 3 中,Q0.1、Q0.3 置位通电,Q0.2 复位断电,电动机快移。

③在网络 4 中,碰到行程开关 BG1,I0.1 触点闭合,转移至 S0.1 状态,S0.1 状态为活动状态,S0.0 状态自动复位为非活动状态。

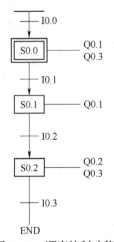

图 5-44 顺序控制功能图

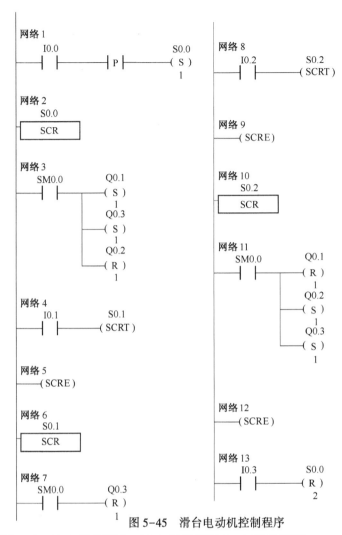

图 5-45 滑台电动机控制程序

④在网络 7 中，Q0.2 复位断电，Q0.1 仍保持通电，电动机慢移。

⑤在网络 8 中，碰到行程开关 BG2，I0.2 触点闭合，转移至 S0.2 状态，S0.2 状态为活动状态，S0.1 状态自动复位为非活动状态。

⑥在网络 11 中，Q0.2、Q0.3 置位通电，Q0.1 复位断电，电动机快返。

⑦在网络 13 中，碰到行程开关 BG3，所有状态位复位。

（3）顺序控制指令编程要点

①顺序控制指令的操作数为顺控继电器 S，也称为状态器，每一个 S 位都表示状态转移图中一个 SCR 段的状态。S 的范围是 S0.0~S31.7。各 SCR 段的程序能否执行取决于对应的 S 位是否被置位。若需要结束某个 SCR 段，需要使用 SCRT 指令或对该段对应的 S 位进行复位操作。

②要注意，不能把同一个 S 位在一个程序中多次使用。例如，在主程序中使用了 S0.1，在子程序中就不能再次使用。

③状态图中的顺控继电器 S 位的使用不一定要遵循元件的顺序，即可以任意使用各 S 位。但编程时为避免在程序较长时各 S 位重复，最好做到分组、顺序使用。

④每一个 SCR 段都要注意三方面的内容：

- 本 SCR 段要完成什么样的工作。
- 什么条件下才能实现状态的转移。
- 状态转移的目标是什么。

⑤在 SCR 段中,不能使用 JMP 和 LBL 指令,即不允许跳入、跳出 SCR 段或在 SCR 段内跳转。也不能使用 FOR、NEXT 和 END 指令。

⑥一个 SCR 段被复位后,其内部的元件(线圈、定时器等)一般也要复位,若要保持输出状态,则需要使用置位指令。

⑦在所有 SCR 段结束后,要用复位指令 R 复位仍为运行状态的 S 位,否则程序会出现运行错误。

（4）多流程顺序控制

使用顺序控制指令可以方便地实现顺序控制、分支控制、循环控制及其组合控制。单流程的顺序控制在前面的例子中已介绍,下面具体介绍多流程顺序控制的实现和注意事项。

①选择分支过程控制:在工业过程中,很多控制需要根据条件进行流程选择,即一个控制流可能转入多个控制流中的某一个,但不允许多个控制流同时执行,即根据条件进行分支选择。选择分支过程控制的梯形图、顺序功能图如图 5-46 所示。

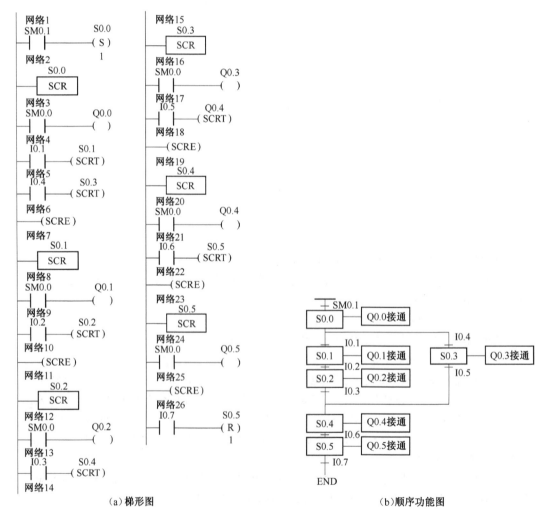

(a)梯形图　　　　　　　　　　　　　　　(b)顺序功能图

图 5-46　选择分支过程控制的梯形图和顺序功能图

②并行分支合并过程控制。除了非此即彼地选择分支控制外,还有很多情况下,一个控制流需要分成两个或两个以上控制流同时动作,在完成各自工作后,所有控制流最终再次合并成一个控制流继续向下运行。这种运行方式称为并行分支合并过程控制。使用顺序控制指令完成该功能时要注意两个关键点:一是多分支的同时运行,需要在一个 SCR 段中同时激活多个 SCR 段;二是多分支合并,由于多个分支是同时执行的,合并时必须等到所有分支都执行完,才能共同进入下一个 SCR 段。并行分支合并过程控制的梯形图、顺序功能图,如图 5-47 所示。

● 程序中通过 I0.0 的闭合,使用两个 SCRT 指令同时置位 S0.1 和 S0.2,使 S0.1 和 S0.2 表示的两个 SCR 段同时开始运行,进入并行分支状态。

● 在 S0.2 和 S0.3 表示的两个 SCR 段进行分支合并时,将表示 SCR 段状态的 S0.2、S0.3 和下一个 SCR 段触发触点 I0.3 串联在一起,只有 3 个触点均闭合(S0.2、S0.3 的闭合表示 SCR 段完成,I0.3 的闭合表示要触发下一个 SCR 段),才进入下一个 SCR 段。

● 由于 S0.2 和 S0.3 表示的两个 SCR 段并未使用 SCRT 指令进行复位,所以在程序中需要使用复位指令(R)对 S0.2 和 S0.3 进行复位。

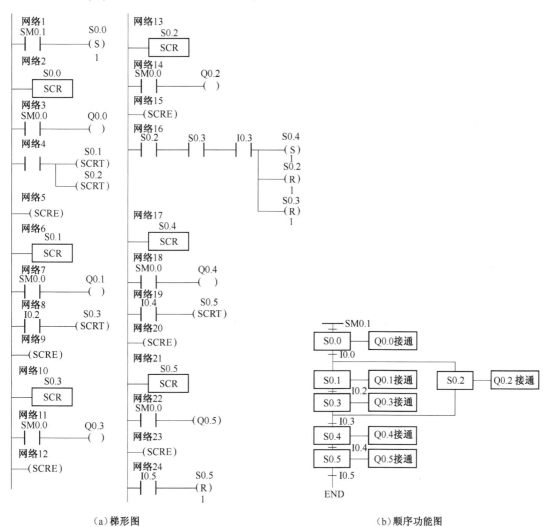

（a）梯形图　　　　　　　　　　　　　　　　　（b）顺序功能图

图 5-47　并行分支合并过程控制的梯形图和顺序功能图

七、PLC 典型控制程序

在实际工作中，许多工程控制程序都是由一些典型、简单的基本程序段组成的。如果能掌握一些常用的基本程序段的设计和编程技巧，就相当于建立了编程的基本"程序库"，在编制大型和复杂的程序时，可以随意调用，从而大大缩短编程时间。下面介绍一些典型程序段。

1. 自锁、互锁控制

（1）自锁控制

自锁控制是控制电路中最基本的环节，常用于对输入开关和输出继电器的控制电路。在图5-48所示的程序中，I0.0闭合使线圈通电，随之Q0.0触点闭合，此后即使I0.0触点断开，Q0.0线圈仍然保持通电，只有当常闭触点I0.1断开时，Q0.0才断电，Q0.0触点断

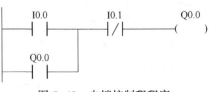

图 5-48　自锁控制程序程序

开。若想再启动继电器Q0.0，只有重新闭合I0.0。这种自锁控制常用于以无锁定开关作启动开关，或用于只接通一个扫描周期的触点去启动一个持续动作的控制电路。

（2）互锁控制（联锁控制）

在图5-49所示的互锁程序段中，Q0.0和Q0.1只要有一个继电器线圈先接通，另一个继电器就不能再接通，而保证任何时候两者都不能同时启动。这种互锁控制常用于：被控的是一组不允许同时动作的对象，如电动机正、反转控制等。

图5-50所示为另一种互锁控制程序段的例子。其实现的功能是：只有当Q0.0接通时，Q0.1才有可能接通，只要Q0.0断开，Q0.1就不可能接通。也就是说，一方的动作是以另一方的动作为前提的。

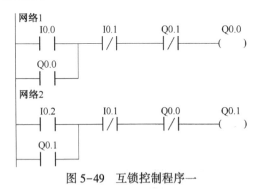

图 5-49　互锁控制程序一

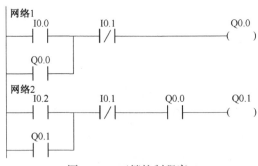

图 5-50　互锁控制程序二

2. 时间控制

在 PLC 控制系统中，时间控制用得非常多，其中大部分用于延时、定时和脉冲控制。在 S7-200 系列 PLC 内部有多达 256 个定时器，时基有 1 ms、10 ms、100 ms 三种，用户可以方便用于时间控制。

（1）延时控制

在图5-51所示的电路中，利用2个时间继电器组合以实现6 000 s的延时，即Q0.0在I0.0闭合6 000 s后通电。也可以利用定时器和计数器组合以实现长定时控制，见图5-28。

（2）脉冲电路

利用定时器可以方便地产生脉冲序列，而且可根据需要通过改变定时器的时间常数灵活调节方波脉冲的周期和占空比。图5-52所示电路为用2个定时器产生方波的电路，周期为10 s。

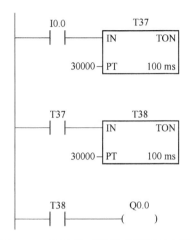

图 5-51　两个定时器组成的延时电路

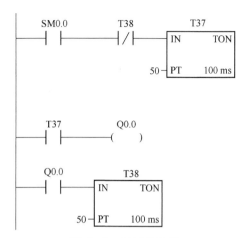

图 5-52　脉冲发生器

3. 顺序控制

顺序控制在继电接触控制中应用十分广泛。但用传统控制器件只能进行一些简单控制,且整个系统十分笨重,接线复杂,故障率高,有些更复杂的控制可能根本实现不了。而用 PLC 进行顺序控制则变得轻松,可以使用定时器、计数器及移位指令等指令,编写出形式多样、简洁清晰的控制程序。图 5-53 所示为用定时器实现顺序控制的程序。

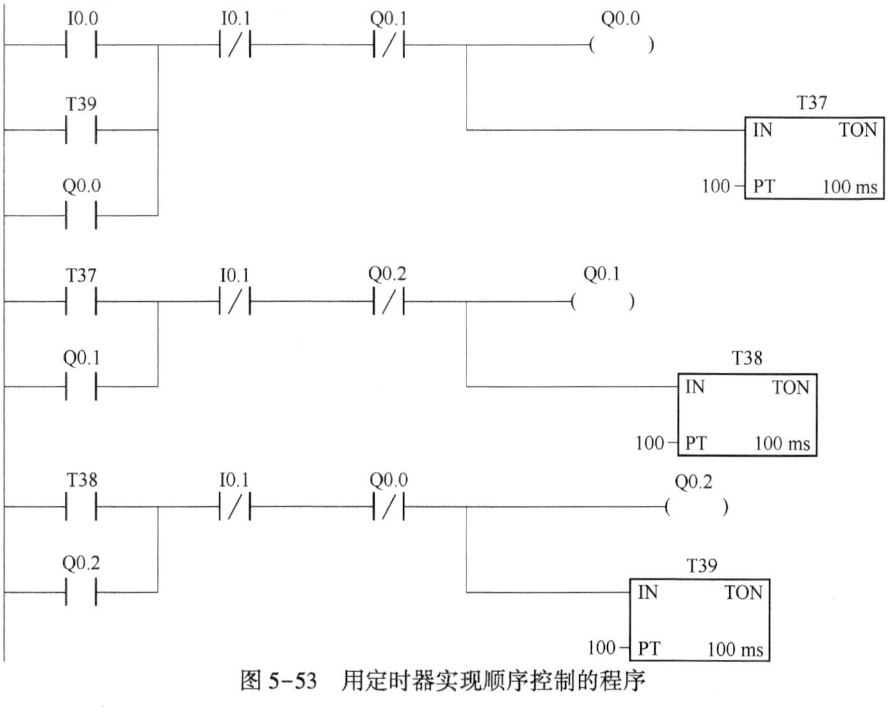

图 5-53　用定时器实现顺序控制的程序

4. 多地点控制

在实际中常需要在不同地点实现对同一对象的控制,即多地点控制问题。这也是继电控制中常见的问题。对这一问题 PLC 可以有许多种解决方法。

例如,要求在 3 个不同的地方独立控制一盏灯,任何一地的开关动作都可以使灯的状态发生改变,即不管开关是开还是关,只要有开关动作,则灯的状态就发生改变。按此要求可分配 I/O 如下:

输入点:I0.0　　A 地开关 S1
　　　　I0.1　　B 地开关 S2
　　　　I0.2　　C 地开关 S3
输出点:Q0.0　　灯

根据控制要求可设计梯形图程序,如图5-54 所示。

这里举的例子是三地控制一盏灯,读者从这个程序中可以发现其编程规律,并很容易地把它扩展到四地、五地甚至更多地点的控制。

由上面介绍的例子可以看出,由于 PLC 具有丰富的指令集,所以其编程十分灵活。这是以往的继电器–接触器控制无法比拟的。而且因为 PLC 融入许多计算机的特点,所以其编程思路也与继电器–接触器控制的设计思想有许多不同之处。如果只拘泥于继电器–接触器控制的思路,则不可能编出好的程序,特别是功能指令和诸如移位、码变换及各种运算指令,其功能十分强大,在编程中应注意和善于使用。

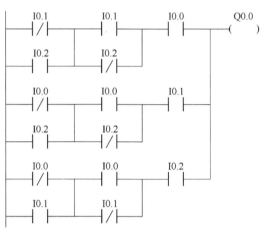

图 5-54　三地控制一盏灯的梯形图

八、PLC 应用程序举例:送料小车控制

1. 送料小车的控制要求

如图 5-55 所示,当小车处于后端时,按下启动按钮,小车向前运行,行至前端按下前限位开关,翻斗门打开装货,7 s 后,关闭翻斗门,小车向后运行,行至后端,按下后限位开关,打开小车底门卸货,5 s 后底门关闭,完成一次动作。

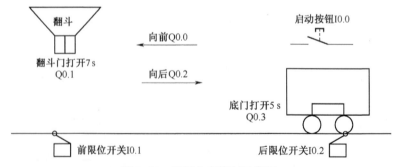

图 5-55　送料小车控制示意图

要求控制送料小车的运行,并具有以下几种运行方式:

①手动操作:用各自的控制按钮,一一对应地接通或断开各负载的工作方式。

②单周期操作:按下启动按钮,小车往复运行一次后,停在后端等待下次启动。

③连续操作:按下启动按钮,小车自动连续往复运动。

2. PLC 选型及 I/O 分配

根据送料小车的控制要求,经过分析,共需输入点 10 个,输出点 4 个,故决定选用 SIEMENS S7-200 的 CPU224 型 PLC 作为控制系统的核心。该型 PLC 本机共有 14 个输入点,10 个输出点。PLC 的各点功能分配如表 5-4 所示。

表 5-4　PLC 的各点功能分配

输　入	功　能	输　出	功　能
I0.0	自动启动按钮	Q0.0	小车向前运行
I0.1	前限位开关	Q0.1	翻斗门打开
I0.2	后限位开关	Q0.2	小车向后运行
I0.3	手动	Q0.3	底门打开
I0.4	自动单周期		
I0.5	自动连续操作		
I0.6	手动小车向前		
I0.7	手动小车向后		
I1.0	翻斗门打开		
I1.1	底门打开		

PLC 的接线图如图 5-56 所示。

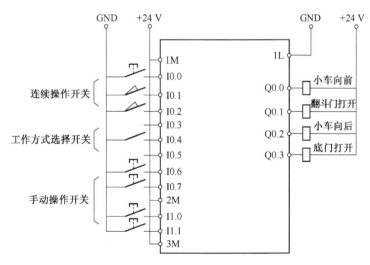

图 5-56　I/O 分配及外部接线图

3. 程序结构

总的程序结构如图 5-57 所示,其中包括手动程序和自动程序两个程序块,由跳转指令选择执行。当方式选择开关接通手动操作方式时(见图 5-56),I0.3 输入映像寄存器置位为 1,I0.4、I0.5 输入映像寄存器置位为 0。在图 5-57 中,I0.3 常闭触点断开,执行手动程序;I0.4、I0.5 常闭触点均为闭合状态,跳过自动程序不执行。若方式选择开关接通单周期或连续操作方式时,图 5-

57 中的 I0.3 触点闭合, I0.4、I0.5 触点断开, 使程序跳过手动程序而选择执行自动程序。

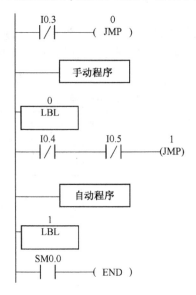

图 5-57　总程序结构图

手动操作方式的梯形图如图 5-58 所示。

自动运行方式的功能流程图如图 5-59 所示。当在 PLC 进入 RUN 状态前就选择了单周期或连续操作方式时, 程序一开始运行初始化脉冲 SM0.1, 使 S0.0 置位为 1, 此时若小车在后限位开关处, 且底门关闭, I0.2 常开触点闭合, Q0.3 常闭触点闭合, 按下启动按钮, I0.0 触点闭合, 则进

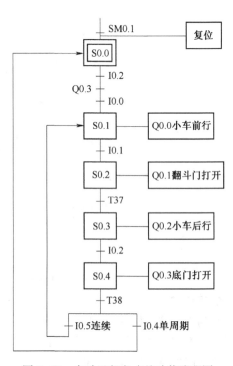

图 5-58　手动操作方式的梯形图　　　　图 5-59　自动运行方式的功能流程图

入 S0.1,关断 S0.0,Q0.0 线圈通电,小车向前运行;小车行至前限位开关处,I0.1 触点闭合,进入 S0.2,关断 S0.1,Q0.1 线圈通电,翻斗门打开装料,7 s 后,T37 触点闭合进入 S0.3,关断 S0.2(关闭翻斗门),Q0.2 线圈通电,小车向后行进,小车行至后限位开关处,I0.2 触点闭合,关断 S0.3(小车停止),进入 S0.4,Q0.3 线圈通电,底门打开卸料,5 s 后 T38 触点闭合。若为单周期运行方式,I0.4 触点接通,再次进入 S0.0,此时如果按下启动按钮,I0.0 触点闭合,则开始下一周期的运行;若为连续运行方式,I0.5 触点接通,进入 S0.1,Q0.0 线圈通电,小车再次向前行进,实现连续运行。将该功能流程图转换为梯形图如图 5-60 所示。

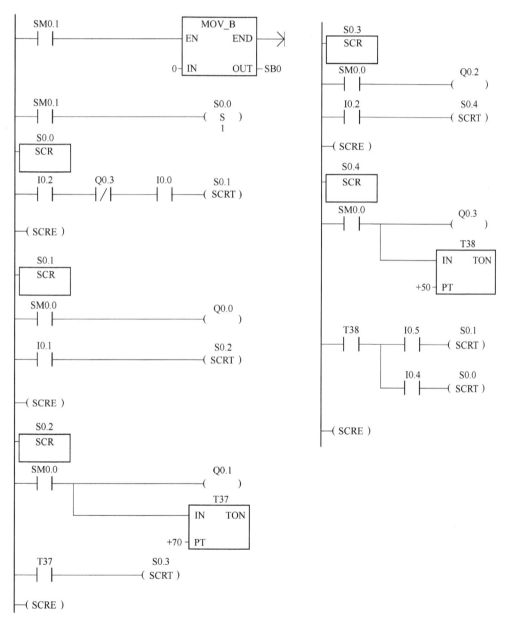

图 5-60　自动运行方式的梯形图

项目训练

任务一　基本逻辑指令练习

1. 任务目的

①熟悉西门子 S7-200 系列 PLC，了解各硬件部件的结构及作用。

②掌握常用基本指令的使用方法。

③熟悉西门子 STEP 7-Micro/WIN 32 编程软件的使用方法。

2. 任务内容

复习常用基本指令的功能及用法：

①常用位逻辑指令。

②置位、复位指令。

③正、负跳变指令。

3. 任务准备

①PLC 实验装置一套。

②编程计算机一台。

③PC/PPI 通信电缆一条。

④连接导线若干。

4. 任务实施

（1）I/O 分配

输入/输出

K0~K5：I0.0~I0.5　　　　　　L0~L2：Q0.0~Q0.2

（2）编写 PLC 程序并分析

①练习程序 1，如图 5-61 所示。

网络 1

    LD　　I0.0

    O　　　Q0.0

    AN　　I0.1

    =　　　Q0.0

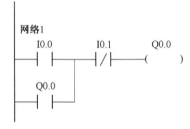

图 5-61　基本指令练习程序 1

②练习程序 2，如图 5-62 所示。

网络 1

    LD　　I0.0

    A　　　I0.1

    ON　　I0.2

    =　　　Q0.0

③练习程序 3，如图 5-63、图 5-64 所示。

• ALD 指令：

网络 1

    LD　　I0.0

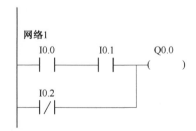

图 5-62　基本指令练习程序

A	I0.1
LD	I0.2
AN	I0.3
ALD	
=	Q0.1

- OLD 指令：

网络 1

LD	I0.0
A	I0.1
LDN	I0.2
AN	I0.3
OLD	
LD	I0.4
AN	I0.5
OLD	
=	Q0.0

④置位、复位指令练习程序，如图 5-65 所示。

网络 1

LD	I0.0
S	Q0.0，1

网络 2

LD	I0.1
R	Q0.0，1

⑤正、负跳变指令练习程序，如图 5-66 所示。

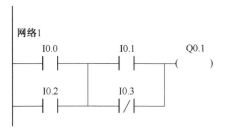

图 5-63　ALD 指令练习程序

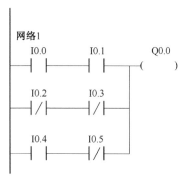

图 5-64　OLD 指令练习程序

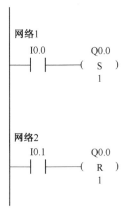

图 5-65　置位、复位指令练习程序

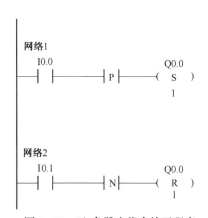

图 5-66　正、负跳变指令练习程序

网络 1

LD	I0.0
EU	
S	Q0.0，1

网络 2

LD   I0.0

ED

R   Q0.0,1

(3)上位计算机与 PLC 的连接

①运行 STEP 7-Micro/WIN 32 编程软件,单击 ▓▓▓▓,在弹出的对话框中选择"PC/PPI 通信方式",单击 [属性(R)] 按钮,设置 PC/PPI 属性,如图 5-67 所示。

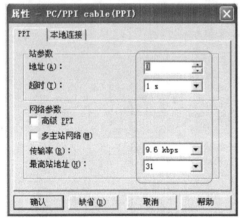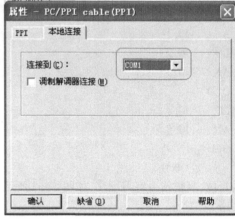

图 5-67 "属性"设置对话框

②单击 ▓ 按钮,在弹出的对话框中,双击 ▓▓,搜寻 PLC,寻找到 PLC 后,选择该 PLC;至此,PLC 与上位计算机通信参数设置完成。

(4)程序下载及调试

①连接 PLC 与上位计算机及外围设备。

②使用 STEP 7-Micro/WIN 32 编程软件,编译实训程序,确认无误后,将程序下载至 PLC。

③拨动开关 K0~K5,观察开关处于不同逻辑状态下 L0、L1、L2 指示灯的状态并记录。

(5)注意事项

①进入编程软件时,PLC 机型应选择正确,否则无法正常下载程序。

②下载程序前,应确认 PLC 供电正常。

③实验过程中,认真观察 PLC 的输入/输出状态,以验证分析结果是否正确。

(6)思考与总结

①在 I/O 接线不变的情况下,能更改控制逻辑吗?

②程序下载后,PLC 能脱离上位机正常运行吗?

③当程序不能运行时,如何判断是编程错误、PLC 故障,还是外部 I/O 点连接线错误?

④完成任务训练总结。

5. 任务评价

从 I/O 分配、PLC 硬件接线、PLC 程序编制及调试运行等方面进行综合评价。

任务二 定时器/计数器指令练习

1. 任务目的

①掌握常用定时器指令的使用方法。

②掌握常用计数器指令的使用方法。

③掌握编程软件的使用。

2. 任务内容

练习定时器/计数器指令的功能及用法。

3. 任务准备

①PLC 实验装置一套。

②编程计算机一台。

③PC/PPI 通信电缆一条。

④连接导线若干。

4. 任务实施

(1)I/O 分配

输入/输出

K0～K3：I0.0～I0.3　　　L0～L1：Q0.0～Q0.1

(2)编制 PLC 程序并分析

①延时程序，如图 5-68 所示。

Network 1

　LD　　I0.2

　AN　　I0.3

　TON　　T37，+30

Network 2

　LD　　T37

　=　　　Q0.0

②秒脉冲发生器程序，如图 5-69 所示。

Network 1

　LDN　　T38

　TON　　T37，+5

Network 2

　LD　　T37

　TON　　T38，+5

　=　　　Q0.0

③ 增计数器程序，如图 5-70 所示。

Network 1

　LD　　SM0.0

　AN　　T38

　TON　　T37，+5

Network 2

　LD　　T37

　TON　　T38，+5

　=　　　Q0.0

Network 3

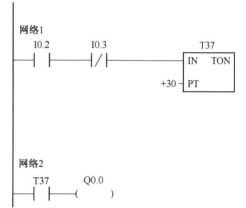

图 5-68　延时程序

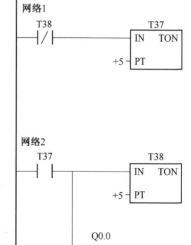

图 5-69　秒脉冲发生器程序

```
        LD      Q0. 0
        LD      I0. 0
        CTU     C0, +10
Network 4
        LD      C0
        =       Q0. 1
```

④自行设计减计数器(参照增计数器)。

(3)程序下载及调试

①连接 PLC 与上位计算机及外围设备。

②使用 STEP 7-Micro/WIN 32 编程软件,编译实训程序,确认无误后,将程序下载至 PLC。

③拨动开关 K0～K3,观察开关处于不同逻辑状态下 L0、L1 指示灯的状态并记录。

(4)注意事项

①S7-200 系列 PLC 有 3 类定时器:延时接通定时器(TON)、有记忆的延时接通定时器(TONR)、延时断开定时器(TOF),注意各类型定时器的特点。

②定时器的分辨率有 3 种:1 ms、10 ms、100 ms。在选用定时器时其编号决定了定时器的分辨率,定时器总的定时时间=预设值(PT)×时基。

③S7-200 系列 PLC 提供了 256 个内部计数器(C0～C255),共分为 3 种类型:增计数器(CTU)、减计数器(CTD)和增/减计数器(CTUD),可根据控制任务自行选用。

(5)思考与总结

①如何用定时器和计数器指令实现长延时控制任务?

②完成任务训练报告。

5. 任务评价

从 I/O 分配、PLC 硬件接线、PLC 程序编制及调试运行等方面进行综合评价。

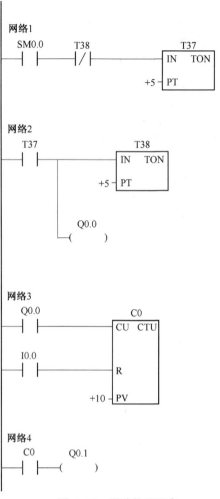

图 5-70　增计数器程序

任务三　比较指令练习

1. 任务目的

①掌握比较指令的使用方法。

②熟悉编程软件的使用。

2. 任务内容

练习比较指令的功能及用法。

3. 任务准备

①PLC 实验装置一套。

②编程计算机一台。

③PC/PPI 通信电缆一条。

④连接导线若干。

4. 任务实施

（1）I/O 分配

输入/输出

按钮 SF1：I0.0　　　L0～L5：Q0.0～Q0.5

（2）编制 PLC 程序

①字节比较指令程序，如图 5-71 所示。

Network 1

```
    LD      I0.0
    LPS
    AB=     6,5
    =       Q0.0
    LRD
    AB<>    6,5
    =       Q0.1
    LRD
    AB>=    6,5
    =       Q0.2
    LRD
    AB<=    6,5
    =       Q0.3
    LRD
    AB>     6,5
    =       Q0.4
    LPP
    AB<     6,5
    =       Q0.5
```

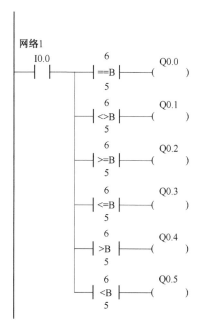

图 5-71　字节比较指令程序

②整数比较指令程序，如图 5-72 所示。

Network 1

```
    LD      I0.0
    AN      T37
    TON     T37,80
```

Network2

```
    LD      SM0.0
```

```
LPS
AW>=    T37, 0
AW<     T37, 20
=       Q0.0
LRD
AW>=    T37, 20
AW<     T37, 40
=       Q0.1
LRD
AW>=    T37, 40
AW<     T37, 60
=       Q0.2
LPP
AW>=    T37, 60
AW<     T37, 80
=       Q0.3
```

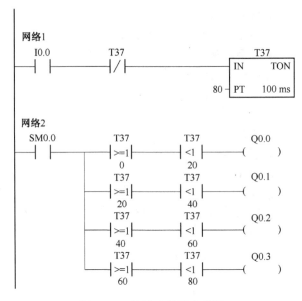

图 5-72　整数比较指令程序

（3）程序下载及调试

①连接 PLC 与上位计算机及外围设备。

②使用 STEP 7-Micro/WIN 32 编程软件，编译实训程序，确认无误后，将程序下载至 PLC 中。

③按压按钮 SF1，观察 L0～L5 指示灯的状态并记录。

（4）思考与总结

①修改程序中的指令，如把字节比较指令换成双字比较指令，或者自己编写另外的程序，观察运行结果。

②完成任务训练报告。

5. 任务评价

从 I/O 分配、PLC 硬件接线、PLC 程序编制及调试运行等方面进行综合评价。

任务四　顺序控制指令练习

1. 任务目的

①掌握顺控指令的使用方法。

②熟悉编程软件的使用。

2. 任务内容

练习顺控指令的功能及用法。

3. 任务准备

①PLC 实验装置一套。

②编程计算机一台。

③PC/PPI 通信电缆一条。

④连接导线若干。

4. 任务实施

(1) 复习顺控指令的功能及用法

① 装载顺控继电器指令 LSCR。

② 顺控继电器转换指令 SCRT。

③ 顺控继电器结束指令 SCRE。

(2) 根据控制要求进行 I/O 分配

输入/输出

按钮 SF1：I0.1　　　　L0~L1：Q0.0~Q0.1

(3) 编制 PLC 程序

编写红绿灯顺序显示控制程序，功能流程图如图 5-73 所示。

梯形图如图 5-74 所示。

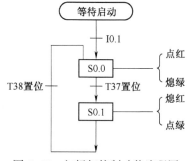

图 5-73　红绿灯控制功能流程图

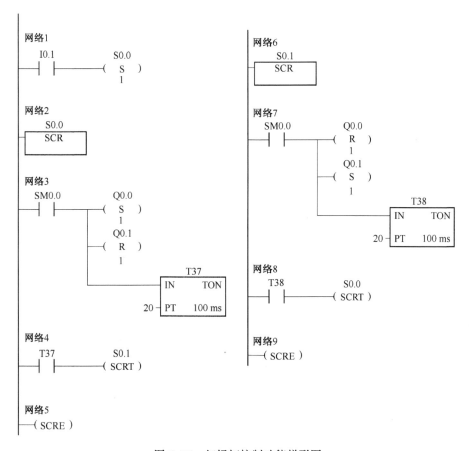

图 5-74　红绿灯控制功能梯形图

语句表：

网络 1

　　LD　　　I0.1

　　S　　　　S0.0, 1

网络 2

  LSCR S0.0

网络 3

  LD   SM0.0

  S   Q0.0, 1

  R   Q0.1, 1

  TON   T37, 20

网络 4

  LD   T37

  SCRT S0.1

网络 5

  SCRE

网络 6

  LSCR S0.1

网络 7

  LD   SM0.0

  R   Q0.0, 1

  S   Q0.1, 1

  TON   T38, 20

网络 8

  LD   T38

  SCRT S0.0

网络 9

  SCRE

（4）程序下载及调试

①连接 PLC 与上位计算机及外围设备。

②使用 STEP 7-Micro/WIN 32 编程软件，编译实训程序，确认无误后，将程序下载至 PLC 中。

③按压按钮 SF1，观察 S0.0~S0.1 以及 L0~L1 指示灯的状态并记录。

（5）思考与总结

①Q0.0 和 Q0.1 线圈输出时，需要使用置位/复位指令，否则会出现错误。

②不能把同一个 S 状态位在一个程序中多次使用。

③考虑是否可以使用其他指令实现。

④完成任务训练报告。

5. 任务评价

从 I/O 分配、PLC 硬件接线、PLC 程序编制及调试运行等方面进行综合评价。

习 题

1. 写出图 5-75 所示梯形图的语句表。

2. S7 系列 PLC 共有几种定时器？它们的运行方式有何不同？对它们执行复位指令后，它们的当前值和位的状态是什么？

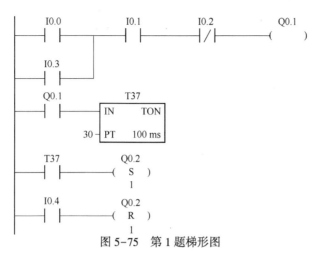

图 5-75　第 1 题梯形图

3. 用 PLC 实现异步电动机的正反转、星形-三角形降压启动控制。

4. 设计一个周期为 10 s，占空比为 50% 的方波输出信号。

5. 为了扩大延时范围，试用定时器和计数器来设计一个定时电路，要求在 I0.0 接通以后延时 14 000 s，再将 Q0.0 接通。

6. 分析图 5-76 所示程序的功能，并根据图 5-76 中 I0.0 画出 Q0.0 的时序图。

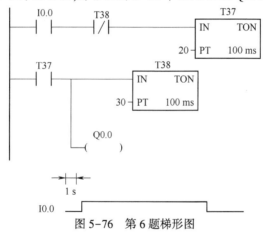

图 5-76　第 6 题梯形图

7. 读程序，根据图 5-77 画出 Q0.0、Q0.1 的时序图。

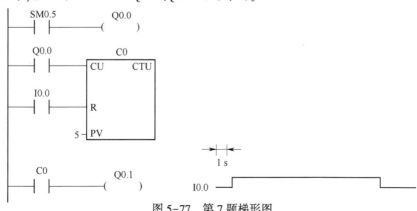

图 5-77　第 7 题梯形图

8. 使用置位/复位指令,编写两台电动机的控制程序,电动机的控制要求如下:

(1)启动时,电动机 MA1 先启动,才能启动 MA2,停止时,MA1 和 MA2 同时停止。

(2)启动时,电动机 MA1 和 MA2 同时启动;停止时,只有在 MA2 停止时,MA1 才能停止。

9. 试用 PLC 设计一个控制系统,控制要求如下:

(1)开机时,先启动电动机 MA1,5 s 后才能启动电动机 MA2。

(2)停止时,先停止电动机 MA2,2 s 后才能停止电动机 MA1。

10. 使用顺序控制指令,编写出实现红、黄、绿 3 种颜色信号灯循环显示程序(要求循环间隔时间为 1 s),并画出该程序设计的顺序控制功能图。

11. 如图 5-78 所示,小车开始停在左边,限位开关 I0.0 为 1 状态。按下启动按钮后,小车按图中的箭头方向运行,最后返回并停在限位开关 I0.0 处。画出顺序控制功能图和梯形图。

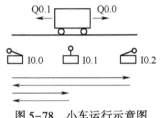

图 5-78　小车运行示意图

12. 用循环指令编写一段输出控制程序,假设有 8 个指示灯,从左到右以 0.5 s 的间隔依次点亮,保持任一时刻只有一个指示灯亮,到达最右端后,再从左到右依次点亮,每按一次启动按钮,循环显示 20 次。

项目六　S7-200 PLC 的功能指令及应用

- 熟练掌握传送指令、算术和逻辑运算指令、移位指令的指令格式及其用法。
- 熟悉表功能指令,中断指令的用法。
- 重点掌握高速计数器的操作模式及编程使用方法。

本项目主要介绍数据传送指令、算术和逻辑运算指令、移位指令、表功能指令及高速计数器等特殊功能指令的格式和梯形图编程方法。PLC 为了实现比较复杂的控制功能,除前面介绍过的基本指令外,还具有功能指令。功能指令也叫应用指令,合理、正确地使用功能指令,对优化程序结构、提高应用系统的功能、简化对一些复杂问题的处理有着重要的作用。

相关知识

一、传送指令

1. 数据传送指令

数据传送指令包括:字节传送(MOVB)、字传送(MOVW)、双字传送(MOVD)和实数传送(MOVR)指令。不同的数据类型应采用不同的传送指令。其 LAD 格式如图 6-1 所示.

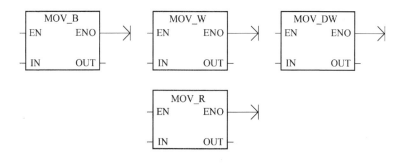

图 6-1　数据传送指令

(1)字节传送指令 MOVB

字节传送指令格式中,EN 为使能控制输入端,IN 为传送数据输入端,OUT 为数据输出端,ENO 为指令和能流输出端。本节中的 EN、ENO、IN、OUT 功能同上,只是 IN 和 OUT 的数据类型不同。

MOVB 指令的功能是在使能输入端 EN 有效时,在不改变原值的情况下将由 IN 指定的一个八位字节数据传送到 OUT 指定的字单元中。图 6-2 所示为 MOVB 指令的应用示例,当 I0.0 闭合时,将 16#07 传送到 VB0 中。

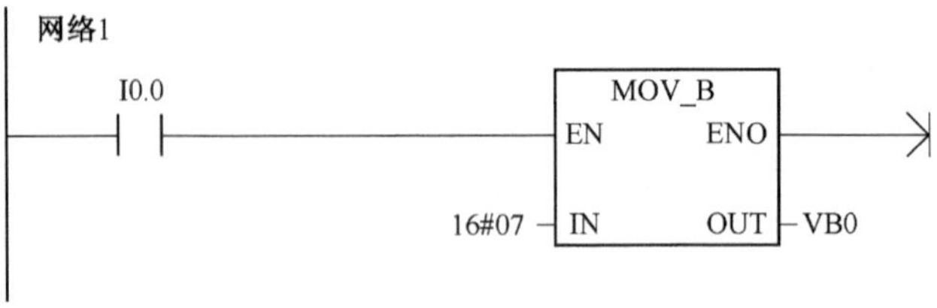

网络1

图 6-2　MOVB 指令的应用示例

（2）字/双字传送指令 MOVW/MOVD

MOVW/MOVD 指令的应用示例如图 6-3 所示。在本例中,当 I0.0 闭合时,将 VW100 中的字数据传送到 VW200 中;当 I0.1 闭合时,将 VD100 中的双字数据传送到 VD200 中。

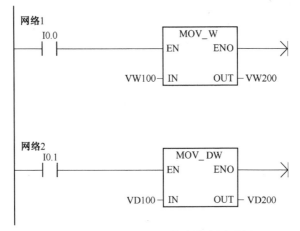

图 6-3　MOVW/MOVD 指令的应用示例

（3）实数传送指令 MOVR

实数传送指令以 32 位实数双字作为数据传送单元,应用示例如图 6-4 所示。当 I0.0 有效时,将常数 2.23 传送到双字单元 VD200 中。

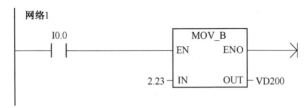

图 6-4　MOVR 指令应用示例

2. 数据块传送指令

数据块传送指令包括:字节块传送(BMB)、字块传送(BMW)和双字块传送(BMD)指令,其 LAD 格式如图 6-5 所示。

下面以字节块传送指令为例进行说明。

当使能端 EN 有效时,把以 IN 为字节起始地址的 N 个字节型数据传送到以 OUT 为起始地址的 N 个字节存储单元。N 的范围为 1~255。

如图 6-6 所示,当 I0.0 闭合时,将以 VB10 为首地址的 4 个单元(即 VB10、VB11、VB12、

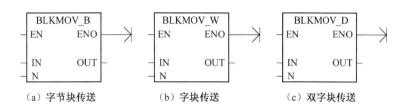

|（a）字节块传送 | （b）字块传送 | （c）双字块传送 |

图 6-5　数据块传送指令

VB13）中的字节型数据依次传送到 VB100、VB101、VB102、VB103 中。

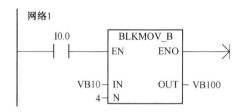

图 6-6　字节块传送指令举例

【例 6.1】　设有 8 盏指示灯,控制要求是:当 I0.0 接通时,全部灯亮;当 I0.1 接通时,奇数灯亮;当 I0.2 接通时,偶数灯亮;当 I0.3 接通时,全部灯灭。试设计电路和用数据传送指令程序。

PLC 外部接线图如图 6-7 所示,传输数据如表 6-1 所示,PLC 梯形图如图 6-8 所示。

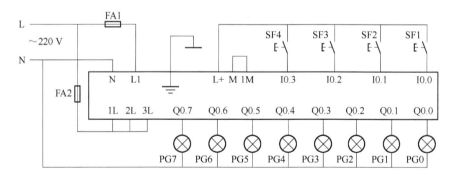

图 6-7　PLC8 盏指示灯控制外部接线图

表 6-1　传输数据表

输入继电器	输出继电器								传送数据
	Q0.7	Q0.6	Q0.5	Q0.4	Q0.3	Q0.2	Q0.1	Q0.0	
I0.0	●	●	●	●	●	●	●	●	16#FF
I0.1	●		●		●		●		16#AA
I0.2		●		●		●		●	16#55
I0.3									0

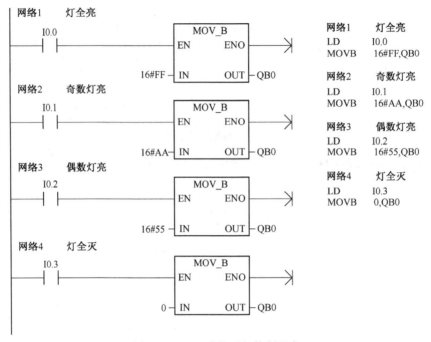

图 6-8　PLC8 盏指示灯控制程序

二、算术和逻辑运算指令

1. 算术运算指令

（1）加法和减法指令

当使能端 EN 有效时，将输入 IN1、IN2 中的数据进行加法（减法）运算，结果存储在 OUT 指定的存储单元中。加法指令包括：整数加法指令（ADD_I）、双整数加法指令（ADD_DI）、实数加法指令（ADD_R）。减法指令包括：整数减法指令（SUB_I）、双整数减法指令（SUB_DI）、实数减法指令（SUB_R），其 LAD 指令格式如图 6-9 和图 6-10 所示。

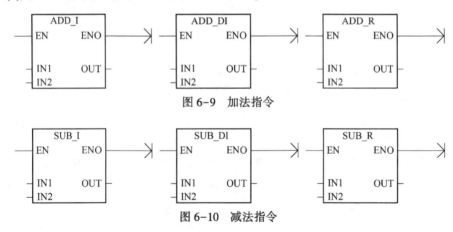

图 6-9　加法指令

图 6-10　减法指令

①整数加法指令：当 EN 有效时，将两个 16 位的有符号整数 IN1 和 IN2 相加，产生的结果送到单字存储单元 OUT 中。应用示例如图 6-11 所示。

当 I0.0 有效时,将 VW100 和 VW120 中的整数相加,结果送到 VW120(OUT)中。

②双整数加法指令(ADD_DI):如图 6-12 所示,当 I0.0 有效时,将 VD110 的双字数据与 VD200 的双字数据相加,结果送到 VD320 中。

③减法指令 SUB_I:减法指令用于对两个有符号数进行减操作,与加法指令类似。如图 6-13 所示,当 I0.0 有效时,将 VW100(IN1)与 VW110(IN2)相减,其差值送到 VW110(OUT)中。

④双整数减法指令(SUB_DI):如图 6-14 所示,当 I0.1 有效时,将 VD100(32 位整数)与 VD110(32 位整数)相减,其差值送到 VD200(OUT)中。

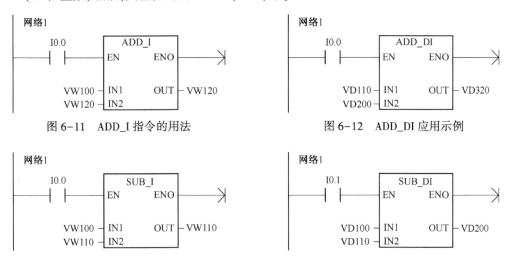

图 6-11　ADD_I 指令的用法

图 6-12　ADD_DI 应用示例

图 6-13　SUB_I 的应用示例

图 6-14　SUB_DI 的应用示例

(2)乘法指令

当使能端 EN 有效时,将输入 IN1、IN2 中的数据有进行乘法运算,结果存储在 OUT 指定的数据中。其 LAD 指令格式如表 6-2 所示。

表 6-2　乘法指令

指令格式	整数乘法	双整数乘法	实数乘法	相乘指令	执行结果
LAD 格式	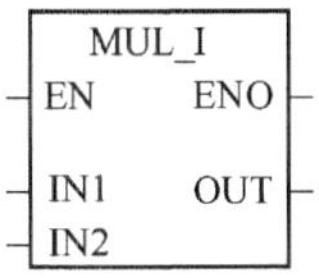 MUL_I EN　ENO IN1　OUT IN2	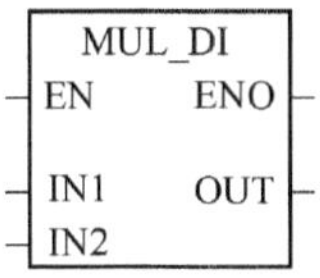 MUL_DI EN　ENO IN1　OUT IN2	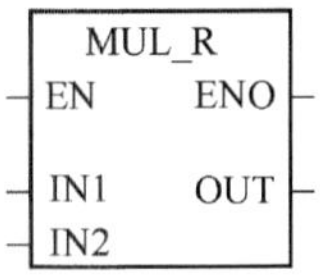 MUL_R EN　ENO IN1　OUT IN2	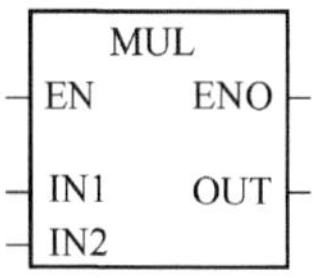 MUL EN　ENO IN1　OUT IN2	IN1 * IN2 = OUT
指令功能	2 个 16 位整数相乘,结果为 16 位整数	2 个 32 位整数相乘,结果为 32 位整数	2 个 32 位实数相乘,结果为 32 位实数	2 个 16 位整数相乘,结果为 32 为整数	

①整数乘法指令 MUL-I:如图 6-15 所示,当 I0.1 有效时,将 VW100(16 位单字长整数)与 VW110(16 位单字长整数)相乘,结果仍为 16 位单字长整数,送到 VW200(OUT)中。如果运算结果超过 16 位二进制数表示的有符号数的范围,则产生溢出。

②相乘指令 MUL:相乘指令将两个 16 为单字长的有符号数 IN1 与 IN2 相乘,运算结果为 32 位的整数,保存在 OUT 中。应用示例如图 6-16 所示,当 I0.1 有效时,将 VW100 与 VW110 相乘,结果为 32 位数据,送到 VD200 中。

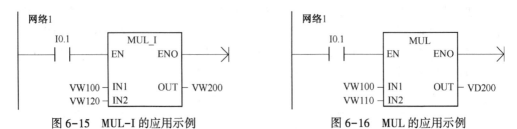

图 6-15　MUL-I 的应用示例　　　　　　图 6-16　MUL 的应用示例

(3)除法指令

当使能端 EN 有效时,将输入 IN1、IN2 中的数据有进行除法运算,结果存储在 OUT 指定的数据中。其 LAD 指令格式如表 6-3 所示。

表 6-3　除法指令

指令格式	整数除法指令	双整数除法指令	实数除法指令	相除指令	执行结果
LAD 格式	DIV_I EN ENO IN1 OUT IN2	DIV_DI EN ENO IN1 OUT IN2	DIV_R EN ENO IN1 OUT IN2	DIV EN ENO IN1 OUT IN2	IN1/IN2=OUT
指令功能	2 个 16 位整数相除,结果为 16 位整数(商),不保留余数	2 个 32 位整数相除,结果为 32 位整数(商),不保留余数	2 个 32 位实数相除,结果为 32 位实数(商),不保留余数	2 个 16 位整数相除,结果为 16 位余数(高位)和 16 位商(低位)	

①整数除法指令:如图 6-17 所示,在 I0.1 有效时,将 VW120(IN1,16 位整数)除以 10(IN2,16 位整数),结果为 16 位数据,送到 VW200(OUT)中。

②相除指令:如图 6-18 所示,当 I0.1 有效时,将 VW110(16 位整数)除以 VW120(16 位整数),结果为 32 位数据,送到 VD200 中。

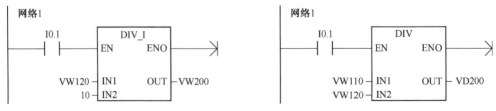

图 6-17　整数除法指令的应用示例　　　　　图 6-18　相除指令的应用示例

(4)增、减指令

增、减指令是在输入数据 IN 上加 1 或减 1,结果输出到 OUT。其 LAD 格式如图 6-19 和图 6-20 所示。增指令包括:字节递增(INC_B)和字节递减(DEC_B)操作是无符号的。字递增(INC_

W)和字递减(DEC_W)、双字递增(INC_DW)和双字递减(DEC_DW)操作是有符号的。

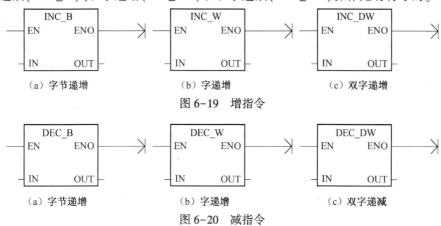

（a）字节递增　　　　　　　　（b）字递增　　　　　　　　（c）双字递增

图 6-19　增指令

（a）字节递增　　　　　　　　（b）字递增　　　　　　　　（c）双字递减

图 6-20　减指令

2. 逻辑运算指令

将输入数据 IN1、IN2 对应位进行与(或、异或、取反)运算,结果输出到 OUT 中,指令格式说明如表 6-4 中。

表 6-4　逻辑运算指令

LAD 格式	与　运　算	或　运　算	异　或　运　算	取　反　运　算
字节运算	WAND_B EN ENO IN1 OUT IN2	WOR_B EN ENO IN1 OUT IN2	WXOR_B EN ENO IN1 OUT IN2	INV_B EN ENO IN OUT
字运算	WAND_W EN ENO IN1 OUT IN2	WOR_W EN ENO IN1 OUT IN2	WXOR_W EN ENO IN1 OUT IN2	INV_W EN ENO IN OUT
双字运算	WAND_DW EN ENO IN1 OUT IN2	WOR_DW EN ENO IN1 OUT IN2	WXOR_DW EN ENO IN1 OUT IN2	INV_DW EN ENO IN OUT
指令功能	IN1 和 IN2 按位与	IN1 和 IN2 按位或	IN1 和 IN2 按位异或	IN 按位取反

逻辑运算应用举例,如图 6-21 所示。

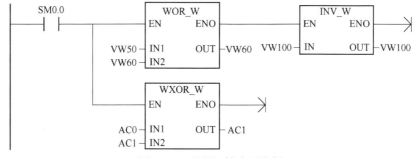

图 6-21　逻辑运算应用举例

程序运行后，各存储单元的值如下：

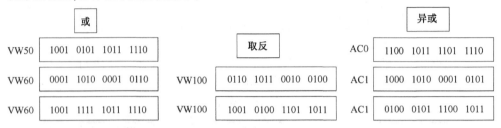

	或			
VW50	1001	0101	1011	1110
VW60	0001	1010	0001	0110
VW60	1001	1111	1011	1110

	取反			
VW100	0110	1011	0010	0100
VW100	1001	0100	1101	1011

	异或			
AC0	1100	1011	1101	1110
AC1	1000	1010	0001	0101
AC1	0100	0101	1100	1011

【例 6.2】 单按钮的加热功率控制。

控制要求：加热功率有 7 个挡位可调，大小分别是 0.5 kW、1 kW、1.5 kW、2 kW、2.5 kW、3 kW 和 3.5 kW，由 1 个功率选择按钮 SF1 和 1 个停止按钮 SF2 控制。第一次按 SF1 选择功率第 1 挡，第二次按 SF1 选择功率第 2 挡……第八次按 SF1 或按 SF2 时，停止加热。

PLC 外部接线图如图 6-22 所示，I/O 分配如表 6-5 所示，单按钮控制的工序如表 6-6 所示，PLC 梯形图如图 6-23 所示。

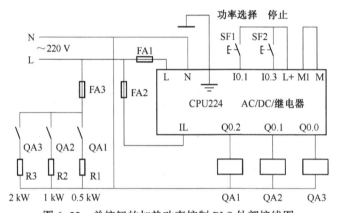

图 6-22 单按钮的加热功率控制 PLC 外部接线图

表 6-5 单按钮的加热功率控制 I/O 分配

输 入			输 出	
输入继电器	输入元件	作 用	输出继电器	接触器、电热元件
I0.1	SF1	功率选择	Q0.0	QA1、 R1/0.5 kW
I0.3	SF2	停止加热	Q0.1	QA2、 R2/1 kW
			Q0.2	QA3、 R3/2 kW

表 6-6 单按钮功率控制的工序

输出功率 /kW	位存储器 M10				按 SF1 次数
	M10.3	M10.2	M10.1	M10.0	
0	0	0	0	0	0
0.5	0	0	0	1	1

续表

输出功率/kW	位存储器 M10				按 SF1 次数
	M10.3	M10.2	M10.1	M10.0	
1	0	0	1	0	2
1.5	0	0	1	1	3
2	0	1	0	0	4
2.5	0	1	0	1	5
3	0	1	1	0	6
3.5	0	1	1	1	7
0	1	0	0	0	8

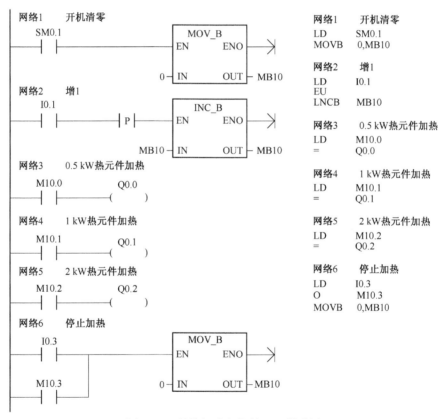

图 6-23　单按钮功率控制 PLC 梯形图

三、移位指令

1. 移位指令

（1）右移位指令

当使能端 EN 有效时，把输入端（IN）指定的数据右移 N 位，结果存入 OUT。

209

右移位指令分为字节右移位指令(SHR_B)、字右移位指令(SHR_W)和双字右移位指令(SHR_DW),其 LAD 格式如图 6-24 所示。

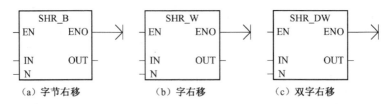

(a) 字节右移　　　　　(b) 字右移　　　　　(c) 双字右移

图 6-24　右移位指令

(2)左移位指令

当使能端 EN 有效时,把输入端(IN)指定的数据左移 N 位,结果存入 OUT。

左移位指令分为字节左移位指令(SHL_B)、字左移位指令(SHL_W)和双字左移位指令(SHL_DW),其 LAD 格式如图 6-25 所示。

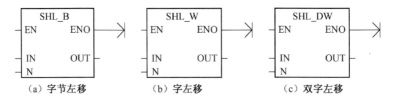

(a) 字节左移　　　　　(b) 字左移　　　　　(c) 双字左移

图 6-25　左移位指令

移位指令注意事项:

①特殊继电器的 SM1.1 与溢出端相连,最后一次被移出的位进入 SM1.1,另一端自动补 0,允许移位的位数由移位类型决定,即字节型为 8 位,字型为 16 位,双字型为 32 位,如果移位的位数超过允许的位数,则实际移位为最大允许值。

②如果移位后结果为 0,特殊继电器 SM1.0(零标志位)自动置位。

移位指令应用举例如图 6-26 所示。

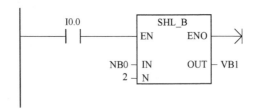

图 6-26　移位指令应用举例

移位指令应用相关说明如表 6-7 所示。

表 6-7　移位指令相关说明

移位次数	地　址	单元内容	位 SM1.1	说　　明
0	MB0	10110101	x	移位前
1	MB0	01101010	1	数左移,移出位 1 进入 SM1.1,右端补 0
2	MB0	11010100	0	数左移,移出位 0 进入 SM1.1,右端补 0

2. 循环移位指令

（1）循环左移指令

循环左移指令是将输入端 IN 指定的数据循环左移 N 位,结果存入输出 OUT 中。循环左移分为字节循环左移指令(ROL_B)、字循环左移指令(ROL_W)、双字循环左移指令(ROL_DW)、其 LAD 格式如图 6-27 所示。

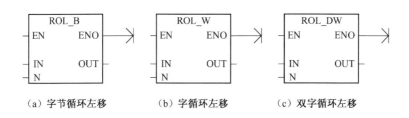

（a）字节循环左移　　　（b）字循环左移　　　（c）双字循环左移

图 6-27　循环左移指令

（2）循环右移指令

循环右移指令是将输入端 IN 指定的数据循环右移 N 位,结果存入输出 OUT 中。循环右移分为字节循环右移指令(ROR_B),字循环右移指令(ROR_W)、双字循环右移指令(ROR_DW)、其 LAD 格式如图 6-28 所示。

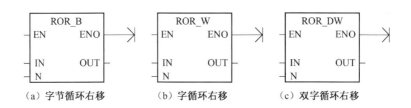

（a）字节循环右移　　　（b）字循环右移　　　（c）双字循环右移

图 6-28　循环右移指令

循环移位应用举例如图 6-29 所示。

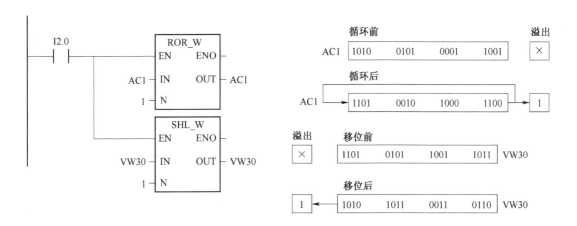

图 6-29　循环移位指令应用

3. 寄存器移位指令

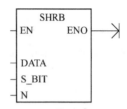

寄存器移位指令(SHRB)把输入的 DATA 数值移入移位寄存器。其中,S_BIT 指定移位寄存器的最低位,N 指定移位寄存器的长度和移位方向(N 为正时是正向移位,N 为负时是反向移位)。每次使能输入(采用边沿)有效时,整个移位寄存器移动 1 位。SHRB 指令移出的每一位都被放入溢出标志位(SM1.1)。这条指令的执行取决于最低有效位(S_BIT)和由长度(N)指定的位数。

①位移位寄存器的最高位(MSB.b)可通过下面公式计算求得:

$$MSB.b = [(S\_BIT 的字节号) + ([N] - 1 + (S\_BIT 的位号))/8].[除 8 的余数]$$

例如,如果 S_BIT 是 V33.4,N 是 14,那么 MSB.b 是 V35.1,即

$$MSB.b = V33 + ([14] - 1 + 4)/8 = V33 + 17/8 = V33 + 2(余数为 1) = V35.1$$

当反向移动时,N 为负值,输入数据从最高位移入,最低位(S_BIT)移出。移出的数据放在溢出标志位(SM1.1)中。

当正向移动时,N 为正值,输入数据从最低位(S_BIT)移入,最高位移出。移出的数据放在溢出标志位(SM1.1)中。

移位寄存器长度在指令中指定,没有字节型、字型、双字型之分,可指定的最大长度为 64 位,可正也可负。

②移位寄存器应用举例如图 6-30 所示。

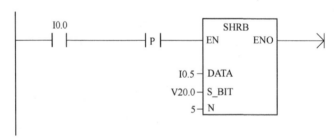

图 6-30 移位寄存器应用

寄存器移位指令应用说明如表 6-8 所示。

表 6-8 寄存器移位指令相关说明

脉 冲 数	I0.5 值	VB20 内容	位 SM1.1	说　明
0	1	101 10101	x	移位前。移位时,从 VB20.4 移出
1	1	101 01011	1	1 移入 SM1.1,I0.5 的脉冲前值进入右端
2	0	101 10111	0	0 移入 SM1.1,I0.5 的脉冲前值进入右端
3	0	101 01110	1	1 移入 SM1.1,I0.5 的脉冲前值进入右端

【例 6.3】 利用 PLC 实现流水灯控制。某灯光招牌有 16 个灯,要求按下启动按钮 I0.0 时,灯以正、反序每 0.5 s 间隔轮流点亮;按下停止按钮 I0.1 时,停止工作。I/O 分配如表 6-9 所示,PLC 梯形图如图 6-31 所示。

表 6-9　流水灯控制 I/O 分配表

输　入			输　出	
输入继电器	输入元件	作　用	输出继电器	控制对象
I0. 0	SB1	启动	Q0. 0~Q0. 7	HL1~HL8
I0. 1	SB2	停止	Q1. 0~Q1. 7	HL9~HL16

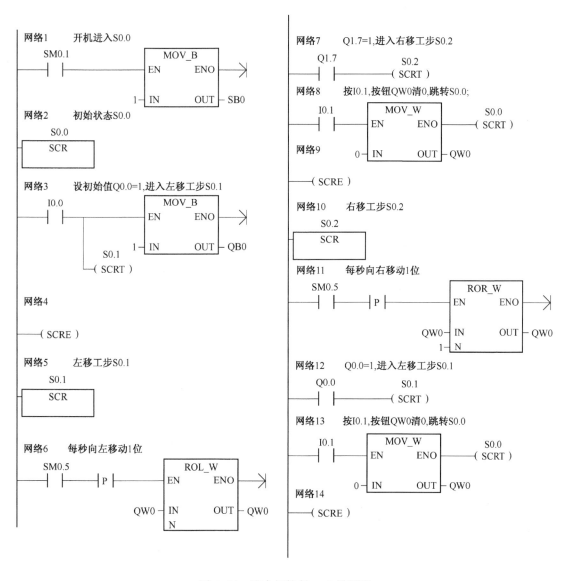

图 6-31　流水灯控制 PLC 梯形图

四、表功能指令

1. 填表指令：

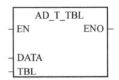

填表指令用于把指定的字型数据添加到表格中。当使能端 EN 输入有效时，将 DATA 指定的数据添加到表格 TBL 中 。表格中的第一个数值是表格的最大填表数(TL)，第二个数值是实际填表数(EC)，指已填入表格的数据个数，新的数据增加在表中的上一个数据之后，每次向表格中增加新数据后，计数器自动加 1。要建立表格，最大填表数 TL 必须大于或等于 1，而且，表格读取和表格写入指令必须用边沿触发指令激活。表格中数据除了参数 TL 和 EC 外，表格还可以最多有100 个填表数据，表格溢出时，SM1.4 被置 1。

填表指令应用举例如图 6-32 所示。

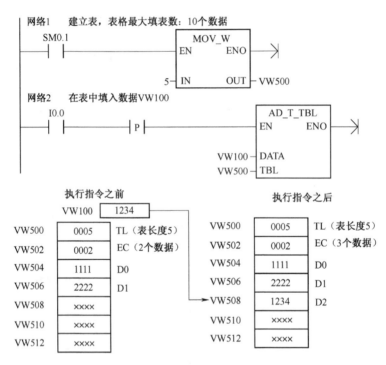

图 6-32 填表指令应用

2. 先进先出指令(FIFO)、后进先出指令(LIFO)

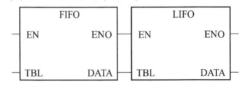

先进先出指令是将表格(TBL)中的第一个数据移至 DATA 指定的寄存器，移除表格(TBL)中

最先进入的一个数据。表格中的所有其他数据均向上移动一个位置。每次执行指令时,表格中的数据计数(EC)减 1。

后进先出指令是将表格(TBL)中的最新(或最后)一个数据移至 DATA 指定的寄存器,移除表格(TBL)中最后进入的一个数据。每次执行指令时,表格中的数据计数减 1。

先进先出指令、后进先出指令应用举例如图 6-33 所示。

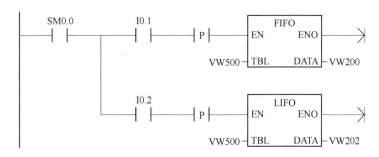

图 6-33　FIFO、LIFO 指令应用

(1)先进先出指令 FIFO 执行(见图 6-34)

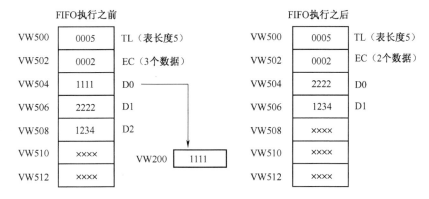

图 6-34　选进选出指令执行

(2)后进先出指令 LIFO 执行(见图 6-35)

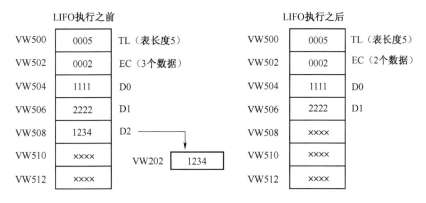

图 6-35　后进先出指令执行

3. 查表指令

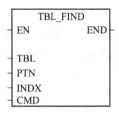

查表（FND）指令在表格（TBL）中搜索与某些标准相符的数据，从 INDX 开始搜索表格（TBL），寻找与 CMD 定义的搜索标准相匹配的数据（PTN）。命令参数（CMD）被指定一个 1~4 的数值，分别代表 =、<>、<、和>。

如果找到符合条件的数据，那么 INDX 指向表中该数据的位置。为了查找下一个数据，再次激活表格查找指令之前，必须先对 INDX 上加 1。如果未找到符合条件的数据，那么 INDX 等于 EC。一个表格最多可有 100 个数据，数据项目（搜索区域）为 0~99。

查表指令的操作数 SRC 是一个字地址（指向 EC），比相应的 ATT、FIFO、LIFO 指令的操作数 TABLE 要高一个字地址（两个字节）。

查表指令应用举例如图 6-36 所示。

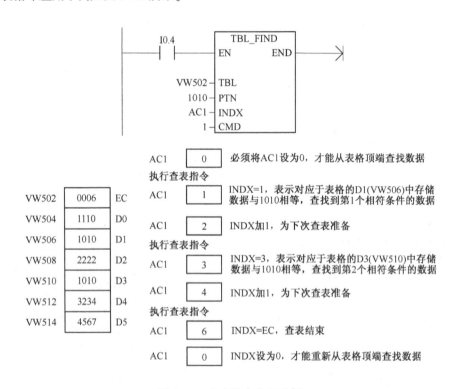

图 6-36　查表指令应用示例

五、特殊功能指令

1. 中断指令

在 S7-200PLC 中，中断服务程序的调用和处理由中断指令来完成。

（1）中断程序的创建

可以采用下列方法创建中断程序：选择菜单栏中的"编辑"→"插入"→"中断"命令；或在程序编辑器视窗中右击，从弹出的快捷菜单中选择"插入"→"中断"命令；或右击指令树上的"程序块"图标，从弹出的菜单中选择"插入"→"中断"命令。创建成功后程序编辑器将显示新的中断程序，程序编辑器底部出现标有新的中断程序的标签，可以对新的中断程序编程。

（2）中断事件与中断指令

①中断事件：S7-200 支持的通信口中断、I/O 中断和时基中断 3 种中断类型，其中通信口中断为最高级。3 种中断类型共有 34 种事件，其名称及其优先级如表 6-10 所示。

表 6-10　中断事件及其优先级

中　断　号	中　断　描　述	优先级分组	按组排列的优先级
8	端口 0：接收字符	通信（最高）	0
9	端口 0：传输完成		0
23	端口 0：接收信息完成		0
24	端口 1：接收信息完成		1
25	端口 1：接收字符		1
26	端口 1：传输完成		1
0	上升沿，I0.0	离散（中等）	2
1	下降沿，I0.0		6
2	上升沿，I0.1		3
3	下降沿，I0.1		7
4	上升沿，I0.2		4
5	下降沿，I0.2		8
6	上升沿，I0.3		5
7	下降沿，I0.3		9
12	HSC0 CV=PV		10
13	HSC1 CV=PV		13
14	HSC1 输入方向改变		14
15	HSC1 外部复位		15
16	HSC2 CV=PV		16
17	HSC2 输入方向改变		17
18	HSC2 外部复位		18
19	PTO 0 完成中断		0
20	PTO 1 完成中断		1
27	HSC0 输入方向改变		11
28	HSC0 外部复位		12
29	HSC4 CV=PV		20

续表

中 断 号	中 断 描 述	优先级分组	按组排列的优先级
30	HSC1 方向改变	离散(中等)	21
31	HSC1 外部复原		22
32	HSC3 CV＝PV		19
33	HSC2 CV＝PV		23
10	定时中断 0	定时(最低)	0
11	定时中断 1		1
21	定时器 T32 CT＝PT 中断		2
22	定时器 T96 CT＝PT 中断		3

● 通信口中断：S7-200 用来生成通信中断程序以控制通信口的事件。

PLC 的串行通信口可由 LAD 或 STL 程序来控制。通信口的这种操作模式称为自由端口模式。在自由端口模式下，用户可用程序定义波特率、每个字符位数、奇偶校验和通信协议。利用接收和发送中断可简化程序对通信的控制。对于更多信息，参考发送和接收指令。

● I/O 中断：S7-200 对 I/O 点状态的各种变化产生中断事件。这些事件可以对高速计数器、脉冲输出或输入的上升或下降状态做出响应。

I/O 中断包含了上升沿或下降沿中断、高速计数器中断和脉冲串输出(PTO)中断。S7-200 CPU 可用输入 I0.0～I0.3 的上升沿或下降沿产生中断。上升沿事件和下降沿事件可被这些输入点捕获。这些上升沿/下降沿事件可被用于指示当某个事件发生时必须引起注意的条件。高速计数器中断允许响应诸如当前值等于预置值、相应于轴转动方向变化的计数方向改变和计数器外部复位等事件而产生的中断。每种高速计数器可对高速事件实时响应，而 PLC 扫描速率对这些高速事件是不能控制的。脉冲串输出中断给出了已完成指定脉冲数输出的指示。脉冲串输出的一个典型应用是对步进电动机进行控制。

● 时基中断：S7-200 产生使程序在指定的间隔上起作用的事件。

时基中断包括定时中断和定时器 T32/T96 中断。可以用定时中断指定一个周期性的活动。周期以 1 ms 为增量单位，周期时间为 1～255 ms。对定时中断 0，必须把周期时间写入 SMB34；对定时中断 1，必须把周期时间写入 SMB35。每当定时器溢出时，定时中断事件把控制权交给相应的中断程序。例如，可用定时中断以固定的时间间隔去控制模拟量输入的采样或者执行一个 PID 回路。

当把某个中断程序连接到一个定时中断事件上时，如果该定时中断被允许，就开始计时。在连接期间，系统捕捉周期时间值，因此后来对 SMB34 和 SMB35 的更改不会影响周期。为改变周期时间，首先必须修改周期时间值，然后重新把中断程序连接到定时中断事件上。当重新连接时，定时中断功能清除前一次连接时的任何累计值，并用新值重新开始计时。

一旦允许，定时中断就连续地运行，指定时间间隔的每次溢出时执行被连接的中断程序。如果退出 RUN 模式或分离定时中断，则定时中断被禁止。如果执行了全局中断禁止指令，定时中断事件会继续出现，每个出现的定时中断事件将进入中断队列（直到中断允许或队列满）。

定时器 T32/T96 中断允许及时地响应一个给定的时间间隔。这些中断只支持 1 ms 分辨率的延时接通定时器(TON)和延时断开定时器(TOF)T32 和 T96。T32 和 T96 定时器在其他方面工作正常。一旦中断允许,当有效定时器的当前值等于预置值时,在 CPU 的正常 1 ms 定时刷新中,执行被连接的中断程序。首先把一个中断程序连接到 T32/T96 中断事件上,然后允许该中断。

②中断指令:包括中断允许(ENI)、中断禁止(DISI)、中断连接指令(ATCH)、中断分离指令(DTCH)、清除中断事件指令(CLR_EVNT)和中断条件返回指令(CRETI),其 LAD 格式如图 6-37所示。

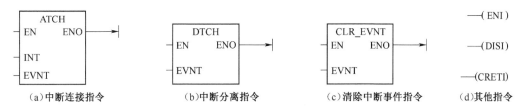

图 6-37　中断指令 LAD 格式

● 中断允许指令(ENI):全局地允许所有被连接的中断事件。

● 中断禁止指令(DISI):全局地禁止处理所有中断事件。当进入 RUN 模式时,初始状态为禁止中断。在 RUN 模式,可以执行全局中断允许指令(ENI)允许所有中断。全局中断禁止指令(DISI)不允许处理中断服务程序,但中断事件仍然会排队等候。

● 中断连接指令(ATCH):将中断事件(EVNT)与中断服务程序号。

● 中断分离指令(DTCH):将中断事件 EVNT 与中断服务程序之间的关联切断,并禁止该中断事件。

● 清除中断事件指令(CLR_EVNT):从中断队列中清除所有 EVNT 类型的中断事件。使用此指令从中断队列中清除不需要的中断事件。如果此指令用于清除假的中断事件,在从队列中清除事件之前要首先分离事件。否则,在执行清除事件指令之后,新的事件将被增加到队列中。

● 中断条件返回指令(CRETI):用于根据前面逻辑操作的条件,从中断服务程序中返回。

③中断优先级和中断队列:在各个指定的优先级之内,CPU 按先来先服务的原则处理中断。任何时间点上,只有一个用户中断程序正在执行。一旦中断程序开始执行,它要一直执行到结束。而且不会被别的中断程序,甚至是更高优先级的中断程序所打断。当另一个中断正在处理时,新出现的中断需要排队,等待处理。

中断程序应用示例,如图 6-38 所示。

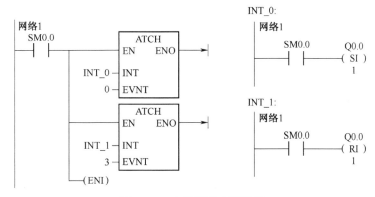

图 6-38　中断程序应用示例

说明:当 I0.0 的上升沿到来时,产生中断,使得 Q0.0 立即置位;当 I0.1 的下降沿到来时,产生中断,使得 Q0.0 立即复位。

2. 高速计数器指令

PLC 的普通计数器的计数过程与扫描工作方式有关,CPU 通过每一扫描周期读取一次被测信号的方法来捕捉被测信号的上升沿,被测信号的频率较高时,会丢失计数脉冲,因为普通计数器的工作频率很低,一般仅有几十赫兹。高速计数器可以对普通计数器无能为力的事件进行计数,S7-200 有 6 个高速计数器 HSC0~HSC5,可以设置多达 12 种不同的操作模式。

一般来说,高速计数器被用作驱动鼓式计时器,该设备有一个安装了增量轴式编码器的轴,以恒定的速度转动。轴式编码器每圈提供一个确定的计数值和一个复位脉冲。来自轴式编码器的时钟和复位脉冲作为高速计数器的输入。

高速计数器装入一组预置值中的第一个值,当前计数值小于当前预置值时,希望的输出有效。计数器设置成在当前值等于预置值和有复位时产生中断。随着每次当前计数值等于预置值的中断事件的出现,一个新的预置值被装入,并重新设置下一个输出状态。当出现复位中断事件时,设置第一个预置值和第一个输出状态,这个循环又重新开始。

对于操作模式相同的计数器,其计数功能是相同的。计数器共有 4 种基本类型:带有内部方向控制的单相计数器(模式 0~2),带有外部方向控制的单相计数器(模式 3~5),带有两个时钟输入的双相计数器(模式 6~8)和 A/B 相正交计数器(模式 9~11)。高速计数器可以被配置为 12 种模式中的任意一种,如表 6-11 所示。

表 6-11 高速计数器的输入点

模　式	中　断　描　述	输　入　点			
中断	HSC0	I0.0	I0.1	I0.2	
	HSC1	I0.6	I0.7	I1.0	I1.1
	HSC2	I1.2	I1.3	I1.4	I1.5
	HSC3	I0.1			
	HSC4	I0.3	I0.4	I0.5	
	HSC5	I0.4			
0	带有内部方向控制的单相计数器	时钟			
1		时钟		复位	
2		时钟		复位	启动
3	带有外部方向控制的单相计数器	时钟	方向		
4		时钟	方向	复位	
5		时钟	方向	复位	启动
6	带有增减计数时钟的双相计数器	增时钟	减时钟		
7		增时钟	减时钟	复位	
8		增时钟	减时钟	复位	启动
9	A/B 相正交计数器	时钟 A	时钟 B		
10		时钟 A	时钟 B	复位	
11		时钟 A	时钟 B	复位	启动

每一个计数器都有时钟、方向控制、复位、启动的特定输入。对于双相计数器,两个时钟都可以运行在最高频率。在正交模式下,可以选择一倍速(1X)或者四倍速(4X)计数速率。所有计数器都可以运行在最高频率下而互不影响。表 6-11 中给出了与高速计数器相关的时钟、方向控制、复位和启动输入点。同一个输入点不能用于两个不同的功能,但是任何一个没有被高速计数器的当前模式使用的输入点,都可以被用作其他用途。

提示:CPU221 和 CPU222 支持 HSC0、HSC3、HSC4 和 HSC5,不支持 HSC1 和 HSC2;CPU224、CPU224XP 和 CPU 226 全部支持 6 个高速计数器:HSC0~HSC5。

(1)高速计数器相关的寄存器

与高速计数器相关的寄存器是高速计数器控制字节、初始值寄存器、预置值寄存器、状态字节。

①高速计数器的控制字节:只有定义了计数器和计数器模式,才能对计数器的动态参数进行编程。每个高速计数器都有一个控制字节,这些字节的各个位的意义如表 6-12 所示。在执行 HDEF 指令前,必须把这些控制位设置到希望的状态。否则,计数器对计数模式的选择取默认设置。一旦 HDEF 指令被执行,就不能再更改计数器的设置,除非先进入 STOP 模式。

表 6-12　高速计数器的控制字节

HSC0	HSC1	HSC2	HSC3	HSC4	HSC5	描　　述
SM37.0	SM47.0	SM57.0	SM137.0	SM147.0	SM157.0	0=复位信号高电平有效,1=低电平有效
SM37.1	SM47.1	SM57.1	SM137.1	SM147.1	SM157.1	0=启动信号高电平有效,1=低电平有效
SM37.2	SM47.2	SM57.2	SM137.2	SM147.2	SM157.2	0=4 倍频模式,1=1 倍频模式
SM37.3	SM47.3	SM57.3	SM137.3	SM147.3	SM157.3	0=减计数,1=加计数
SM37.4	SM47.4	SM57.4	SM137.4	SM147.4	SM157.4	写入计数方向:0=不更新,1=更新
SM37.5	SM47.5	SM57.5	SM137.5	SM147.5	SM157.5	写入预置值:0=不更新,1=更新
SM37.6	SM47.6	SM57.6	SM137.6	SM147.6	SM157.6	写入当前值:0=不更新,1=更新
SM37.7	SM47.7	SM57.7	SM137.7	SM147.7	SM157.7	HSC 允许:0=禁止,1=允许

②高速计数器的预置值和当前值寄存器:

每个高速计数器都有一个 32 位的初始值和一个 32 位的预置值。初始值和预置值都是符号整数。为了向高速计数器装入新的初始值和预置值,必须先设置控制字节,并且把初始值和预置值存入特殊存储器中,然后执行 HSC 指令,从而将新的值传送到高速计数器。表 6-13 中对保存新的初始值和预置值的特殊存储器做了说明。

除去控制字节和新的初始值与预置值保存字节外,每个高速计数器的当前值只能使用数据类型 HC(高速计数器当前值)后面跟表 6-13 中列出的计数器号(0、1、2、3、4 或 5)的格式进行读取。可用读操作直接访问当前值,但是写操作只能用 HSC 指令来实现。

所有计数器模式都支持在 HSC 的当前值等于预设值时产生一个中断事件。使用外部复位端的计数模式支持外部复位中断。除去模式 0、1 和 2 之外,所有计数器模式支持计数方向改变中断。每种中断条件都可以分别使能或者禁止。

表 6-13　高速计数器的预置值和当前值寄存器

高速计数器	HSC0	HSC1	HSC2	HSC3	HSC4	HSC5
新的当前值	SMD38	SMD48	SMD58	SMD138	SMD148	SMD158
新的预置值	SMD42	SMD52	SMD62	SMD142	SMD152	SMD162

③状态字节:每个高速计数器都有一个状态字节,其中的状态存储位指出了当前计数方向,当前值是否大于或者等于预置值。表 6-14 给出了每个高速计数器状态位的定义。只有在执行中断服务程序时,状态位才有效。监视高速计数器状态的目的是使其他事件能够产生中断以完成更重要的操作。

表 6-14　高速计数器的状态字节

HSC0	HSC1	HSC2	HSC3	HSC4	HSC5	描　述
SM36.5	SM46.5	SM56.5	SM136.5	SM146.5	SM156.5	计数方向:0=减计数;1=加计数
SM36.6	SM46.6	SM56.6	SM136.6	SM146.6	SM156.6	0=当前值不等于预置值;1=等于
SM36.7	SM46.7	SM56.7	SM136.7	SM146.7	SM156.7	0=当前值小于预置值;1=大于

(2)高速计数器指令

其 LAD 的指令格式如图 6-39 所示。

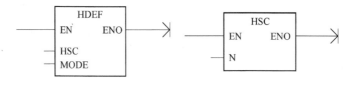

图 6-39　高速计数器指令的 LAD 格式

①高速计数器选择指令(HDEF):指定的高速计数器(HSCx)选择操作模式。对于每一个高速计数器使用一条定义高速计数器指令。

②高速计数器启动指令(HSC):用于启动标号为 N 的高速计数器。

③高速计数器编程:可以使用指令向导来配置计数器。向导程序使用下列信息:计数器的类型和模式、计数器的预置值、计数器的初始值和计数的初始方向。要启动 HSC 指令向导,可以在命令菜单窗口中选择 Tools >Instruction Wizard("工具"→"W:zard 指令"),然后在向导窗口中选择 HSC 指令。

使用高速计数器进行编程,必须按顺序完成下列基本操作:定义计数器和模式;设置控制字节;设置初始值;设置预置值;指定并使能中断服务程序;激活高速计数器。

由于中断事件产生的速率远低于高速计数器的计数速率,用高速计数器可实现精确控制,而与 PLC 整个扫描周期的关系不大。采用中断的方法允许在简单的状态控制中用独立的中断程序装入一个新的预置值。

在使用高速计数器之前,应该用 HDEF(高速计数器定义)指令为计数器选择一种计数模式。使用初次扫描存储器位 SM0.1(该位仅在第一次扫描周期接通,之后断开)来调用一个包含 HDEF 指令的子程序。

【例 6.4】　包装生产线产品累计和包装的 PLC 控制。

控制要求:某产品包装生产线应用高速计数器对产品进行累计和包装,要求每检测到 1 000

个产品时,自动启动包装机进行包装,计数方向外部信号控制。

    ● 方案设计:选择高速计数器 HSC0,因为计数方向可由外部信号控制,并且不要求复位信号输入,确定工作模式为 3。采用当前值等于设置值时执行中断事件,中断事件号为 12,当 12 号事件发生时,启动包装机工作子程序 SBR_2。高速计数器的初始化采用子程序 SBR_1。

    调用高速计数器初始化子程序的条件采用 SM0.1 初始脉冲信号。

    HC0 的当前值存入 SMD38,设置值 1000 写入 SMD42。

    ● 程序编写,如图 6-40 所示。

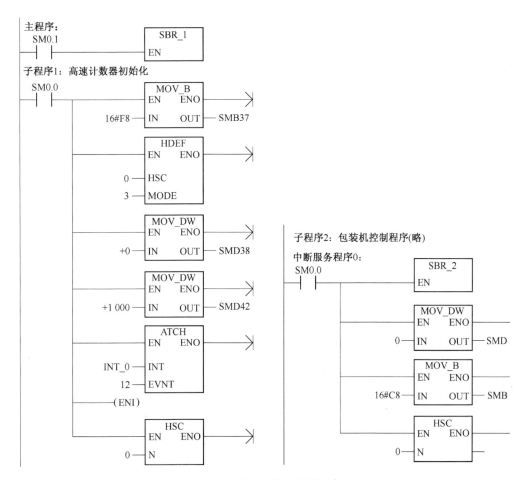

图 6-40　自动包装机计数程序

 项目训练

任务一　广告牌彩灯的 PLC 控制

1. 任务目的

①熟悉西门子 PLC 功能指令的用法。

②掌握西门子 PLC 数据传送及移位指令的使用方法。

③掌握 PLC I/O 接线的方法。

④掌握 PLC 梯形图编制、数据通信与调试的方法。

2. 任务内容

图 6-41 所示为广告牌彩灯示意图。该广告牌共有 20 个彩灯,彩灯受一个启动开关控制。当启动开关接通时,广告牌彩灯系统开始工作,具体的控制要求:第 1 号灯亮→第 2 号灯亮→第 3 号灯亮……第 8 号灯亮,即每隔 1 s 依次点亮,全亮后,闪烁 1 次(灭 1 s 亮 1 s),再反过来按 8→7→6→5→4→3→2→1 反序熄灭,时间间隔仍为 1 s。全灭后,停 1 s,再从第 1 号灯点亮,开始循环;当启动开关断开时,所有彩灯熄灭。其中闪烁控制,按亮灭各占一半时间计算,如闪烁 1 s,亮 0.5 s,灭 0.5 s。

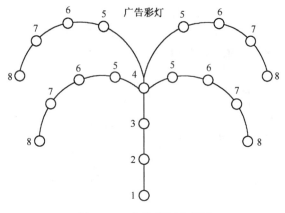

图 6-41 广告彩灯示意图

3. 任务准备

①PLC 实验装置一套。

②编程计算机一台。

③PC/PPI 通信电缆一条。

④连接导线若干。

⑤广告彩灯实验板。

4. 任务实施

(1) 确定系统的输入/输出及 PLC 端口分配

根据广告牌彩灯的控制要求,该系统应有 1 个启动开关,共 1 个输入点;8 个彩灯,共有 8 个输出点。具体的 I/O 端口与 PLC 地址编号如表 6-15 所示。

表 6-15　端口分配功能表

序　号	PLC 地址	电气符号	功 能 说 明
1	I0.0	SD	启动开关
2	Q0.0	1	彩灯 1
3	Q0.1	2	彩灯 2
4	Q0.2	3	彩灯 3
5	Q0.3	4	彩灯 4
6	Q0.4	5	彩灯 5
7	Q0.5	6	彩灯 6
8	Q0.6	7	彩灯 7
9	Q0.7	8	彩灯 8

(2) 控制系统接线

按照控制接线图连接控制回路,如图 6-42 所示。

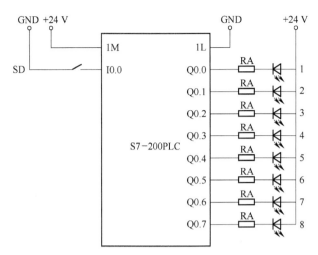

图 6-42　广告彩灯接线图

(3)程序编制

按照广告彩灯控制要求,采用数据传送及移位指令设计的控制程序如图 6-43 所示。

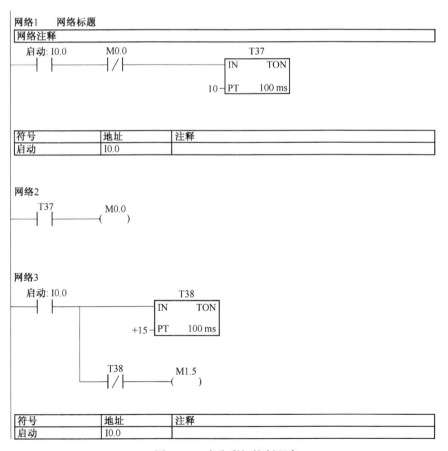

图 6-43　广告彩灯控制程序

225

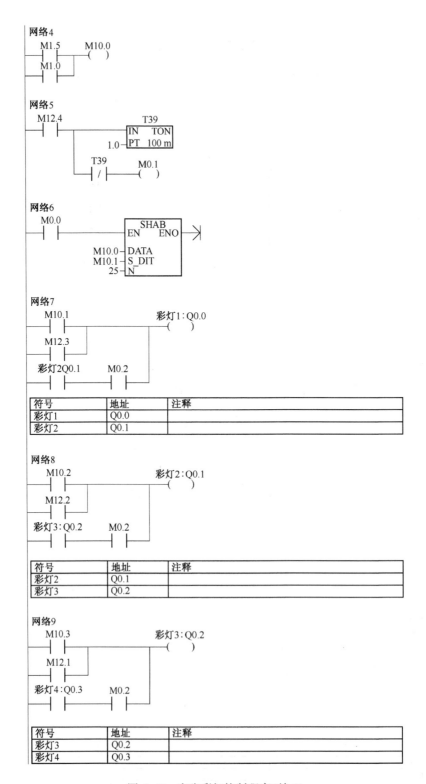

图 6-43　广告彩灯控制程序(续 1)

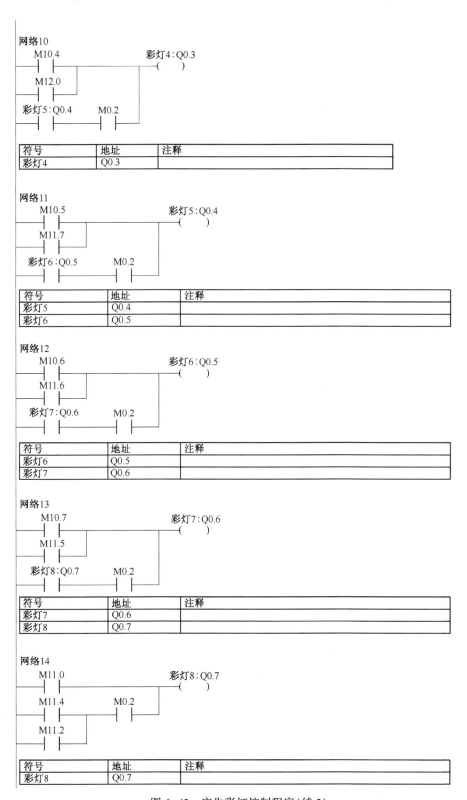

网络10

符号	地址	注释
彩灯4	Q0.3	

网络11

符号	地址	注释
彩灯5	Q0.4	
彩灯6	Q0.5	

网络12

符号	地址	注释
彩灯6	Q0.5	
彩灯7	Q0.6	

网络13

符号	地址	注释
彩灯7	Q0.6	
彩灯8	Q0.7	

网络14

符号	地址	注释
彩灯8	Q0.7	

图 6-43　广告彩灯控制程序(续 2)

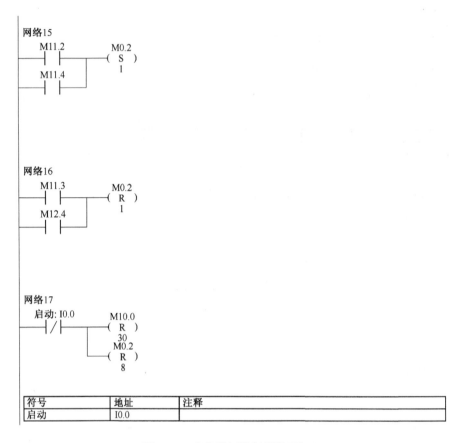

图 6-43　广告彩灯控制程序(续 3)

（4）调试运行

①将编译无误的控制程序下载至 PLC 中,并将 PLC 模式选择开关拨至 RUN 状态。

②合上启动开关 SD 为 ON 状态,观察并记录广告牌彩灯的点亮状态,并依此来分析程序可能存在的问题。如果程序能够实现控制要求,应该多运行几次,以便检查其运行的稳定性,然后进行程序优化。

（5）思考与总结

①总结经验,把调试过程中遇到的问题、解决方法记录下来。

②完成项目训练报告。

5. 任务评价

从 I/O 分配、PLC 硬件接线、PLC 程序编制及调试运行等方面进行综合评价。

任务二　PLC 实现转速与位移的测量

1. 任务目的

①熟悉西门子 PLC 功能指令的用法。

②掌握西门子 PLC 定时器及高速计数器相关指令的使用方法。

③掌握 PLC I/O 接线的方法。

④掌握 PLC 梯形图编制、数据通信与调试的方法。

2. 任务内容

①利用 PLC 来实现电动机转速的测量。

②利用 PLC 来实现电动机位移的测量。

3. 任务准备

①PLC 实验装置一套。

②编程计算机一台。

③PC/PPI 通信电缆一条。

④连接导线若干。

⑤带光电编码器的三相异步电动机 一部

4. 任务实施

(1)PLC 实现转速的测量

方案一:采用定时 1 s 的定时器 T37,实现 1s 的采样周期。在采样期间读取高速计数器

HSC0:(设置初始值为 0,工作模式为 0) 的 HC0 当前值,并转换为实数送 VD200,再乘以 0.06,

存入 VD300,即可得每分钟转速。

方案二:采用定时 1 s 的定时器 T32,实现 1s 的采样周期。设置好 HSC0 和定时中断。

在采样期间读取高速计数器 HSC0(设置为初始值为 0,工作模式为 0)的 HC0 计数(双字)。

T32 定时到,进入中断服务程序,把 HC0 计数转换为实数送 VD200,再乘以 0.06,存入 VD300,即可得每分钟转速。

测转速硬件接线如 6-44 所示。

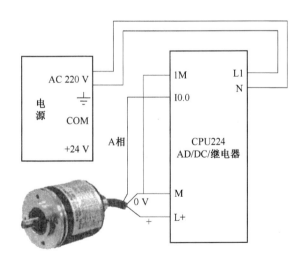

图 6-44 转速测量接线图

①测转速程序一(方案一):

主程序如图 6-45 所示。

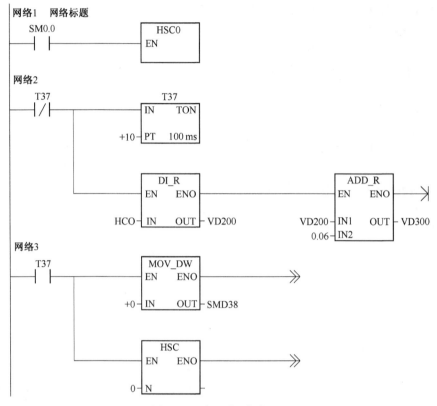

图 6-45 主程序(方案一)

子程序 HSC0 设置如图 6-46 所示。

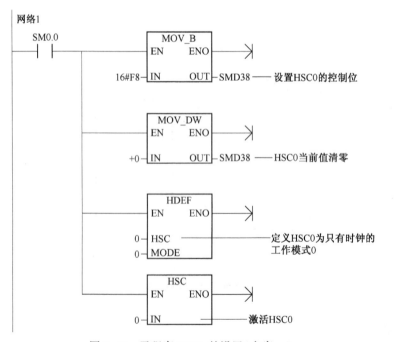

图 6-46 子程序 HSC0 的设置(方案一)

②测转速程序二(方案二)：

主程序如图 6-47 所示,子程序 HSCO 设置如图 6-48 所示。

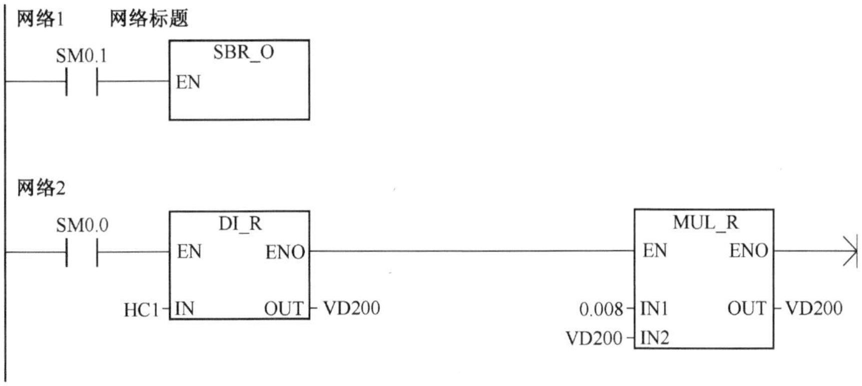

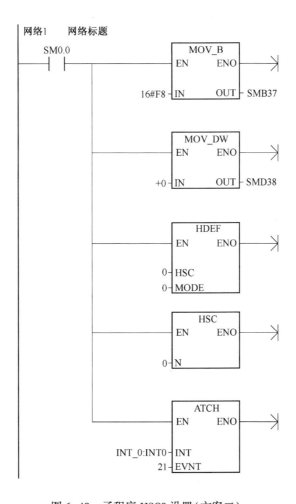

图 6-47　主程序(方案二)

图 6-48　子程序 HSC0 设置(方案二)

中断服务程序 INT_0 如图 6-49 所示。

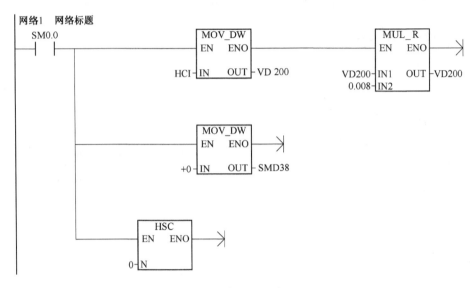

图 6-49　中断服务程序 INT_0

（2）PLC 实现位移的测量

方案：电动机通过联轴器带动丝杠（螺距为 8 mm）一起旋转，螺母带动滑块在导轨上实现直线位移。光电编码器的轴与电动机轴通过联轴器相连接。利用 HSC1 的工作模式 9 对光电编码器输送的 A 相和 B 相高速脉冲增减计数，并把 HC1 的值乘以 0.008 送入 VD200。

①测位移硬件接线如图 6-50 所示。

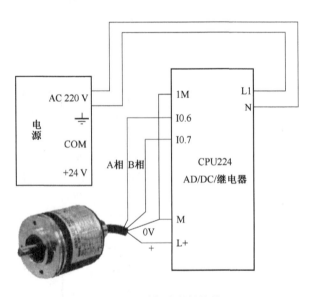

图 6-50　测位移硬件接线

②测位移程序：

主程序如图 6-51 所示。

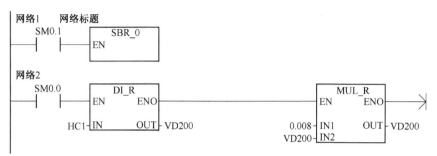

图 6-51　主程序

子程序如图 6-52 所示。

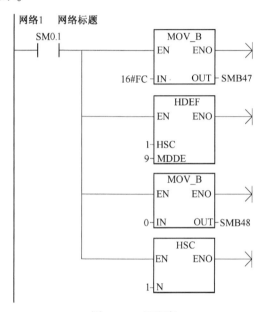

图 6-52　子程序

（3）思考与总结

①比较 PLC 实现转速测量的两个方案的差异。

②完成项目训练报告。

5. 任务评价

从 I/O 分配、PLC 硬件接线、PLC 程序编制及调试运行等方面进行综合评价。

习　题

1. 试用传送指令设计：当 I0.0 动作时，Q0.0～Q0.7 全部输出为 1。

2. 编写一段程序，检测传输带上通过的产品数量，当产品数达到 100 时，停止传输带进行包装。

3. 试设计程序：当 I0.1 动作时，使用 0 号中断，在中断程序中将 0 送入 VB0。

4. 用定时器 T32 进行中断定时，控制接在 Q0.0～Q0.7 上的 8 个彩灯循环左移，每秒移动一次，设计程序。

5. 编写一段程序，用定时中断 0 实现每隔 4 s 时间 VB0 加 1。

項目七　PLC 通信与网络

学习目标

● 了解数据通信的基本含义及数据通信系统的组成。
● 熟悉 S7-200 PLC 网络通信协议。
● 熟悉 ModBus 网络通信协议。
● 熟练掌握网络读/写指令的用法。

随着计算机通信网络技术的日益成熟及企业对工业自动化程度要求的提高,自动控制系统也从传统的集中式控制向多级分布式控制方向发展,这就要求构成控制系统的 PLC 必须要有通信及网络的功能,能够相互连接、远程通信,以构成网络。根据市场的需求,各 PLC 生产厂家相继研制开发出自己的 PLC 网络,给自己的产品增加通信及联网功能。各 PLC 生产厂家的网络不尽相同,通信与网络技术的内容也都十分丰富,本项目介绍通信基础知识,并着重对西门子公司的 PLC 通信与网络系统进行介绍。通过本项目的学习,可以使读者掌握 PLC 通信与网络的基础知识,以便今后参考有关的技术手册对 PLC 网络进行设计和应用。

相关知识

一、通信技术介绍

无论计算机还是 PLC,它们都是数字设备。它们之间交换的信息是由"0"和"1"表示的数字信号。通常把具有一定编码、格式和位长的数字信号称为数字信息。数字通信就是将数字信息通过适当的传输电路,从一台机器传输到另一台机器。这里的机器可以是计算机、PLC 或者有数字通信功能的其他数字设备,把地理位置不同的计算机和 PLC 及其他数字设备连接起来,构建起能够高效率地完成数据传输、信息交换和通信处理等任务的系统就是数据通信系统。数据通信系统一般由传输设备、传输控制设备和传输协议及通信软件等组成。组成数据通信系统的设备之间的数字传输方式称为数据通信方式。

1. 数据的传输与通信方式

（1）并行传输与串行传输

按照传输数据的时空顺序分,数字通信的传输方式可分为串行传输和并行传输两种。

①并行传输:将一条信息的各位数据被同时传送的传输方式。其特点是传输速度快,但由于一个并行数据有多少位二进制位,就需要有多少根传输线,成本较高。通常并行传输用于传输速率较高的近距离传输。

②串行传输:将一条信息的各个二进制位依次在一个信道上进行传输的方式。串行传输通常只需要一根到两根传输线,因此通信电路简单、成本低,在远距离传输时尤其明显,但与并行传输相比传输速度慢,故常用于远距离传输且速度要求不高的场合。

图 7-1 所示为串行传输与并行传输示意图。在本项目中主要讨论串行传输方式。

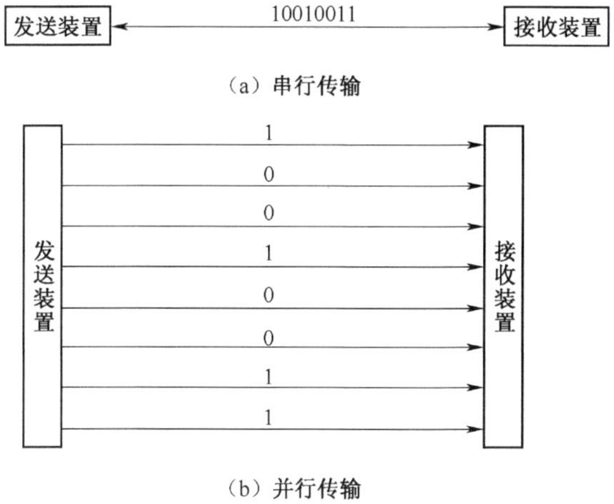

图 7-1　串行传输与并行传输示意图

（2）异步传输和同步传输

在异步传输中，信息以字符为单位进行传输，每个字符都具有自己的起始位和停止位，一个字符中的各个位是同步的，但字符与字符之间的间隔是不确定的。

在同步传输中，信息以数据块为单位进行传输，通信系统中有专门使发送装置和接收装置同步的时钟脉冲，使发送双方以同一频率连续工作，并且保持一定的相位关系。在一组数据或一个报文之内不需要启停标志，因此可获得较高的传输速度。

（3）单工通信、半双工和全双工通信方式

按照通信双方数据在通信电路上的交互方式，有以下几种方式：单工通信、半双工和全双工通信方式。

①单工通信方式：指信息始终保持一个方向传输，而不能进行反向传输。例如，无线电广播、电视广播等就属于这种类型。

②半双工通信方式：指数据流可以在两个方向上流动，但同一时刻只限于一个方向流动，又称双向交替通信。

③全双工通信方式：通信双方能够同时进行数据的发送和接收。

④传输速率：指单位时间内通过信道的信息量，单位是 bit/s（比特/秒）。常用的标准传输速率为 300~38 400 bit/s。不同的串行通信网络的传输速率差别很大，有的只有数百比特每秒，高速串行通信网络的传输速率可达 1 Gbit/s。

2. 传输介质

目前，在分散控制系统中普遍使用的传输介质有：同轴电缆、双绞线、光缆，而其他介质如无线电、红外线、微波等，在 PLC 网络中应用很少。在使用的传输介质中双绞线（带屏蔽）成本较低、安装简单；而光缆尺寸小、重量轻、传输距离远，但成本高、安装维修需专用仪器。它们的具体性能如表 7-1 所示。

3. 串行通信接口标准

目前，常用几种串行通信的接口形式是 RS-232-C、RS-485 和 RS-422。这 3 种接口形式的主要区别在于电平形式和物理接口。

（1）RS-232 串行接口标准

RS-232 在 1962 年发布,命名为 EIA-232-E,是目前 PC 与通信工业中应用最广泛的一种串行接口。RS-232 采取不平衡传输方式,即所谓单端通信。

RS-232 共模抑制能力差,再加上双绞线上的分布电容,其传输距离最大约为 15 m,最高速率为 20 kbit/s。

表 7-1　传输介质性能比较

性　能	传 输 介 质		
	双绞线	同轴电缆	光缆
传输速率	9.6 kbit/s~2 Mbit/s	1~450 Mbit/s	10~500 Mbit/s
连接方法	①点到点; ②多点; ③ 1~5 km 不用中继器	①点到点; ②多点; ③10 km 不用中继(宽带),1~3 km 不用中继(基带)	①点到点; ②50 km 不用中继
传输信号	数字调制信号,纯模拟信号(基带)	调制信号,数字(基带),数字、声音、图像(宽带)	调制信号,数字(基带),数字、声音、图像(宽带)
支持网络	星形、环形、小型交换机	总线形、环形	总线形、环形
抗干扰	好(需外屏蔽)	很好	极好
抗恶劣环境	好(需外屏蔽)	好,但必须将电缆与腐蚀物隔开	好,耐高温和其他恶劣环境

RS-232 是为点对点(即只用一对收、发设备)通信设计的,其驱动器负载为 3~7 kΩ。所以 RS-232 适合本地设备之间的通信。

（2）RS-485 串行接口标准

1983 年,EIA 制定了 RS-485 标准,增加了多点、双向通信能力,即允许多个发送器连接到同一条总线上,同时增加了发送器的驱动能力和冲突保护特性,扩展了总线共模范围,后命名为 TIA/EIA-485-A 标准。RS-485 采用平衡传输方式,可以采用二线与四线方式,二线制可实现真正的多点双向通信;而采用四线连接时,只能实现点对多的通信,即只能有一个主(Master)设备,其余为从设备,但无论四线还是二线连接方式,总线上最多可接到 32 个设备。RS-485 最大传输距离约为 1 219 m,最大传输速率为 10 Mbit/s。RS-485 需要 2 个终接电阻,其阻值要求等于传输电缆的特性阻抗。在短距离传输时可不需要终接电阻,即一般在 300 m 以下不需要终接电阻。

4. 工业局域网

将地理位置不同而又具有各自独立功能的多台计算机,通过通信设备和通信电路相互连接起来构成的计算机系统称为计算机网络。网络中每台计算机或交换信息的设备称为网络的站或结点。

按站间距离大小可将网络分为全域网、广域网及局域网三类:

①全域网(Global Area Network,GAN):它通过卫星通信连接各大洲不同国家,覆盖面积极大,范围在 1 000 km 以上,如美国 ARPA 网。

②广域网(又称远程网):它的站点分布范围很广,从几千米到几千千米。单独建造一个广域网,价格昂贵,常借用公共电报、电话网实现。此外,网络的分布不规则,使网络的通信控制比较复杂,尤其是使用公共传输网,要求联到网上的用户必须严格遵守各种规程,限制比较死。

③局域网:地理范围有限,通常在几十米到几千米,数据通信传输速率高,误码率低,网络拓扑结构比较规则,网络的控制一般趋于分布式,以减少对某个结点的依赖、避免或减少了一个结点故障对整个网络的影响,比较廉价。

(1)局域网的四大要素

局域网的四大要素为:网络的拓扑结构、介质访问控制、通道利用方式和传输介质。

①网络拓扑结构:指网络中的通信电路和结点间的几何布置,用以表示网络的整体结构外貌,它反映了各个模块间的结构关系,对整个网络的设计、功能、可靠性和成本都有影响。常见的拓扑结构形式有星形、环形及总线形 3 种。

星形拓扑是以中央结点为中心与各结点连接组成的,网络中任何两个结点要进行通信 都必须经过中央结点控制,其网络结构如图 7-2(a)所示。星形网络的特点是:结构简单,便于管理控制,建网容易,电路可用性强,效率高,网络延迟时间短,误码率较低,便于程序集中开发和资源共享。但系统花费大,网络共享能力差,负责通信协调工作的上位计算机负荷大,通信电路利用率不高,且系统对上位计算机的依赖性也很强,一旦上位机发生故障,整个网络通信就得停止。在小系统、通信不频繁的场合可以应用。星形网络常用双绞线作为传输介质。

上位计算机(也称主机、监控计算机、中央处理机)通过点到点的方式与各现场处理机(也称从机)进行通信,就是一种星形结构。各现场机之间不能直接通信,若要进行相互间数据传输,就必须通过作为中央结点的上位计算机协调。

环形网中是各个结点通过环路通信接口或适配器连接在一条首尾相连的闭合环形通信电路,环路上任何结点均可以请求发送信息。请求一旦被批准,便可以向环路发送信息。环形网中的数据主要是单向传输,也可以是双向传输。由于环线是公用的,一个结点发出的信息必须穿越环中所有的环路接口,信息中目的地址与环上某结点地址相符时,数据信息被该结点的环路接口所接收,而后信息继续传向环路的下一个接口,一直流回发送该信息的环路接口结点为止。环形网络结构如图 7-2(b)所示。

环形网的特点:结构简单,挂接或摘除结点容易,安装费用低;由于在环形网络中数据信息在网中是沿固定方向流动的,结点之间仅有一个通路,大大简化了路径选择控制;某个结点发生故障时,可以自动旁路,系统可靠性高。所以,工业上的信息处理和自动化系统常采用环形网络的拓扑结构。但结点过多时,会影响传输效率,整个网络响应时间变长。

总线形网络结构如图 7-2(c)所示,其利用总线把所有的结点连接起来,这些结点共享总线,对总线有同等的访问权。

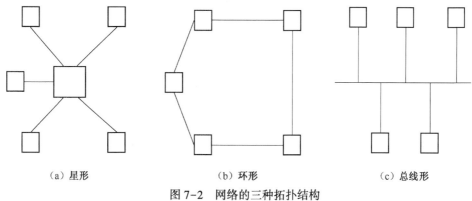

(a)星形   (b)环形   (c)总线形

图 7-2 网络的三种拓扑结构

总线形网络由于采用广播方式传输数据,任何一个结点发出的信息经过通信接口(或适配器)后,沿总线向相反的两个方向传输,因此可以使所有结点接收到,各结点将目的地址是本站站号的信息接收下来。这样就无须进行集中控制和选择路径,其结构和通信协议比较简单。

在总线形网络中,所有结点共享一条通信传输链路,因此,在同一时刻,网络上只允许一个结点发送信息。一旦两个或两个以上结点同时发送信息就会发生冲突。在不使用通信指挥器 HTD 的分散通信控制方式中,常需规定一定的防冲突通信协议。常用的有令牌总线网(Token-Passing-Bus)和冲突检测载波监听多路存取控制协议(SMA/CD)。

总线形网络结构简单、易于扩充、设备安装和修改费用低、可靠性高、灵活性好、可连接多种不同传输速率、不同数据类型的结点,也易获得较宽的传输频带,共享资源能力强,常用同轴电缆或光缆作传输介质,特别适合于工业控制应用,是工业控制局域网中常用的拓扑结构。

②介质访问控制:指对网络通道占有权的管理和控制。介质访问控制主要有令牌传输方式和争用方式两种方法。

令牌传输方式对介质访问的控制权是以令牌为标志的。令牌是一组二进制码,网络上的结点按某种规则排序,令牌被依次从一个结点传到下一个结点,只有得到令牌的结点才有权控制和使用网络。已发送完信息或无信息发送的结点将令牌传给下一个结点。在令牌传输网络中,不存在控制站,不存在主从关系。这种控制方式结构简单、便于实现、成本低,可在任何一种拓扑结构上实现,但一般常用总线和环形结构。即 Token Bus 和 Token Ring。其中,尤以 Token Bus 颇受工业界青睐,因这种结构便于实现集中管理、分散式控制,很适合工业现场。

争用方式允许网络中的各结点自由发送信息。但当两个以上的结点同时发送时,则会出现冲突,故需要做些规定加以约束。目前,常用的是 CSMA/CD 规约(以太网规约),即带冲突检测的载波监听多路存取协议。这种协议要求每个结点要"先听后发、边听边发",即发送前先监听。在监听时,若总线空则可发送;忙则停止发送。发送的过程中还应随时监听,一旦发现电路冲突则停止发送,已发送的内容则全部作废。这种控制方式在轻负载时优点突出,具有控制分散、效率高的特点;但重负载时冲突增加,传输效率大大降低。而令牌方式恰恰在重负载时效率高。

③通道的利用方式。常用的通道方式有两种:基带方式和频带方式。基带传输是在传送数据时,原封不动地按照数字信号原有的波形直接传输,不需要调制解调器,设备费用低,适合短距离的数据传输。频带传输是一种采用调制解调器技术的传输形式,通过调制将数字信号变换成具有一定频带范围的模拟信号,以便自模拟信道上传输。频带传输复杂,传送距离较远。

④传输介质:可以用同轴电缆、光缆进行信号传输。

(2)网络协议和体系结构

①通信协议。不同系列、不同型号的计算机、PLC 通信方式各有差异,造成了通信软件需要依据不同的情况进行开发。这不仅涉及数据的传输,而且还涉及 PLC 网络的正常运行,因此在网络系统中,为确保数据通信双方能正确而自动地进行通信,应针对通信过程中的各种问题,制定一整套约定,这就是网络系统的通信协议,又称网络通信规程。所以通信协议就是一组约定的集合,是一套语义和语法规则,用来规定有关功能部件在通信过程中的操作。通常通信协议至少应有两种功能:一是通信,包括识别和同步;二是信息传输,包括传输正确的保证、错误检测和修正等。

②体系结构。网络的结构通常可以从三方面来描述:网络体系结构、网络组织结构和网络配置。

网络组织结构指的是从网络的物理实现方面来描述网络的结构;网络配置指的是从网络的应用来描述网络的布局、硬件、软件等;网络体系结构是指从功能上来描述网络的结构,至于体系结构中所确定的功能怎样实现,留待网络生产厂家来解决。

网络的体系结构,通常是以高度结构化的方式来设计的,一个 PLC 控制系统的控制问题是比较复杂的,常将其分解成一个个相对独立、又有一定的联系层面。这样,就可以将网络系统进行分层,各层执行各自承担的任务,层与层可以设有接口。

(3) 现场总线

现场总线始于 20 世纪 80 年代,90 年代技术日趋成熟,受到世界各自动化设备制造商和用户的广泛关注,PLC 的生产厂商也将现场总线技术应用于各自的产品之中构成工业局域网的最底层,使得 PLC 网络实现了真正意义上的自动控制领域发展的一个热点,给传统的工业控制技术带来了一次革命。

现场总线技术是实现现场级设备数字化通信的一种工业现场层的网络通信技术。按照国际电工委员会 IEC 61158 的定义,现场总线是"安装在过程区域的现场设备/仪表与控制室内的自动控制装置/系统之间的一种串行、数字式、多点通信的数据总线"。也就是说,基于现场总线的系统是以单个分散的、数字化、智能化的测量和控制设备,如传感器、调节器、变送器、执行器作为网络的结点,用总线相连,而不用将这些位于生产现场的设备和装置等都是通过信号电缆与计算机、PLC 相连的,不但实现了信息的相互交换,使得不同网络、不同现场设备之间可以共享信息,现场设备的各种运行参数、状态信息及故障信息等通过总线传输到远离现场的控制中心,而控制中心又可以将各种控制、维护、组态命令又送往相关的设备,从而建立起具有自动控制功能的网络,实现设备状态故障、参数信息的一体化传输。

目前,国际上有数十种现场总线,它们各有各的特点,应用的领域和范围也各不相同。国际上几种主要的现场总线如表 7-2 所示。本章主要讲述 PROFIBUS 总线在 PLC 控制系统中的应用。

表 7-2　几种主要的现场总线

现场总线的类型	研发公司	标准	投入市场时间	应用领域	速率(bit/s)	最大长度	站点数
PROFIBUS	德国 SIMENS	EN5170 IEC61158-3	1990 年	工厂自动化 过程自动化 楼宇自动化	9.6 k~12 M	100 km	126
ControlNet	美国 RochWell	SBI、DD241 IEC61158-2	1997 年	汽车、化工、发电	5 M	30 km	99
AS-Interface	德国由 11 个公司联合研发	EN50295	1993 年	过程自动化	168 k	100 m,可用中继器加长	31
CAN Bus	德国 Bosch	ISO11898	1991 年发布技术规范	汽车制造、机器人液压系统	125 k~1 M	10 km	

PROFIBUS 是世界上第一个开放式现场总线标准,已于 2006 年被批准成为中华人民共和国工业自动化领域首个现场总线标准。PROFIBUS 连接的系统由主站和从站组成,除了支持主/从模式,还支持多主/多从的模式。对于多主站的模式,在主站之间按令牌传递顺序决定对总线的控制权。取得控制权的主站,可以向从站发送,获取信息,实现点对点的通信。

PROFIBUS 由 3 个相互兼容的部分组成,即 PROFIBUS-FMS、PROFIBUS-DP 及 PROFIBUS-PA。

①PROFIBUS-DP(Decentralized Periphery):制造业自动化主要应用的协议内容,是满足用户快速通信的最佳方案,传输速率为 12 Mbit/s。扫描 1 000 个 I/O 点的时间少于 1 ms。它可以用于设备级的高速、数据传输,位于这一级的 PLC 或工业控制计算机可以通过 PROFIBUSEDP 同分散的现场设备进行通信。

②PRORBIJS-PA(Process Automation):主要用于过程自动化的信号采集及控制,它是专为过程自动化所设计的协议,可用于安全性要求较高的场合。

③PROFIBUS-FMS(Fiddbus Message Specification):FMS 主要用于非控制信息的传输,可以用于车间级监控网络。FMS 提供了大量的通信服务,用以完成以中等级传输速度进行的循环和非循环的通信服务。对于 FMS 而言,它考虑的主要是系统功能而不是系统响应时间,应用过程中通常要求的是随机的信息交换,如改变设置参数。FMS 服务向用户提供了广泛的应用范围和更大的灵活性,通常用于大范围、复杂的通信系统。

二、S7-200 PLC 通信部件

S7-200 通信的有关部件包括:通信口、多主站 PPI 电缆、PC/PPI 电缆、通信卡,以及 S7-200 通信扩展模块等。

1. 通信端口

在每个 S7-200 的 CPU 上都有一个与 RS-485 兼容的 9 针 D 型端口,该端口也符合欧洲标准 EN50170 中的 PROFIBUS 标准。通过该端口可以把每个 S7-200 连到网络总线。S7-200 CPU 上的通信端口外形如图 7-3 所示。

在进行调试时,将 S7-200 与接入网络时,该端口一般是作为端口 1 出现的,作为端口 1 时端口各个引脚的名称及其表示的意义如表 7-3 所示。端口 0 为所连接的调试设备的端口引脚信号。

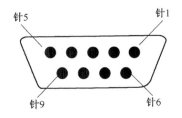

图 7-3 S7-200 CPU 上的通信口外形

表 7-3 87-200 通信口各引脚名称

引 脚	PROFIBUS 名称	端口 0/端口 1
1	屏蔽	机壳地
2	24 V 返回	逻辑地
3	RS-485 信号 B	RS-485 信号 B
4	发送申请	RTS(TTL)
5	5 V 返回	逻辑地
6	+5 V	+5 V, 1 000 Ω 串联电阻
7	+24 V	+24 V
8	RS-485 信号 A	RS-485 信号 A
9	不用	10 位协议选择(输入)
连接器外壳	屏蔽	机壳接地

2. 多主站PPI (点对点接口) 电缆

多主站PPI电缆用于计算机与S7-200之间的通信。S7-200的通信接口为RS-485,计算机可以使用RS-232C或USB通信接口,因此有RS-232C/PPI和USB/PPI两种电缆。多主站电缆的价格便宜,使用方便,但是通信速率较低。

(1)PPI多主站电缆上的DIP开关的设置

PPI多主站电缆(见图7-4)上有8个DIP开关,通信的波特率用DIP开关的1~3位设置(见表7-4)。第4位和第8位未用,第5位为1和0分别选择PPI和PPI/自由端口模式,第6位为1和0分别选择远程模式和本地模式。第7位为1和为0分别对应于调制解调器的10位模式和11位模式。

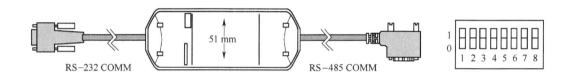

图7-4 PPI多主站电缆

表7-4 开关设置与波特率的对应关系

开关1、2、3	传输速率/(bit/s)	转换时间/ms
000	38 400	0.5
001	19 200	1
010	9 600	2
011	4 800	4
100	2 400	7
101	1 200	14
110	115 200	0.15
111	57 600	0.3

使用PPI多主站电缆和自由端口模式,可以实现S7-200CPU与RS-232C标准兼容的设备的通信。自由端口模式用于S7-200与西门子SIMODRIVE MicroMaster驱动设备通信的USS协议和S7-200与其他设备通信的Modbus协议。

①RS-232C/PPI多主站电缆用于STEP7-Micro/WIN或自由端口操作

如果用PPI电缆将S7-200直接连接到计算机,DIP开关的第5位为0(PPI/自由端口模式),第6位为0(本地模式),第7位为0(11位模式)。

如果S7-200连接到调制解调器,DIP开关的第5位为0,第6位为1(远程模式),根据调制解调器每个字符是10位还是11位来设置第7位开关。

②RS-232C/PPI多主站电缆用于STEP7-Micro/WIN V3.2.4或更高的版本。如果用PPI电缆将S7-200直接连接到计算机,DIP开关的第5位设为1 (PPI模式),第6位设为0(本地模式)。

如果S7-200连接到调制解调器,DIP开关的第5位为1,第6位为1(远程模式)。

（2）PPI 多主站电缆上的 LED

Tx 和 RxLED 分别指示 RS-232C 或 USB 发送数据和接收数据。LED 的 PPI 用来指示 RS-485 发送数据。

（3）切换时间

当数据从 RS-232C 传送到 RS-485 接口时,PPI 电缆是发送模式。当数据从 RS-485 传送到 RS-232C 接口时,电缆是接收模式。检测到 RS-232C 的发送线有字符时,电缆立即从接收模式切换到发送模式。RS-232C 发送线处于闲置的时间超过电缆切换时间时,电缆又切换到接收模式。电缆切换时间与波特率有关。

如果在使用自由端口模式的系统中使用 PPI 电缆,对于下面的情况,必须在 S7-200 CPU 的用户程序中考虑电缆的切换时间。

①S7-200 CPU 响应 RS-232C 设备发送给它的报文(Message)。在接收到 RS-232C 设备的请求报文后,S7-200 CPU 发送响应报文的延迟时间必须大于等于电缆的切换时间。

②RS-232C 设备响应 S7-200 CPU 发送给它的报文在接收到 RS-232C 设备的响应报文后,S7-200 CPU 发出下一次请求报文的延迟时间必须大于或等于电缆的切换时间。

在两种情况下,延迟使 PPI 多主站电缆有足够的时间从发送模式切换到接收模式,使数据从 RS-485 接口传到 RS-232C 接口。

3. CP 通信卡

在运行 Windows 操作系统的个人计算机(PC)上安装了 STEP 7 - Micro/WIN 编程软件后,PC 作为网络中的主站。CP 通信卡的价格较高,但是可以获得相当高的通信速率。台式计算机与笔记本式计算机使用不同的通信卡。

表 7-5 所示为可以供用户选择的 STEP7-Micro/WIN 支持的通信硬件和波特率。S7-200 还可以通过 EM277 PROFIBUS-DP 模块连接到 PROFIBUS-DP 现场总线网络,各通信卡提供一个与 PROFIBUS 网络相连的 RS-485 通信接口。

表 7-5　STEP7-Micro/WIN 支持的 CP 卡和协议

配　　置	波特率/（bit/s）	协议
RS-232C/PPI 和 USB/PPI 多主站电缆	9.6~187.5 k	PPI
CP 5511 类型 II、CP 5512 类型 II PCMCIA 卡,适用于笔记本电脑	9.6~12 M	PPI、MPI 和 PROFIBUS
CP 5611（版本 3 以上）PCI 卡	9.6~12 M	PPI、MPI 和 PROFIBUS
CP 1613、CP 1612、SoftNet7 PCI 卡	10~100 M	TCP/IP
CP 1512、SoftNet7 PCMCIA 卡,适用于笔记本电脑	10~100 M	TCP/IP

4. 网络连接器

利用西门子公司提供的两种网络连接器可以把多个设备很容易地连到网络中。两种连接器都有两组螺钉端子,可以连接网络的输入和输出。通过网络连接器上的选择开关可以对网络进行偏置和终端匹配。两个连接器中的一个连接器仅提供连接到 CPU 的接口,而另一个连接器增加了一个编程接口,如图 7-5 所示。带有编程接口的连接器可以把 SIMATIC 编程器或操作面板增加到网络中,而不用改动现有的网络连接。编程口连接器把 CPU 来的信号传到编程口(包括电源引线)。这个连接器对于连接从 CPU 取电源的设备(例如 TD200 或 OP3)比较适用。

进行网络连接时,当所连接的设备的参考点不是同一参考点时,在连接电缆中会产生电流,

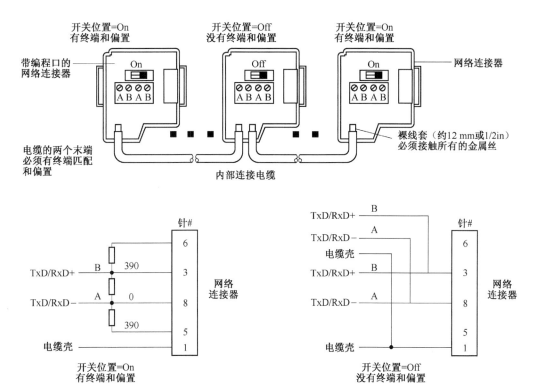

图 7-5　网络连接器

这些电流会造成通信故障或损坏设备。要消除这些电流就要确保通信电缆连接的所有设备共享一个共同的参考点,或者将通信电缆所连接的设备进行隔离,以防止不必要的电流。

5. PROFIBUS 网络电缆

当通信设备相距较远时,可使用 PROFIBUS 电缆进行连接,表 7-6 列出了 PROFIBUS 网络电缆的性能指标。

表 7-6　PROFIBUS 网络电缆性能

指　　标	规　　范
导线类型	屏蔽双绞线
导体截面积	24 A WG（0.22 mm²）或更粗
电缆电容	<60 pF/m
阻抗	100~200 Ω

PROFIBUS 网络的最大长度有赖于波特率和所用电缆的类型。表 7-7 列出了采用满足表 7-7 中列出的规范电缆时网络段的最大长度。

表 7-7　PROFIBUS 网络中段的最大电缆长度

传输速率/（kbit/s）	网络段的最大电缆长度
9.6~19.2	1 200 m
187.5	1 200 m

6. 网络中继器

西门子公司提供连接到 PROFIBUS 网络环的网络中继器，如图 7-6 所示。利用中继器可以延长网络通信距离，允许在网络中加入设备，并且提供了一个隔离不同网络环的方法。在波特率是 9600 时，PROFIBUS 允许在一个网络环上最多有 32 个设备，这时通信的最长距离是 1 200 m。每个中继器允许加入另外 32 个设备，而且可以把网络再延长 1 200 m。在网络中最多可以使用 9 个中继器。每个中继器为网络环提供偏置和终端匹配。

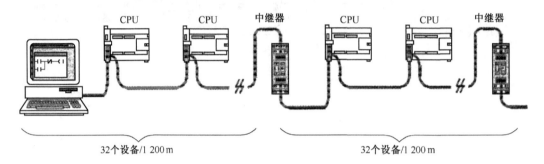

图 7-6　带有中继器的网络

7. EM277 PROFIBUS-DP 模块

EM277 PROFIBUS-DP 模块是专门用于 PROFIBUS-DP 协议通信的智能扩展模块，其外形如图 7-7 所示。EM277 机壳上有一个 RS-485 接口，通过接口可将 S7-200 系列 CPU 连接至网络，它支持 PROFIBUS-DP 和 MPI 从站协议。其上的地址选择开关可进行地址设置，地址范围为：0～99。

PROFIBUS-DP 是由欧洲标准 EN50170 和国际标准 IEC 611158 定义的一种远程 I/O 通信协议。遵守这种标准的设备，即使是由不同公司制造的，也是兼容的。DP 表示分布式外围设备，即远程 I/O。PROFIBUS 表示过程现场总线。EM277 模块作为 PROFIBUS-DP 协议下的从站，实现通信功能。

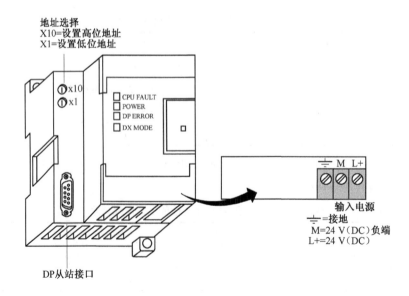

图 7-7　EM277 模块外形图

除以上介绍的通信模块外,还有其他的通信模块。例如,用于本地 I/O 扩展的 CP243-2 通信处理器,利用该模块可增加 S7-200 系列 CPU 的输入、输出点数。

三、S7-200 PLC 网络

1. S7-200 的网络通信协议

S7-200 CPU 可支持多种通信协议(见表 7-8),如点到点(Point -to- Point)的协议(PPI)、多点协议(MPI)及 PROFIBUS 协议。这些协议的结构模型都是基于开放系统互连参考模型(OSI)的 7 层通信结构。PPI 协议和 MPI 协议通过令牌环网实现。令牌环网遵守欧洲标准 EN 50170 中的过程现场总线(PROFIBUS)标准。它们都是异步、基于字符的协议,传输的数据带有起始位、8位数据、奇校验和一个停止位。每组数据都包含特殊的起始和结束标志、源站地址和目的站地址、数据长度、数据完整性检查几部分。只要相互的波特率相同,3 个协议可在同一网络上运行而不互相影响。

表 7-8　S7-200 支持的通信协议

协议类型	端口位置	接口类型	传输介质	传输速率/(bit/s)	说　明
PPI	EM24 模块	RJ11	电话线	33.6k	—
	CPU 端口 0/1	DB-9 针	RS-485	9.6k、19.2k、187.5k	主、从站
MPI				192.k、187.5k	从站
	EM227	DB-9 针	RS-485	19.2k~12M	通信速率自适应,仅作从站
PROFIBUS-DP				19.2k~12M	
S7	CP243-1/IT	RJ-45	以太网	10M 或 100M	通信速率自适应
AS-i	CP243-2	接线端子	AS-i 网	循环周期 5/10ms	主站
USS	CPU 端口 0	DB-9 针	RS-485	1 200~115.2 k	主站、自由端口
Modbus RTU				1 200~115.2 k	主/从站、自由端口
	EM241	RJ11	电话线	33.6 k	—
自由端口	CPU 口 0/1	DB-9 针	RS-485	1 200~115.2 k	

协议定义了主站和从站,网络中的主站向网络中的从站发出请求,从站必须对主站发出的请求做出响应,自己不能发出请求。主站也可以对网络中的其他主站的请求做出响应。从站不能访问其他从站。安装了 STEP7-Micro/WIN 的计算机和 HMI 是通信主站,与 S7-200 通信的 S7300/400 往往也作为主站。多数情况下,S7-200 在网络中作为从站。

协议支持一个网络中的 127 个地址(0~126),最多支持 32 个主站,网络中各设备的地址不能重叠。运行 STEP7-Micro/WIN 计算机的默认地址为 0,操作面板默认地址为,PLC 默认地址为 2。

2. 利用 PPI 协议进行通信

PPI 是一个主/从协议。在这个协议中,主站(其他 CPU,SIMATIC 编程器或 TD200)给从站发送申请,从站进行响应。从站不能初始化它本身,只有当主站发出申请或查询时,从站才响应。

在 PPI 协议下 S7-200 进行通信时可以建立一定数目的逻辑连接,在 9.6 kbit/s,19.2 kbit/s,187.5 kbit/s三种传输速率下只能建立 4 个逻辑连接。

S7-200 CPU 在 RUN 模式下才可以作为 PPI 主站。一旦进入 PPI 主站模式,就可以利用网络读(NETR)和网络写(NETW)指令读/写其他 CPU。作为 PPI 主站的 S7-200 CPU 还可以响应其他主站的请求。对于任何一个从站有多少个主站和它通信,PPI 协议没有限制,但是在网络中最多只能有 32 个主站。

图 7-8 所示为一台 PC 采用 PPI 协议与几个 S7-200 CPU 通信的示意图。图中 PC 和 TD200(文本显示器)均作为网络的主站,S7-200 CPU 作为网络的从站。在该种连接下 STEP7 - MI-CROIWIN 每次与一个 CPU 进行通信,但可以访问网络中的任何一个 CPU。

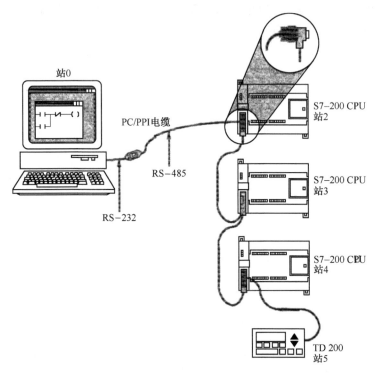

图 7-8　PC 采用 PPI 协议与 S7-200 进行通信的网络

3. 利用 MPI 协议进行网络通信

MPI 协议允许主/主和主/从两种通信方式。选择何种方式依赖于设备类型。如果设备是 S7-300 CPU,就进行主/主通信方式,因为所有的 S7-300 CPU 都必须是网络主站。如果设备是 S7-200 CPU,就进行主/从通信方式,因为 S7-200 CPU 是从站。MPI 协议总是在两个相互通信的设备之间建立逻辑连接。一个逻辑连接可能是两个设备之间的非公用连接。另一个主站不能干涉两个设备之间已经建立的逻辑连接。主站可以短时间建立一个逻辑连接,或者无限地保持逻辑连接断开。

由于设备之间的逻辑连接是非公用的,并且需要 CPU 中的资源,每个 CPU 只能支持一定数目的逻辑连接,每个 CPU 最多可支持 4 个逻辑连接。但每个 CPU 在应用中要保留 2 个逻辑连接,一个给 SIMATIC 编程器或计算机,另一个给操作面板。这些保留的连接不 能由其他类型的主站(如 CPU)使用。

图7-9显示了一个采用MPI协议进行通信的网络,计算机通过CP卡连接至MPI网络电缆。进行通信时PC与TD200和OP15建立主/主连接,而与S7-200建立主/从连接。两个S7-200 CPU进行通信时,通过主站进行协调。

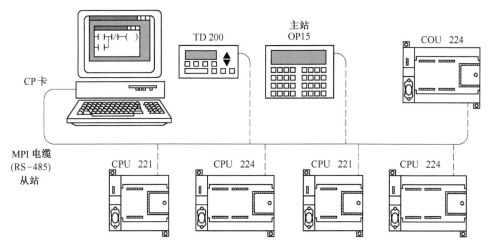

图7-9　采用MPI协议进行通信的网络

4. 利用PROFIBUS协议进行网络通信

(1)PROFIBUS介质存取协议

PROFIBUS通信规程采用了统一的介质存取协议,此协议由OSI参考模型的第二层来实现。在PROFIBUS协议设计时充分考虑了满足介质存取控制的两个要求,即在主站间通信时,必须保证在分配的时间间隔内,每个主站都有足够的时间来完成它的通信任务;在PLC与从站(PLC或其他设备)间通信时,必须快速、简捷地完成循环,进行实时的数据传输。为此,PROFIBUS提供了两种基本的介质存取控制:令牌传递方式和主/从方式。

令牌传递方式可以保证每个主站在事先规定的时间间隔内部能获得总线的控制权。令牌是一种特殊的报文,它在主站之间传递着总线控制权,每个主站均能按次序获得一次令牌,传递的次序是按地址升序进行的。

主/从方式允许主站在获得总线控制权时,可以与从站通信,每一个主站均可以向从站发送或获得信息。

PROFIBUS可以实现3种系统配置:

①纯主/从系统(单主站);

②纯主/主系统(多主站);

③以上两种配置的组合系统(多主-多从)。

图7-10是一个由3个主站和7个从站构成的PROFIBUS系统结构示意图。由图可以看出,3个主站构成了一个令牌传递的逻辑环,在这个环中,令牌按照系统预先确定的地址升序从一个主站传递给下一个主站。当一个主站得到了令牌后,它就能在一定的时间间隔内执行该主站的任务,可以按照主/从关系与所有从站通信,也可以按照主/主关系与所有主站通信。在总线系统建立的初期阶段,主站的介质存取控制(MAC)的任务是决定总线上的站点分配并建立令牌逻辑环。在总线的运行期间,损坏的或断开的主站必须从环中撤除,新接入的主站必须加入逻辑环。MAC的其他任务是检测传输介质和收发器是否损坏,检查站点地址是否出错,以及令牌是否丢失或有

多个令牌。

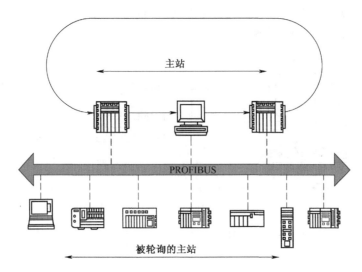

图 7-10   PROFIBUS 系统结构示意图

PROFIBUS 的第二层的另一个重要作用是保证数据的安全性。它按照国际标准 IEC870-5-1 的规定,通过使用特殊的起始位和结束位、无间距字节异步传输及奇偶校验来保证传输数据的安全。

PROFIBUS 第二层按照非连接的模式操作,除了提供点对点通信功能外,还提供多点通信的功能,即广播通信和有选择的广播、组播。所谓广播通信,即主站向所有站点(主站和从站)发送信息,不要求回答。所谓有选择的广播、组播是指主站向一组站点(从站和主站)发送信息,不要求回答。

(2)S7-200 CPU 接入 PROFIBUS 网络

S7-200 CPU 不能直接接入 PROFIBUS 网络进行通信,它必须通过 PROFIBUS-DP 模块 EM277 连接到网络。EM277 经过串行 I/O 总线连接到 S7-200 CPU。PROFIBUS 网络经过其 DP 通信接口,连接到 EM277 模块。这个端口支持 9 600 bit/s~12 Mbit/s 之间的任何传输速率。EM277 模块在 PROFIBUS 网络中只能作为 PROFIBUS 从站出现。作为 DP 从站,EM277 模块接受从主站来的多种不同的 I/O 配置,向主站发送和接收不同数量的数据。这种特性使用户能修改所传输的数据量,以满足实际应用的需要。与许多 DP 站不同的是,EM277 模块不仅能传输 I/O 数据,还能读/写 S7-200CPU 中定义的变量数据块。这样,使用户能与主站交换任何类型的数据。通信时,首先将数据移到 S7-200CPU 中的变量存储区,就可将输入、计数值、定时器值或其他计算值传输到主站。类似地,从主站来的数据存储在 S7-200 CPU 中的变量存储区内,进而可移到其他数据区。

EM277 模块的 DP 端口可连接到网络上的一个 DP 主站上,但仍能作为一个 MPI 从站与同一网络上如 SIMATIC 编程器或 S7-300/S7-400 CPU 等其他主站进行通信。图 7-11 所示为一个 PROFIBUS 网络。其中,CPU224 通过 EM277 模块接入 PROFIBUS 网络。在这种场合,S7-300 CPU 是 DP 主站,该主站已通过一个带有 STEP7 编程软件的 SIMATIC 编程器进行组态。CPU 224 是 ST-300CPU 所拥有的一个 DP 从站,ET200I/O 模块也是 S7-300 CPU 的从站。S7-400 CPU 连接到 PROFIBUS 网络,并且借助 S7-400 CPU 用户程序中的 XGET 指令,可从 CPU224 读取数据。

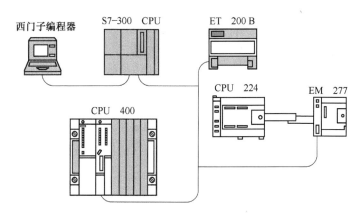

图 7-11　PROFIBUS 网络

　　为了将 EM277 作为一个 DP 从站使用,用户必须设置与主站组态中的地址相匹配的 DP 端口地址。从站地址是使用 EM277 模块上的旋转开关设置的。在变动旋转开关之后,用户必须重新启动 CPU 电源,以便使新的从站地址起作用。主站通过将其输出的信息发送给从站的输出缓冲区(称为接收信箱),与每个从站交换数据。从站将其输入缓冲区(称为发送信箱)的数据返回给主站的输入区,以响应从主站来的信息。

　　EM277 可用 DP 主站组态,以接收从主站来的输出数据,并将输入数据返回给主站。输出和输入数据缓冲区驻留在 S7-200 CPU 的变量存储区(V 存储区)内。当用户组态 DP 主站时,应定义 V 存储区内的字节位置。从这个位置开始为输出数据缓冲区,它应作为 EM277 的参数赋值信息的一部分。用户也要定义 I/O 配置,它是写入到 S7-200 CPU 的 输出数据总量和从 S7-200 CPU 返回的输入数据总量。EM277 从 I/O 配置确定输入和输入缓冲区的大小。DP 主站将参数赋值和 I/O 配置信息写入到 EM277 模块,然后,EM277 将 V 存储器地址和输入及输出数据长度传输给 S7-200CPU。

　　输入和输出缓冲区的地址可配置在 S7-200 CPU V 存储区中的任何位置。输入和输出缓冲区器的默认地址为 VB0。输入和输出缓冲地址是主站写入 S7-200 CPU 赋值参数的一部分。用户必须组态主站以识别所有的从站及将需要的参数和 I/O 配置写入每一个从站。

　　一旦 EM277 模块已用一个 DP 主站成功地进行了组态,EM277 和 DP 主站就进入数据交换模式。在数据交换模式中,主站将输出数据写入到 EM277 模块,然后,EM277 模块响应最新的 S7-200CPU 输入数据。EM277 模块不断地更新从 S7-200 CPU 来的输入,以便向 DP 主站提供最新的输入数据。然后,该模块将输出数据传输给 S7-200 CPU。从主站来的输出数据放在 V 存储区中(输出缓冲区)由某地址开始的区域内,而该地址是在初始化期间,由 DP 主站提供的。传输到主站的输入数据取自 V 存储区存储单元(输入缓冲区),其地址是紧随输出缓冲区的。

　　在建立 S7-200 CPU 用户程序时,必须知道 V 存储区中的数据缓冲区的开始地址和缓冲区大小。从主站来的输出数据必须通过 S7-200 CPU 中的用户程序,从输出缓冲区转移到其他所用的数据区。类似地,传输到主站的输入数据也必须通过用户程序从各种数据区转移到输入缓冲区,进而发送到 DP 主站。

　　从 DP 主站来的输出数据,在执行程序扫描后立即放置在 V 存储区内。输入数据(传输到主站)从 V 存储区复制到 EM277 中,以便同时传输到主站。当主站提供新的数据时,则从主站来的输出数据才写入到 V 存储区内。在下次与主站交换数据时,将送到主站的输入数据发送到主站。

SMB200-SMB249 提供有关 EM277 从站模块的状态信息(如果它是 I/O 链中的第一个智能模块)。如果 EM277 是 I/O 链中的第二个智能模块,那么,EM277 的状态是从 SMB200-SMB299 获得的。如果 DP 尚未建立与主站的通信,那么,这些 SM 存储单元显示默认值。当主站已将参数和 I/O 组态写入到 EM277 模块后,这些 SM 存储单元显示 DP 主站的组态集。用户应检查 SMB224,并确保在使用 SMB225-5MB229 或 V 存储区中的信息之前,EM277 已处于与主站交换数据的工作模式。

图 7-12 所示为 CPU 224 通信的梯形图程序。这个程序使用 SMW226 确定 DP 缓冲区的地址,由 SMB228 和 SMB229 确定 DP 缓冲区的大小。程序使用这些信息以复制 DP 输出缓冲区中的数据到 CPU 224 的过程映像输出寄存区。与此相似,在 CPU 224 过程映像输入寄存区中的数据可被复制到 V 存储区的输入缓冲区。

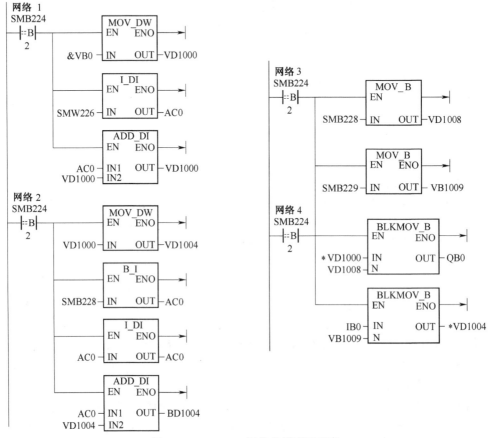

图 7-12　CPU 224 通信的梯形图程序

四、S7-200 PLC 通信指令

西门子 PLC 的通信指令包括用于 S7-200 之间通信的网络读/写指令和用于自由端口模式的发送和接收指令。

1. 网络读指令和网络写指令

网络读指令(NETR)初始化一个通信操作,通过指定端口从远程设备上采集数据并保存在表(TBL)中。

网络写指令(NETW)初始化一个通信操作,根据的定义,通过指定端口向远程设备写入表

(TBL)中的数据。

网络读指令可以从远程站点读取最多 16B 的信息,网络写指令可以向远程站点写最多 16B 的信息。在程序中,可以使用任意条网络读/写指令,但是在同一时间,最多只能有 8 条网络读/写指令被激活。例如,在所给的 S7-200 CPU 中,可以有 4 条网络读指令和 4 条网络写指令,或者 2 条网络读指令和 6 条网络写指令在同一时间被激活。网络读/写指令的梯形图格式如图 7-13 所示。

可以在 S7-200 的系统手册中查找到 TBL 表中各参数的定义,并根据它们来编写网络读/写程序。在网络读/写通信中,只有主站需要调用 NETR/NETW 指令。用编程软件中的网络读/写向导来生成网络读/写程序更加简单方便,该向导允许用户最多配置 24 个网络操作。

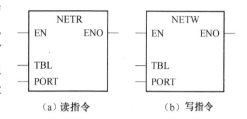

图 7-13　网络读/写指令的梯形图格式

2. 发送指令与接收指令

(1) 自由端口模式

CPU 的串行通信接口可以由用户程序控制,这种操作模式称为自由端口模式。可以用发送指令、接收指令、接收完成中断、字符接收中断和发送完成中断来控制通信过程。STEP 7 – Micro/Win 的 USS 和 Modbus RTU 指令库就是用自由端口模式编程实现的。

可以用 PC/PPI 电缆进行自由端口通信程序调试,USB/PPI 电缆和 CP 卡不支持自由端口调试。

只有当 CPU 处于 RUN 模式时,才能使用自由端口模式。CPU 处于 STOP 模式时,自由端口模式被禁止,自动进入 PPI 模式,可以与编程设备通信。通过将 SMB30 或 SMB130 的协议选择域(mm,见表 7-9)置 1,将通信端口设置为自由端口模式。处于该模式时,不能与编程设备通信。

表 7-9　特殊存储器字节 SMB30 和 SMB130

端口 0	端口 1	描　　述
SMB30 的格式	SMB130 的格式	MSB　　　　　　　　　　　　　　　　　　LSB 7　　　　　　　　　　　　　　　　　　　　0 | p | p | d | b | b | b | m | m | 自由端口模式的控制字节
SM30.6 和 SM30.7	SM130.6 和 SM130.7	pp:奇偶校验选择,00 =不校验;01 =偶校验;10 =不校验;11 =奇校验
SM30.5	SM130.5	d:每个字符的数据位, 0 =8 位/字符, 1 =7 位/字符
SM30.2~SM30.4	SM130.2~SM130.4	bbb:自由端口的波特率(bit/s) 000 = 38 400, 001 = 19 200, 010 = 9 600, 011 = 4 800 100 = 2 400, 101 = 1 200, 110 = 115. 2k, 111 = 57. 6 k
SM30.0 和 SM30.1	SM130.0 和 SM130.1	mm:协议选择, 00 = PPI 从站模式, 01 = 自由端口协议,10 = PPI 主站模式,11 =保留(默认设置为 PPI 从站模式)

SMB30 用于设置端口 0 通信的波特率和奇偶校验等参数。CPU 模块如果有两个端口,SMB130 用于端口 1 的设置。当选择代码 mm = 10(PPI/主站)时,CPU 成为网络中的一个主站,可以执行 NETR 和 NETW 指令,在 PPI 模式下忽略 2~7 位。

如果调试时需要在自由端口模式与 PPI 模式之间切换,可以用 SM0.7 的状态决定通信端口的模式;而 SM0.7 的状态反映的是 CPU 模式选择开关的位置,在 RUN 模式时 SM0.7 为 1,在 TERM 模式和 STOP 模式时 SM0.7 为 0。

（2）发送指令

发送指令 XMT[Transmit，见图 7-14（a）]启动自由端口模式下数据缓冲区（TBL）的数据发送。通过指定的通信端口（PORT）发送存储在数据缓冲区中的信息。

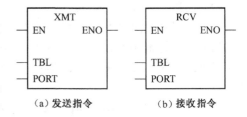

XMT 指令可以方便地发送 1～255 个字符，如果有中断程序连接到发送结束事件上，在发送完缓冲区中的最后一个字符时，端口 0 会产生中断事件 9，端口 1 会产生中断事件 26。可以监视发送完成状态

（a）发送指令　（b）接收指令

图 7-14　发送指令和接收指令

位 SM4.5 和 SM4.6 的变化，而不是用中断进行发送，例如向打印机发送信息。TBL 指定的发送缓冲区的格式如图 7-15 所示，起始字符和结束字符是可选项，第一个字节"字符数"是要发送的字节数，它本身并不发送出去。

如果将字符数设置为 0，然后执行 XMT 指令，以当前的波特率在电路上产生一个 16 bit 的 break（间断）条件。发送 break 与发送任何其他信息一样，采用相同的处理方式。完成 break 发送时产生一个 XMT 中断，SM4.5 或 SM4.6 反映 XMT 的当前状态。

（3）接收指令

接收指令 RCV[Receive，见图 7-14（b）]初始化或中止接收信息的服务。通过指定的通信端口（PORT），接收的信息存储在数据缓冲区（TBL）中。数据缓冲区（见图 7-15）中的第一个字节用来累计接收到的字节数，起始字符和结束字符是可选项。

图 7-15　缓冲区的格式

RCV 指令可以方便地接收一个或多个字符，最多可以接收 255 个字符。如果有中断程序连接到接收结束事件上，在接收完最后一个字符时，端口 0 产生中断事件 23，端口 1 产生中断事件 24。

可以监视 SMB86 或 SMB186 的变化，而不是用中断进行报文接收。SMB86 或 SMB186 为非零时，RCV 指令未被激活或接收已经结束。正在接收报文时，它们为 0。

当超时或奇偶校验错误时，自动中止报文接收功能。必须为报文接收功能定义一个启动条件和一个结束条件。

也可以用字符中断而不是用接收指令来控制接收数据，每接收一个字符产生一个中断，在端口 0 或端口 1 接收一个字符时，分别产生中断事件 8 或中断事件 25。

在执行连接到接收字符中断事件的中断程序之前，接收到的字符存储在自由端口模式的接收字符缓冲区 SMB2 中，奇偶状态（如果允许奇偶校验的话）存储在自由端口模式的奇偶校验错误标志位 SM3.0 中。奇偶校验出错时应丢弃接收到的信息，或产生一个出错的返回信号。端口 0 和端口 1 共用 SMB2 和 SMB3。

RCV 指令允许选择报文开始和报文结束的条件（见表 7-10）。SMB86～SMB94 用于串口 0，SMB186～SMB194 用于串口 1。

表 7-10 中的 il = 1 表示检测空闲状态，se = 1 表示检测报文的起始字符，bk = 1 表示检测 break 条件，SMW90 或 SMW190 中是以 ms 为单位的空闲线时间（见表 7-10）0 在执行 RCV 指令时，有以下几种判别报文起始条件的方法：

①空闲线检测：il = 1，sc = 0，bk = 0，SMB90 或 SMB190>0。在该方式下，从执行 RCV 指令开

始,在传输线空闲的时间大于等于 SMB90 或 SMB190 中设置的时间之后接收的第一个字符作为新报文的起始字符。

②起始字符检测:il=0,sc=1,bk=0,忽略 SMB90 或 SMB190。以 SMB88 中的起始字符作为接收到的报文开始的标志。

表 7 -10 SMB86 ~ SMB94 与 SMB186~ SMB194

串口 0	串口 1	描 述
SMB86	SMB186	MSB　　　　　　　　　　　LSB 7　　　　　　　　　　　0　　　报文接收的状态字节 | n | r | e | 0 | 0 | t | c | p | n = 1:通过用户的禁止命令终止接收报文 r = 1:接收报文终止,输人参数错误或元起始条件或结束条件 e = 1:收到结束字符 c = 1:接收报文终止,超出最大字符数 t = 1:接收报文终止,超时 p= 1:接收报文终止,奇偶校验错误
SMB87	SMB187	MSB　　　　　　　　　　　LSB 7　　　　　　　　　　　0　　　报文接收的控制字节 | en | sc | ec | il | c/m | tmr | bk | 0 | en:0 = 禁止报文接收,1 = 允许报文接收,每次执行 Rev 指令时检查允许/禁止接收报文位 sc:0 = 忽略 SMB88 或 SMB188,1 = 使用 SMB88 或 SMB188 的值检测报文的开始 ec:0 = 忽略 SMB89 或 SMB189,1 = 使用 SMB89 或 SMB189 的值检测报文的结束 il:0 = 忽略 SMB90 或 SMB190,1 = 使用 SMB90 或 SMB190 的值检测空闲状态 c/m:0 = 定时器是字符间超时定时器,1 = 定时器是报文定时器 tmr: 0 = 忽略 SMB92 或 SMBl92,1 = 超过 SMB92 或 SMB192 中设置的时间时终止接收 bk: 0 = 忽略 break(间断)条件,1 = 用 break 条件来检测报文的开始报文接收控制字节位用来定义识别报文的标准,报文的起始和结束标准均需定义
SMB88	SMB188	报文的起始字符
SMB89	SMB189	报文的结束字符
SMB90 SMB91	SMB190 SMB191	以 ms 为单位的空闲线时间间隔。空闲线时间结束后接收的第一个字符是新报文的起始字符。MB90(或 SMB190)为高字节,SMB91(或 SMB191)为低字节
SMB92 SMB93	SMB192 SMB193	字符间/报文间定时器超时值(用 ms 表示),如果超时停止接收报文。5MB92(或 5MBl92)为高字节,5MB93(或 5MB193)为低字节
SMB94	SMB194	接收的最大字符数(1-255B)。即使不用字符计数来终止报文,这个值也应按希望的最大缓冲区来设置

③break 检测:il=0,sc=0,bk=1,忽略 SMB90 或 SMB190。以接收到的 break 作为接收报文的开始。

④对通信请求的响应:il=1,sc=0,bk=0,SMB90 或 SMB190 =0(设置的空闲线时间为 0)。执行 RCV 指令后就可以接收报文。若使用报文超时定时器(elm = 1),它从 RCV 指令执行后开始定时,时间到时强制性地终止接收。若在定时期间没有接收到报文或只接收到部分报文,则接收超时,一般用它来终止没有响应的接收过程。

⑤break 和一个起始字符:il=0, sc=1, bk=1,忽略 SMB90 或 SMB190。以接收到的 break 之

后的第一个起始字符作为接收信息的开始。

⑥空闲线和一个起始字符：il＝1，sc＝1，bk＝0，SMB90 或 SMB190＞0。以空闲线时间结束后接收的第一个起始字符作为接收信息的开始。

⑦空闲线和起始字符（非法）：il＝1，sc＝1，bk＝0，SMB90 或 SMB190＝0。除了以起始字节作为报文开始的判据外（sc＝1），其他的特点与④相同。

SMB87.3/SMB187.3＝0 时，SMB92/SMB192 为字符间超时定时器，SMB87.3/SMB187.3 为1时为报文超时定时器。字符间超时定时器用于设置接收的字符间的最大间隔时间。只要字符间隔时间小于该设置时间，就能接收到所有信息，而与整个报文接收时间无关。

报文超时定时器用于设置最大接收信息时间，除④和⑦中所述特殊情况外，其他情况下在接收到第一个字节后开始定时，若报文接收时间大于该设置时间，将强制终止接收，不能接收到全部信息。

上述两种定时器的定时时间到时均强制结束接收，SMB86 或 SMB186 的第2位为1，表示接收超时。

接收结束条件可以用逻辑表达式表示为：结束条件＝ec＋tmr＋最大字符数，即在接收到结束字节、超时或接收字符超过最大字符数时，都会终止接收。另外，在出现奇偶校验错误或其他错误的情况下，也会强制结束接收。

3. 获取与设置通信口地址指令

获取通信端口地址指令 GPA 指令（Get Port Address）用来读取 PORT 指定的 CPU 通信接口的站地址，并将数值存入 ADDR 指定的地址中，如图 7-16 所示。设置通信接口地址指令 SPA。用来将通信地址 PORT 设置为 ADDR 指定的数值。新地址不能永久保存，断电后又上电，通信端口地址仍将恢复为系统快下载的地址。

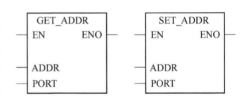

图 7-16　获取与设置通信端口地址指令

五、利用 Modbus 协议进行网络通信

1. Modbus 从站协议

（1）Modbus 串行链路协议

Modbus 通信协议是 Modicon 公司提出的一种报文传输协议，Modbus 协议在工业控制中得到了广泛的应用，它已经成为一种通用的工业标准。不同厂商生产的控制设备通过 Modbus 协议可以连成通信网络，进行集中监控。许多工控产品，例如 PLC、变频器、人机界面、DCS 和自动化仪表等，都在广泛地使用 Modbus 协议。

根据传输网络类型的不同分为串行链路上的 Modbus 和基于 TCP/IP 协议的 Modbus。

Modbus 串行链路协议是一个主/从协议，采用请求/响应方式，主站发出带有从站地址的请求报文，具有该地址的从站接收到后发出响应报文进行应答。

Modbus 协议位于 OSI 模型的第二层。串行总线中只有一个主站，可以有 1～247 个子站。Modbus 通信只能由主站发起，子站在没有收到来自主站的请求时，不会发送数据，子站之间也不会互相通信。

Modbus 串行链路系统在物理层可以使用不同的物理接口。最常用的是两线制 RS-485 接口，也可以使用四线制 RS-485 接口。只需要短距离点对点通信时，也可以使用 RS-232C 串行接口。

（2）Modbus 的报文传输模式

Modbus 协议有 ASCII 和 RTU（远程终端单元）两种报文传输模式，在设置每个站的串口通信参数（波特率、校验方式等）时，Modbus 网络上所有的站都必须选择相同的传输模式和串口参数。

①ASCII 模式：当控制器设为在 Modbus 网络上以 ASCII（美国标准信息交换代码）模式通信时，报文帧中的每个字节都转换为两个 ASCII 字符发送。下面是 ASCII 模式的报文格式：

:	地址	功能代码	数据字节数	数据 1	…	数据 n	LRC 高字节	LRC 低字节	回车	换行

报文中的每个 ASCII 字符都由十六进制字符组成，传输的每个字符包含 1 个起始位、7 个数据位、1 个奇偶校验位和 1 个停止位；如果没有校验位，则有 2 个停止位。

②RTU 模式：当控制器设为在 Modbus 网络上以 RTU 模式通信时，报文中的每个字节作为 2 个十六进制字符，以字节为单位进行传输。这种方式的主要优点是在同样的波特率下，传输效率比 ASCII 模式的高。

传输的每个字节包含 1 个起始位，8 个数据位（先发送最低的有效位），奇偶校验位、停止位与 ASCII 模式的相同，报文最长为 256 B。

S7-200 的编程软件为 Modbus RTU 通信设计了专用的指令。使用 Modbus 指令时，响应帧是 PLC 自动生成的，但是计算机发出的请求帧需要用户用 VB 或 VC 编程。S7-200 的系统手册没有介绍各 Modbus 功能的命令帧和响应帧的结构，以及生成 CRC 校验码的方法，给出的 Modbus 地址与 PLC 内的地址的关系与实际的映射关系有一些差异，给上位机请求帧的编程带来了困难，下面将介绍解决上述问题的方法。

（3）安装 Modbus 从站协议的指令库

在使用 Modbus 协议或 USS 协议之前，需要先安装西门子的指令库。安装了 STEP 7-Micro/WIN 后，安装 STEP 7-Micro/WIN 32 指令库，在 STEP 7-Micro/WIN 的指令树的"\指令\库"中，将会出现两个文件夹 USS Protocol 和 Modbus Protocol，里面有用于两个通信协议的子程序和中断程序。S7-200 如果执行 Modbus 从站协议指令，作为 Modbus RTU 中的从站设备，可以与 Modbus 主设备进行通信。如果在用户程序中调用了 Modbus 指令，会在项目中自动增加一个或多个有关的子程序。

（4）使用 Modbus 从站协议的要求

Modbus 从站协议指令使用下列 S7-200 资源：

①通信端口被 Modbus 从站协议或主站协议占用时，不能用于其他用途。为了将 CPU 的通信端口切换回 PPI 模式，以便与 STEP7-Micro/WIN 通信，可以将 Modbus 的初始化指令的参数 Mode 设置为 0，或者将 CPU 上的模式开关扳到 STOP 位置。

②Modbus 从站协议指令影响与端口 0 的自由端口通信有关的所有特殊存储器位。

③Modbus 从站协议指令使用 3 个子程序和 2 个中断服务程序。

④Modbus 从站协议的两条指令及其支持子程序占用 1857B 的程序空间。

⑤Modbus 从站协议指令的变量要求 779 B 的 V 存储器块。该块的起始地址由用户用菜单命令"文件"→"库文件"指定，保留给 Modbus 变量使用。

（5）Modbus 从站协议的初始化和执行时间

Modbus 通信使用 CRC（循环冗余检验）确保通信报文的完整性。Modbus 从站协议使用预先计算数值的表格减少处理报文的时间。初始化该 CRC 表约需 425 ms。初始化在 MBUS_INIT 子程序中进行，通常在进入"运行"模式后用户程序首次扫描时执行。如果 MBUS_INIT 子程序和其他初始化程序要求的时间超过 500 ms 扫描监视时间需要复位监控定时器,并保持输出使能(如果扩展模块要求的话)。可通过写模块输出的方法复位输出扩展模块的监控定时器。

当 MBUS_SLAVE 子程序执行请求服务时,扫描时间会延长。由于大多数时间用于计算 Modbus CRC,对于每个字节的请求和响应,扫描时间会延长约 650 μs。最大的请求/响应(读取或写入 120 个字)使扫描时间延长约 165 ms。

(6)Modbus 地址与 S7-200 地址的映射

Modbus 的地址帧一般为 5~6 B,包括数据类型和偏移量。前一个或前两个字节说明数据类型,最后 4 个字节为对应数据类型的一个数值。Modbus 主设备将这一数值与相应的功能对应起来。Modbus 从站指令支持的地址形式及其与 S7-200 内部存储空间地址所对应的关系如表 7-11 所示。Modbus 从站协议指令可以对 MODBUS 主机可访问的输入、输出、模拟输入和保持寄存器 (位于 V 存储区)的数量进行限制。

表 7-11 Modbus 从站指令支持的地址形式及其与 S7-200 地址的关系

MODBUS 地址	S7-200 地址	MODBUS 地址	S7-200 地址
000001	Q0.0	010127	I15.6
000002	Q0.1	010128	I15.7
…	…	030001	AIW0
		030002	AIW2
000127	Q15.6	…	…
000128	Q15.7	030032	AIW62
010001	10.0	040001	HoldStart
010002	10.1	040002	HoldStart+2
		…	…
…	…	04××××	Holdtar+2(××××-1)

2.Modbus 从站协议指令

(1)MBUS_INIT 指令

MBUS_INIT 指令(见图 7-17)用于使能启用(初始化)或禁用 Modbus 通信。在使用 MBUS_SLAVE 指令之前,应成功地执行 MBUS_INIT 指令(该指令的输出位 Done 为 1)。

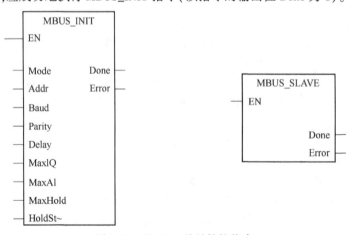

图 7-17 Modbus 从站协议指令

应当在每次改变通信状态时只执行一次 MBUS INIT 指令。Mode(模式)输入值用来运择通信协议:Mode 为 1 将端口 0 指定给 Modbus 协议并启用协议;Mode 为 0 指定给 PPI 并禁用 Modbus 协议。

①Baud:波特率,可以设为 1 200 bit/s、2 400 bit/s、4 800 bit/s、9 600 bit/s、19 200 bit/s、38 400 bit/s、57 600 bit/s 或 115 200 bit/s。

②Addr:站地址设置,可设为为 1~247。

③Parity:奇偶校验,参数的设置应与 Modbus 主设备的奇偶校验方式相同。数值 0、1、2 分别对应无奇偶校验、奇校验和偶校验。

④Delay:延迟,以 ms 为单位(0~32 767 ms),以增加标准 Modbus 报文结束的超时时间,在有线网络上该参数的典型值应为 0。如果使用带有纠错功能的调制解调器,可以将延迟时间设为 50~100 ms。如果使用扩频电台,可以将延迟时间设为 10~100 ms。

⑤MaxIQ:指定 Modbus 主设备可以使用的 I/Q 的点数,建议设为 128,即允许访问 S7-200 所有的 I 和 Q 点。

⑥MaxAI:指定 Modbus 主设备可以使用的模拟量输入字(AIW)的个数(0~32)。数值 0 禁止读模拟量输入。建议 CPU221 设为 0,CPU222 设为 16,其他 CPU 设为 32。

⑦MaxHold:指定主设备可以访问的保持寄存器(V 存储器字)的最大个数。

⑧HoldStart:用来设置 V 存储区内保持寄存器的起始地址,一般为 VB0,此时该参数应为 &VB0(即 VB0 的地址)。也可以指定其他 V 存储区地址为 HoldStart,以便在项目的其他地方使用 VB0。Modbus 主设备可以存取 V 存储区内从 HoldStart 开始的 MaxHold 个数。

MBUS_INIT 指令如果被成功地执行,Done 输出为 ON。Error(错误)输出字节包含指令执行后的错误代码(见 S7-200 的系统手册)为 0 表示没有错误。

(2)MBUS_SLAVE 指令

MBUS_SLAVE 指令用于为 Modbus 主设备发出的请求服务,必须在每次扫描时执行,以便检查和响应 Modbus 请求。EN 输入为 ON 时每次扫描执行该指令,指令元输入参数。当 MBUS_SLAVE 指令响应 Modbus 请求时,Done 输出为 ON。如果没有服务请求,Done 输出为 OFF。Error 用来输出执行该指令的结果,该输出只有在 Done 为 ON 时才有效。Modbus 从站指令使用累加器 AC0~AC3。

下面给出一个 Modbus 从站协议指令应用实例,如图 7-18 所示。

分析:PLC 运行开始,在第一个扫描周使用 MBUS_INIT 指令对 ModBus 的通信环境进行初始化。其初始化参数为:从站地址为 1,端口波特率为 9 600 bit/s,采用偶校验,对所有的 I、Q、AI 均可访问,允许访问 1 000 个保持寄存器

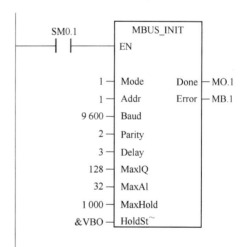

图 7-18　Modbus 从站协议指令应用实例

(2 000 个字节,起始地址从 VB0 开始)。在每个扫描周期都执行 MBUS_SLAVE 指令。

 项目训练

任务　网络读/写命令练习

1. 任务目的
①掌握西门子数据通信的基本含义及数据通信系统的组成。
②熟悉 S7-200 PLC 网络通信协议与 ModBus 网络通信协议。
③熟练掌握网络读/写指令的用法。

2. 任务内容
2 号站为主站,3 号站为从站,编程用的计算机的站地址为 0。要求用 2 号站的 I0.0~I0.7 控制 3 号站的 Q0.0~Q0.7,用 3 号站的 I0.0~I0.7 控制 2 号站的 Q0.0~Q0.7。用指令向导实现上述网络读/写功能。

3. 任务准备
①PLC 实验装置两套。
②编程计算机一台。
③PC/PPI 通信电缆一条。
④连接导线若干。

4. 任务实施
两台 S7-200 系列 PLC 与装有编程软件的计算机通过 RS-485 通信接口和网络连接器,组成一个使用 PPI 协议的单主站通信网络。用双绞线分别将连接器的两个 A 端子连在一起,两个 B 端子连在一起作为实验使用,也可以用标准的 9 针 DB 型连接器来代替网络连接器。

通过网络读/写向导生成网络读/写程序的步骤如下:
①选择"工具"→"指令向导"命令,在打开的对话框的第一页中选择 NETR/NETW(网络读/写),如图 7-19 所示。每一页的操作完成后单击"下一步"按钮。

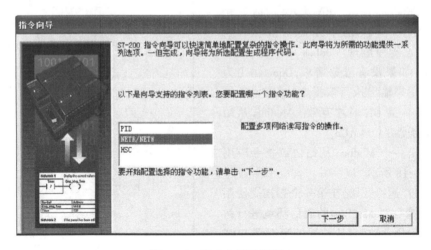

图 7-19　指令向导对话框

②在第 2 页设置网络操作的项数为 2,如图 7-20 所示。

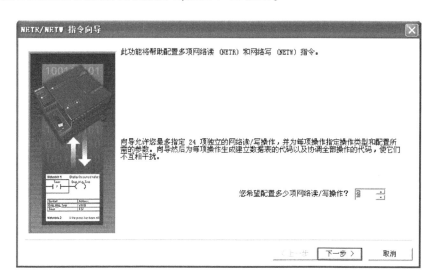

图 7-20　网络读写项数设定对话框

③在第 3 页选择使用 PLC 的通信端口 0,采用默认的子程序名称 NET_EXE,如图 7-21 所示。

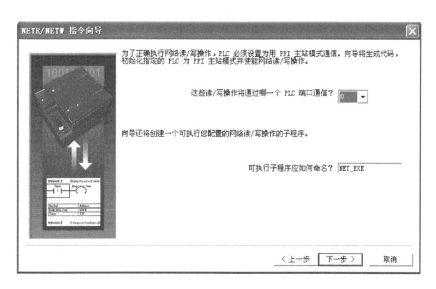

图 7-21　通信端口选择对话框

④在第 4 页设置第 1 项操作为 NETR,要读取的字节数为 1 ,从地址为 3 的远程 PLC 读取它的 IB0,并存储在本地 PLC 的 QB0 中,如图 7-22 所示。

⑤单击“下一步”按钮,设置操作 2 为 NETW,将本地 PLC 的 IB0 写到地址为 3 的远程 PLC 的 QB0,如图 7-23 所示。

⑥单击“下一步”按钮,设置子程序使用的 V 存储区的起始地址,如图 7-24 所示。

⑦单击“下一步”按钮,在完成对话框里出现“子程序‘NET_EXE’”和“全局符号表‘NET_SYMS’”。单击“完成”按钮即完成设置,如图 7-25 所示。

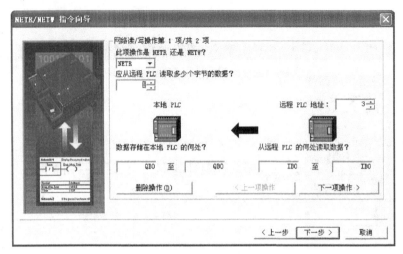

图 7-22　字节读取设置对话框

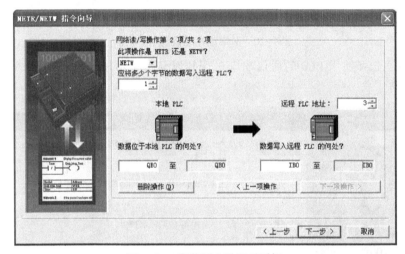

图 7-23　字节写入设置对话框

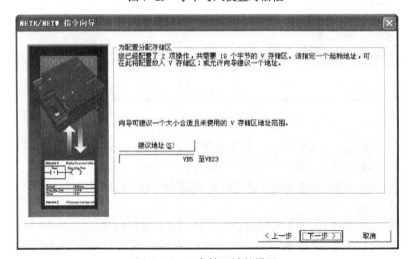

图 7-24　V 存储区域的设置

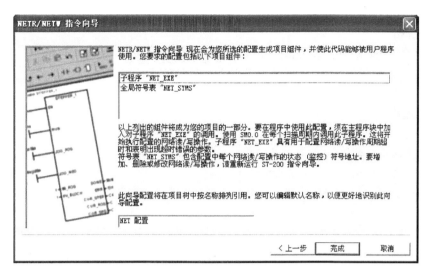

图 7-25 完成设置对话框

向导中的设置完成后,在编程软件指令树最下面的"调用子程序"文件夹中将会出现子程序 NET_EXE,如图 7-26 所示。在指令树的文件夹"\符号表\向导"中,自动生成了名为 NET_SYMS 的符号表,如图 7-27 所示,它给出了操作 1 和操作 2 的状态字节的地址和超时错误标志的地址。

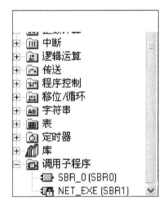

图 7-26 "调用子程序"文件夹

图 7-27 符号表\向导

⑧在 2 号站的主程序中调用 NET_EXE(见图 7-28),该子程序执行用户在 NETR/NETW 向导中设置的网络读/写功能。INT 型参数 Timeout(超时)为 0 表示不设置超时定时器,为 1～32 767 则是以秒为单位的定时器时间。

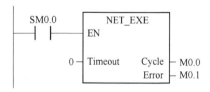

图 7-28 主程序中调用 NET_EXE

每次完成所有的网络操作时,都会触发 BOOL 变量 Cycle(周期)。BOOL 变量 Error(错误)为 0 表示没有错误,为 1 表示有错误,错误代码在 NETR/NETW 的状态字节中。

⑨将程序下载到 2 号站的 CPU 模块(主站)中,设置另一台 PLC 的站号为 3,将系统块下载到它的 CPU 模块。将两台 PLC 上的工作方式开关置于 RUN 位置,改变两台 PLC 的输入信号的状态,可以用 2 号站的 I0.0～I0.7 控制 3 号站的 Q0.0～Q0.7,用 3 号站的 I0.0～I0.7 控制 2 号站的

Q0. 0 ~ Q0. 7。

5. 任务评价

从 I/O 分配、PLC 硬件接线、PLC 程序编制及调试运行等方面进行综合评价。

习 题

1. 什么是并行传输与串行传输？各有何特点？

2. 常用的通信介质有哪些？

3. 什么是网络拓扑结构，拓扑结构有哪些？

4. 什么是通信协议？通信协议的功能是什么？

5. 西门子 PLC 的通信部件有哪些？如何设置 PPI 多主站电缆？

6. 西门子 PLC 的通信协议有哪些？如何在 PPI 协议下进行通信？

7. 2 号站为主站，3 号站为从站，编程用的计算机的站地址为 0。要求用将 2 号站的 VB0 ~ VB17 送给 3 号站的 VB0 ~ VB17，将 3 号站的 VB20 ~ VB27 送给 2 号站的 VB20 ~ VB27。用指令向导实现上述网络读/写功能。

项目 **八**　PLC 综合实训

学习目标

- 熟悉 PLC 控制系统设计的流程。
- 熟悉 S7-200 PLC 基本逻辑指令和功能指令的运用。
- 掌握 PLC 外部接口的接线方法。
- 熟练掌握 S7-200 PLC 程序编制、下载、运行调试的方法。

本项目是在之前 PLC 编程指令学习的基础上,从工业生产中提取的若干个实际任务,以任务训练的形式组织学习。通过分析任务目标、解决任务问题、模拟调试验证等步骤,使读者熟悉并掌握 S7-200 PLC 的编程方法与 PLC 控制系统设计的流程。

相关知识

参见本书项目四、项目五、项目六、项目七的内容。

项目训练

任务一　PLC 实现电动机顺序启动控制

1. 任务目的

①掌握用 PLC 实现电动机的顺序启动控制的方法。

②熟练掌握西门子 S7-200 PLC 控制系统接线及调试步骤。

③熟悉编程的简单方法和步骤。

2. 任务内容

①启动控制:按下启动按钮 SF1,电动机 MA1 启动,5 s 后 MA1 停止,同时 MA2 启动;MA2 启动 5 s,后停止同时 MA3 启动;MA3 启动 5 s 后停止,同时 MA1 再次启动,进入循环。

②停止控制:按下停止按钮 SF2,电动机全部停止运转。

3. 任务准备

①PLC 实验装置一套。

②编程计算机一台。

③PC/PPI 通信电缆一条。

④连接导线若干。

4. 任务实施

(1)I/O 分配表及接线图

①I/O 分配,如表 8-1 所示。

表 8-1　I/O 分配

输	入	输	出
I0.0	启动按钮 SF1	Q0.0	接触器 QA1
I0.1	停止按钮 SF2	Q0.1	接触器 QA2
		Q0.2	接触器 QA3

②电动机控制主回路，如图 8-1 所示。

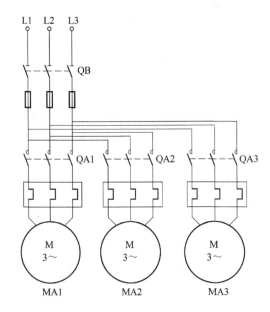

图 8-1　电动机顺序启动控制主回路

③PLC 外部接线图，如图 8-2 所示。

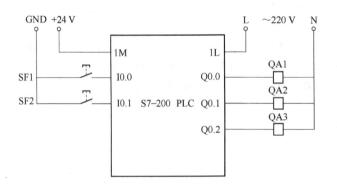

图 8-2　电动机顺序启动 PLC 外部接线图

（2）编制电动机顺序启动 PLC 控制程序

参考程序如图 8-3 所示。

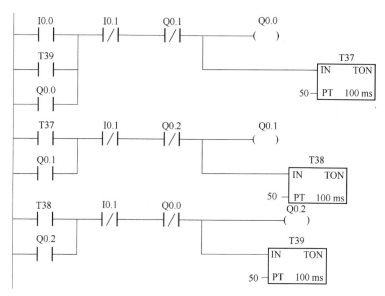

图 8-3　电动机顺序启动控制参考程序

（3）程序下载及调试

①连接 PLC 与上位计算机及外围设备。

②根据控制任务编制实训程序,确认无误后,将程序下载至 PLC 中。

③操作按钮 SF1、SF2,观察记录程序运行情况和输出状态。

④尝试编译新的控制程序,可使用计数器指令、比较指令、S 指令、高级指令等。

（4）注意事项

①SF1、SF2 应选用自复式按键。

②各程序中的各输入、输出应与外部实际 I/O 正确连接。

（5）思考与总结

①试比较定时器指令、计数器指令、比较指令、S 指令、高级指令在此任务中的应用。

②完成任务训练报告

5. 任务评价

从 I/O 分配、PLC 硬件接线、PLC 程序编制及调试运行等方面进行综合评价。

任务二　四组抢答器控制

1. 任务目的

①掌握用 PLC 实现四组抢答器控制的方法。

②熟练掌握西门子 S7-200 PLC 控制系统接线及调试步骤。

③熟悉编程的简单方法和步骤。

2. 任务内容

控制要求:

①系统初始上电后,主控人员在总控制台上按"开始"按键后,允许各队人员开始抢答,即各队抢答按键有效。

②抢答过程中,1~4 队中的任何一队抢先按下各自的抢答按键(S1、S2、S3、S4)后,该队指示灯(L1、L2、L3、L4)点亮,LED 数码显示系统显示当前的队号,并且其他队的人员继续抢答无效。

③主控人员对抢答状态确认后,按"复位"按键,系统又继续允许各队人员开始抢答,直至又有一队抢先按下各自的抢答按键。

3. 任务准备

①PLC 实验装置一套。

②编程计算机一台。

③PC/PPI 通信电缆一条。

④连接导线若干。

4. 任务实施

(1)I/O 分配表及接线图

①I/O 分配,如表 8-2 所示。

表 8-2　I/O 分配

输　　入		输　　出	
I0.0	启动 SD	Q0.0	1 队抢答显示
I0.1	复位 SR	Q0.1	2 队抢答显示
I0.2	1 队抢答 S1	Q0.2	3 队抢答显示
I0.3	2 队抢答 S2	Q0.3	4 队抢答显示
I0.4	3 队抢答 S3	Q0.4	数码控制端子 A
I0.5	4 队抢答 S4	Q0.5	数码控制端子 B
—	—	Q0.6	数码控制端子 C
—	—	Q0.7	数码控制端子 D

②PLC 接线图,如图 8-4 所示。

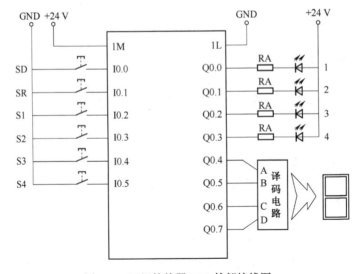

图 8-4　四组抢答器 PLC 外部接线图

（2）编制顺序启动控制 PLC 程序

具体编制方法略。

（3）程序下载及调试

①按控制接线图连接控制回路。

②将编译无误的控制程序下载至 PLC 中,并将模式选择开关拨至 RUN 状态。

③分别点动"开始"开关,允许 1~4 队抢答。分别点动 S1~S4 按键,模拟 4 个队进行抢答,观察并记录系统响应情况。

④尝试编译新的控制程序,实现不同于示例程序的控制效果。

（4）思考与总结

①尝试分析某队抢答后是如何将其他队的抢答动作进行屏蔽的。

②尝试编写五组、六组、七组、八组抢答器控制的程序。

③完成任务训练报告。

5. 任务评价

从 I/O 分配、PLC 硬件接线、PLC 程序编制及调试运行等方面进行综合评价。

任务三　PLC 实现电动机星形-三角形降压启动控制

1. 任务目的

①掌握用 PLC 实现电动机的典型控制的方法。

②熟练掌握西门子 S7-200 PLC 控制系统接线及调试步骤。

③熟悉编程的简单方法和步骤。

2. 任务内容

①点动控制:按下正转启动按钮 SF1,电动机作星形连接运转,松开 SF1 电动机即停。

②长动控制:按下启动按钮 SF1,电动机做星形连接启动并持续运转,只有按下停止按钮 SF3 时电动机才停止运转。

③正反转控制:按下启动按钮 SF1,电动机做星形连接启动,电动机正转;按反转启动按钮 SF2,电动机做星形连接启动,电动机反转;如需正反转切换,应首先按下停止按钮 SF3,使电动机处于停止工作状态,方可对其做旋转方向切换。

④星-三角换接启动控制:按启动按钮 SF1,电动机做星形连接启动;6 s 后电动机转为三角形方式运行;按下停止按钮 SF3,电动机停止运行。

3. 任务准备

①PLC 实验装置一套。

②编程计算机一台。

③PC/PPI 通信电缆一条。

④连接导线若干。

4. 任务实施

（1）I/O 分配表及接线图

①I/O 分配,如表 8-3 所示。

表 8-3　I/O 分配

输	入	输	出
I0.0	正转启动按钮 SF1	Q0.0	接触器 QA1
I0.1	反转启动按钮 SF2	Q0.1	接触器 QA2
I0.2	停止按钮 SF3	Q0.2	接触器 QA3
—	—	Q0.3	接触器 QA4

②电动机控制主回路,如图 8-5 所示。

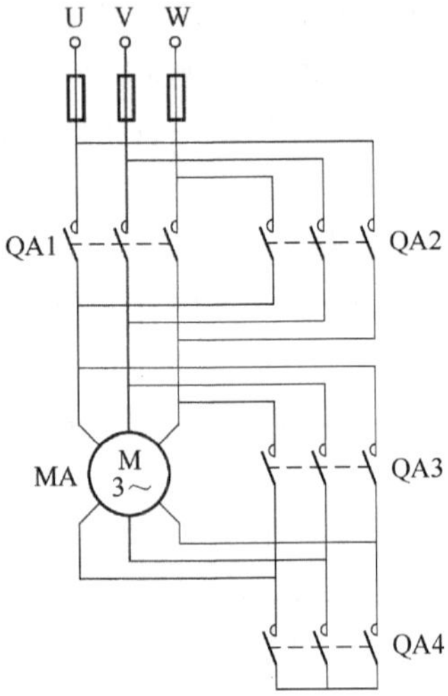

（2）编制典型电动机控制 PLC 程序

具体编制方法略。

（3）程序下载及调试

①连接 PLC 与上位计算机及外围设备。

②根据控制任务编制实训程序,确认无误后,将程序下载至 PLC 中。

③操作按钮 SF1～SF3,观察并记录程序运行情况和输出状态。

（4）注意事项

①SF1～SF3 应选用自复式按键。

②各程序中的各输入、输出应与外部实际 I/O 正确连接。

（5）思考与总结

①试比较 PLC 控制与常规电气控制电路的区别与联系。

②完成任务训练报告。

图 8-5　电动机控制主回路

5. 任务评价

从 I/O 分配、PLC 硬件接线、PLC 程序编制及调试运行等方面进行综合评价。

任务四　自动车库管理控制

1. 任务目的

①掌握用 PLC 实现自动车库管理控制的方法。

②熟练掌握西门子 S7-200 PLC 控制系统接线及调试步骤。

③熟悉编程的简单方法和步骤。

2. 任务内容

编制自动车库管理控制程序并调试:

①车库容量为 50 辆车。

②每当进一辆车时,门禁器向 PLC 发送一个信号,车库门开启,停车场的当前车辆数加 1,车库门开至碰触限位开关后停止,30 s 后车库门关闭,碰触限位开关后停止。

③每当出一辆车时,门禁器向 PLC 发送一个信号,车库门开启,停车场的当前车辆数减 1,车库门开至碰触限位开关后停止,30 s 后车库门关闭,碰触限位开关后停止。

④在关门过程中如有车要进出,车库门马上打开。

⑤当停车场车停满后,显示车位已满信号,不允许车辆进入。

3. 任务准备

①PLC 实验装置一套。

②编程计算机一台。

③PC/PPI 通信电缆一条。

④连接导线若干。

4. 任务实施

(1)I/O 分配表及接线图

①I/O 分配,如表 8-4 所示。

表 8-4　I/O 分配

输　　　入		输　　　出	
I0.0	车进开关	Q0.0	入车开门
I0.1	车出开关	Q0.1	入车关门
I0.2	车进开门限位开关(进开限)	Q0.2	出车开门
I0.3	车进关门限位开关(进关限)	Q0.3	出车关门
I0.4	车出开门限位开关(出开限)	Q0.4	车位已满信号
I0.5	车出关门限位开关(出关限)		

②PLC 外部接线图,如图 8-6 所示。

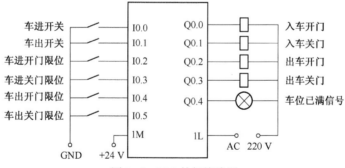

图 8-6　PLC 外部接线图

(2)编制自动车库管理控制 PLC 程序

具体编制方法略。

(3)程序下载及调试

①连接 PLC 与上位计算机及外围设备。

②根据控制任务编制实训程序,确认无误后,将程序下载至 PLC 中。

③操作按钮 SF1～SF6 来模拟输入信号,观察 Q0.0～Q0.4 输出信号状态,观察并记录程序运行情况。

(4)注意事项

①SF1～SF6 应选用自复式按键。

②各程序中的各输入、输出应与外部实际 I/O 正确连接。

(5)思考与总结

①试讨论,如果在原方案基础上增加用于指示已停车辆数的指示灯,该怎么修改程序。

②完成任务训练报告。

5. 任务评价

从 I/O 分配、PLC 硬件接线、PLC 程序编制及调试运行等方面进行综合评价。

任务五 多种液体混合装置控制

1. 任务目的

①掌握正/负跳变指令的使用及编程。

②用 PLC 构成多种液体混合控制系统。

2. 任务内容

①总体控制要求:图 8-7 所示 3 种液体混合模拟装置,由液面传感器 SL1、SL2、SL3,液体 A、B、C,混合液阀门(由电磁阀 YV1、YV2、YV3、YV4)组成,搅匀电动机 YKM,加热器 H,温度传感器 T 组成。实现三种液体的混合,搅匀,加热等功能。

②打开"启动"开关,装置投入运行。首先液体 A、B、C 阀门关闭,混合液阀门打开 10 s 将容器放空后关闭;然后液体 A 阀门打开,液体 A 流入容器;当液面到达 SL3 时,SL3 接通,关闭液体 A 阀门,打开液体 B 阀门;液面到达 SL2 时,关闭液体 B 阀门,打开液体 C 阀门;液面到达 SL1 时,关闭液体 C 阀门。

③搅匀电动机开始搅匀,加热器开始加热。当混合液体在 6 s 内达到设置温度时,加热器停止加热,搅匀电动机工作 6 s 后停止搅动;当混合液体加热 6 s 后还没有达到设置温度,加热器继续加热,当混合液达到设定的温度时,加热器停止加热,搅匀电动机停止工作。

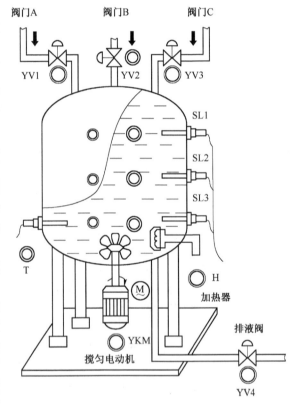

图 8-7 3 种液体混合装置

④搅匀结束以后,混合液体阀门打开,开始放出混合液体。当液面下降到 SL3 时,SL3 由接通变为断开,再过 2 s 后,容器放空,混合液阀门关闭,开始下一周期。

⑤关闭"启动"开关,在当前的混合液处理完毕后,停止操作。

3. 任务准备

①PLC 实验装置一套。

②编程计算机一台。

③PC/PPI 通信电缆一条。

④连接导线若干。

⑤液体混合实验板。

4. 任务实施

(1)I/O 分配表(见表 8-5)

表 8-5　I/O 分配表

输　　入		输　　出	
I0.0	启动	Q0.0	进液电磁阀 YV1
I0.1	液位传感器 SL1	Q0.1	进液电磁阀 YV2
I0.2	液位传感器 SL2	Q0.2	进液电磁阀 YV3
I0.3	液位传感器 SL3	Q0.3	排液电磁阀 YV4
I0.4	温度传感器 T	Q0.4	搅拌电机 M
—	—	Q0.5	加热器 H

(2)根据控制要求编制 3 种液体混合控制 PLC 程序

具体编制方法略。

(3)程序下载及调试

①连接 PLC 与上位计算机及外围设备。

②使用 STEP 7-Micro/WIN 编程软件,编制实训程序,确认无误后,将程序下载至 PLC。

③合上"开始"开关,观察并记录系统响应情况。

打开"启动"开关,SL1、SL2、SL3 拨至 OFF,观察液体混合阀门 YV1、YV2、YV3、YV4 的工作状态;等待 20 s 后,观察液体混合阀门 YV1、YV2、YV3、YV4 的工作状态有何变化,依次将 SL3、SL2、SL1 液面传感器扳至 ON,观察系统各阀门、搅动电动机 YKM 及加热器 H 的工作状态;将测温传感器的开关打到 ON,观察系统各阀门、搅动电动机 YKM 及加热器 H 的工作状态;依次将 SL1、SL2、SL3 液面传感器扳至 OFF,观察系统各阀门、搅动电动机 YKM 及加热器 H 的工作状态;关闭"启动"开关,系统停止工作。

(4)注意事项

根据控制要求,利用开关的上升、下降沿产生一个扫描周期的脉冲,作为输出的置位、复位信号。

(5)思考与总结

①考虑是否可以使用其他指令编写多种液体混合控制程序。

②完成项目训练报告。

5. 任务评价

从 I/O 分配、PLC 硬件接线、PLC 程序编制及调试运行等方面进行综合评价。

任务六　十字路口交通灯的控制

1. 任务目的

①掌握置位指令、定时器指令、比较指令及左移指令的使用及编程方法。

②掌握十字路口交通灯控制系统的接线、调试、操作方法。

2. 任务内容

图 8-8 所示为城市十字路口交通灯示意图,在十字路口的东南西北方向装设有红灯、绿灯、黄灯,它们按照一定时序轮流发亮。信号灯受一个启动开关控制,当启动开关接通时,信号灯系统开始工作,具体的控制要求如图 8-9 所示;当启动开关断开时,所有信号灯熄灭。其中闪烁控制,按亮灭各占一半时间计算,如闪烁 3 s,亮 1.5 s,灭 1.5 s。

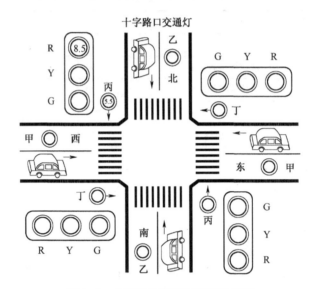

图 8-8 十字路口交通灯控制示意图

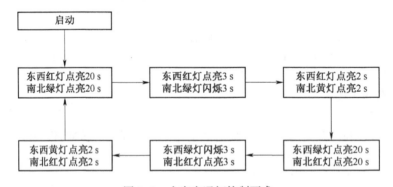

图 8-9 十字交通灯控制要求

3. 任务准备

①PLC 实验装置一套。

②编程计算机一台。

③PC/PPI 通信电缆一条。

④连接导线若干。

⑤液体混合实验板。

4. 任务实施

(1)I/O 分配表(见表 8-6)

表 8-6　I/O 分配表

序　　号	PLC 地址	电气符号	功能说明
1	I0.0	SD	启动
2	Q0.0	EW_G	东西绿灯
3	Q0.1	EW_Y	东西黄灯
4	Q0.2	EW_R	东西红灯
5	Q0.3	NS_G	南北绿灯
6	Q0.4	NS_Y	南北黄灯
7	Q0.5	NS_R	南北红灯

（2）编制 PLC 控制程序并调试

具体编制方法略。

（3）PLC 外部接线图

PLC 外部接线图如图 8-10 所示。

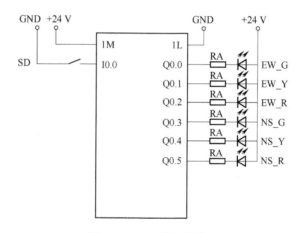

图 8-10　PLC 外部接线图

（4）程序下载及调试

①连接 PLC 与上位计算机及外围设备。

②使用 STEP 7-Micro/WIN 编程软件,编制实训程序,确认无误后,将程序下载至 PLC,参考程序如图 8-11 所示。

③拨动启动开关 SD 为 ON 状态,观察并记录东西、南北方向主指示灯及各方向人行道指示灯点亮状态。

（5）思考与总结

①尝试分析整套系统的工作过程。

②尝试用其他不同于示例程序所用的指令编译新程序,实现新的控制过程。

③完成项目训练报告。

5. 任务评价

从 I/O 分配、PLC 硬件接线、PLC 程序编制及调试运行等方面进行综合评价。

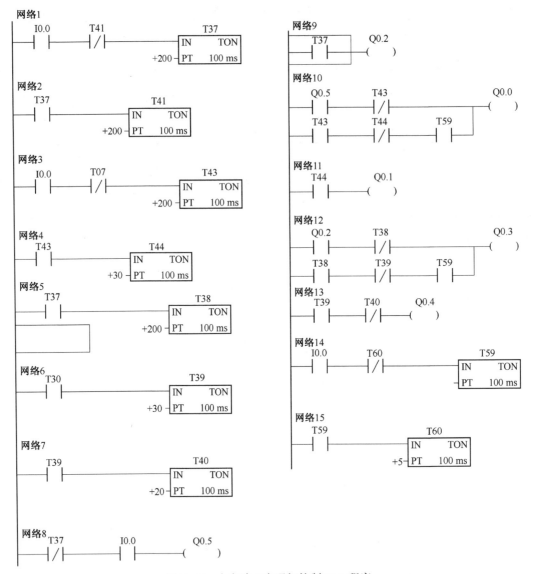

图 8-11　十字路口交通灯控制 PLC 程序

任务七　天塔之光控制

1. 任务目的

①掌握移位指令的使用及编程方法。

②用 PLC 构成各种灯光控制系统。

2. 任务内容

天塔之光实验装置如图 8-12 所示，要求：

（1）闭合"启动"开关

指示灯按以下规律循环显示：L1→L2→L3→L4→L5→L6→L7→L8→L1→L2、L3、L4→L5、L6、

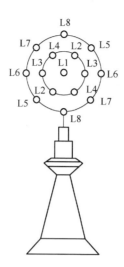

图 8-12 天塔之光实验装置

L7、L8→L1→L2、L3、L4→L5、L6、L7、L8→L1→L2、L3、L4→L5、L6、L7、L8→L1→L1、L2→L1、L3→
L1、L4→L1、L8→L1、L7→L1、L6→L1、L5→L1、L2、L3、L4→L1、L5、L6、L7、L8、→L1、L2、L3、L4、L5、
L6、L7、L8→L1。

（2）关闭"启动"开关，天塔之光控制系统停止运行

3. 任务准备

①PLC 实验装置一套。

②编程计算机一台。

③PC/PPI 通信电缆一条。

④连接导线若干。

⑤天塔之光显示实验板。

4. 任务实施

（1）I/O 分配表（表 8-7）

表 8-7 I/O 分配表

输　　　　入		输　　　　出	
I0.0	启动开关	Q0.0~Q0.7	指示灯 L1~L8

（2）根据控制要求编制 PLC 程序

具体编制方法略。

（3）程序下载及调试

①连接 PLC 与上位计算机及外围设备。

②使用 STEP 7-Micro/WIN 编程软件，编制实训程序，确认无误后，将程序下载至 PLC。

③合上"开始"开关，观察并记录系统响应情况。

（4）注意事项

①启动开关选用自保持式开关。

②各程序中的各输入、输出应与外部实际 I/O 正确连接。

（5）思考与总结

①完成项目训练报告。

②试编制发射型闪烁控制程序，并上机调试运行。控制要求为：L1 亮 2 s 后灭，接着 L2~L4 亮 2 s 后灭，接着 L5~L8 亮 2 s 后灭，接着 L1 亮 2 s 后灭……如此循环。

③使用顺序控制指令能否实现天塔之光控制？

5. 任务评价

从 I/O 分配、PLC 硬件接线、PLC 程序编制及调试运行等方面进行综合评价。

任务八 装配流水线控制

1. 任务目的

①掌握移位寄存器指令的使用及编程。

②掌握装配流水线控制系统的接线、调试、操作。

2. 任务内容

①总体控制要求：如面板图 8-13 所示，系统中的操作工位 A、B、C，运料工位 D、E、F、G 及仓库操作工位 H 能对工件进行循环处理。

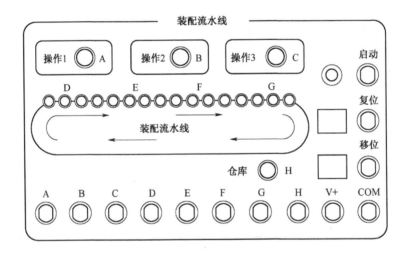

图 8-13 装配流水线面板图

②闭合"启动"开关，工件经过传送工位 D 送至操作工位 A，在此工位完成加工后再由传送工位 E 送至操作工位 B……依次传送及加工，直至工件被送至仓库操作工位 H，由该工位完成对工件的入库操作，循环处理。

③断开"启动"开关，系统加工完最后一个工件入库后，自动停止工作。

④按"复位"键，无论此时工件位于任何工位，系统均能复位至起始状态，即工件又重新开始从传送工位 D 处开始运送并加工。

⑤按"移位"键，无论此时工件位于任何工位，系统均能进入单步移位状态，即每按一次"移位"键，工件前进一个工位。

⑥程序流程图如图 8-14 所示。

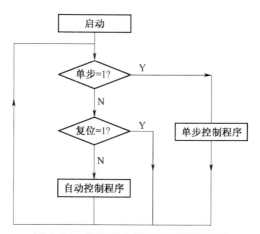

图 8-14 装配流水线控制程序流程图

3. 任务准备

①S7-200PLC 实训装置一台。

②装配流水线实训挂箱一个。

③导线若干。

④PC/PPI 通信编程电缆一个。

⑤计算机一台。

4. 任务实施

（1）端口分配及接线图

①端口分配及功能表，如表 8-8 所示。

表 8-8 端口分配及功能表

序 号	PLC 地址（PLC 端子）	电气符号（面板端子）	功 能 说 明
1	I0.0	SD	启动（SD）
2	I0.1	RS	复位（RS）
3	I0.2	ME	移位（ME）
4	Q0.0	A	工位 A 动作
5	Q0.1	B	工位 B 动作
6	Q0.2	C	工位 C 动作
7	Q0.3	D	运料工位 D 动作
8	Q0.4	E	运料工位 E 动作
9	Q0.5	F	运料工位 F 动作
10	Q0.6	G	运料工位 G 动作
11	Q0.7	H	仓库操作工位 H 动作
12	主机 1M、面板 V+接电源+24 V		电源正端
13	主机 1L、2L、3L、面板 COM 接电源 GND		电源地端

②PLC 外部接线图，如图 8-15 所示。

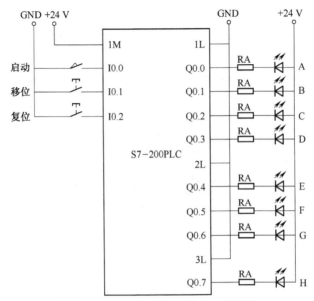

图 8-15　装配流水线控制 PLC 接线图

（2）按照控制要求编制装配流水线控制 PLC 程序

具体编制方法略。

（3）操作步骤

①检查实训设备中器材及调试程序。

②按照 I/O 端口分配表或接线图完成 PLC 与实训模块之间的接线，认真检查，确保正确无误。

③打开示例程序或用户自己编写的控制程序，进行编译，有错误时根据提示信息修改，直至无误，用 PC/PPI 通信编程电缆连接计算机串口与 PLC 通信端口，打开 PLC 主机电源开关，下载程序至 PLC 中，下载完毕后将 PLC 的 RUN/STOP 开关拨至 RUN 状态。

④打开"启动"按钮后，系统进入自动运行状态，调试装配流水线控制程序并观察自动运行模式下的工作状态。

⑤按"复位"键，观察系统响应情况。

⑥按"移位"键，系统进入单步运行状态，连续按"移位"键，调试装配流水线控制程序并观察单步移位模式下的工作状态。

（4）思考与总结

①总结移位寄存器指令的使用方法。

②总结记录 PLC 与外围设备的接线过程及注意事项。

③完成项目训练报告。

5. 任务评价

从 I/O 分配、PLC 硬件接线、PLC 程序编制及调试运行等方面进行综合评价。

任务九　三层电梯的 PLC 控制

1. 任务目的

①掌握 RS 触发器、定时器等指令的使用及编程。

②掌握三层电梯控制系统的接线、调试、操作。

2. 任务内容

控制要求如下：

①电梯由安装在各楼层电梯口的上升下降呼叫按钮（U1、U2、D2、D3），电梯轿厢内楼层选择按钮（S1、S2、S3），上升下降指示（UP、DOWN），各楼层到位行程开关（SQ1、SQ2、SQ3）组成。电梯自动执行呼叫。

②电梯在上升的过程中只响应向上的呼叫，在下降的过程中只响应向下的呼叫，电梯向上或向下的呼叫执行完成后再执行反向呼叫。

③电梯等待呼叫时，同时有不同呼叫时，谁先呼叫执行谁。

④具有呼叫记忆、内选呼叫指示功能。

⑤具有楼层显示、方向指示、到站声音提示功能。

3. 任务准备

①S7-200PLC 实训装置一台。

②三层电梯实训挂箱一个。

③导线若干。

④PC/PPI 通信编程电缆一个。

⑤计算机一台。

图 8-16 所示为三层电梯实训挂箱面板图。

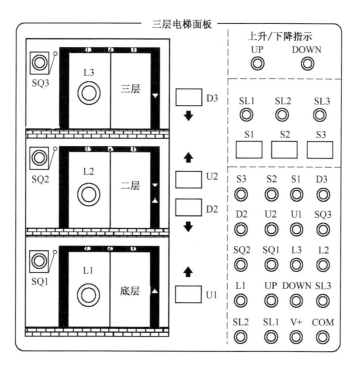

图 8-16　三层电梯面板图

4. 任务实施

（1）功能指令使用及程序流程图

①RS 触发器指令使用。复位优先触发器是一个复位优先的锁存器。图 8-17 所示为 RS 触

发器的一个使用例子,当 I0.0 为 ON,I0.1 为 OFF 时,Q0.0 被置位;当 I0.1 为 ON,I0.0 为 OFF 或 I0.0 为 ON,I0.1 为 ON 时,Q0.0 被复位。

②程序流程图,如图 8-18 所示。

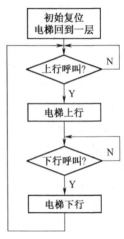

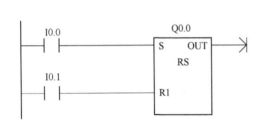

图 8-17 RS 触发器用法图　　　　　图 8-18 程序流程图

(2)功能指令使用及程序流程图

①I/O 分配及功能表,如表 8-9 所示。

表 8-9　I/O 分配及功能表

序号	PLC 地址 (PLC 端子)	电气符号 (面板端子)	功 能 说 明	序号	PLC 地址 (PLC 端子)	电气符号 (面板端子)	功 能 说 明
0	I0.0	S3	三层内选按钮	13	Q0.3	DOWN	轿厢下降指示
1	I0.1	S2	二层内选按钮	14	Q0.4	UP	轿厢上升指示
2	I0.2	S1	一层内选按钮	15	Q0.5	SL3	三层内选指示
3	I0.3	D3	三层下呼按钮	16	Q0.6	SL2	二层内选指示
4	I0.4	D2	二层下呼按钮	17	Q0.7	SL1	一层内选指示
5	I0.5	U2	二层上呼按钮	18	Q1.0	八音盒6	到站声
6	I0.6	U1	一层上呼按钮	19	Q2.0	A	数码控制端子 A
7	I0.7	SQ3	三层行程开关	20	Q2.1	B	数码控制端子 B
8	I1.0	SQ2	二层行程开关	21	Q2.2	C	数码控制端子 C
9	I1.1	SQ1	一层行程开关	22	Q2.3	D	数码控制端子 D
10	Q0.0	L3	三层指示	23	主机 1M、面板 V+ 接电源+24V		电源正端
11	Q0.1	L2	二层指示	24	主机 1L、2L、3L、 面板 COM 接电源 GND		电源地端
12	Q0.2	L1	一层指示				

②PLC 外部接线图,如图 8-19 所示。

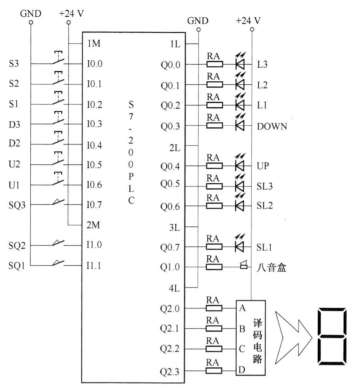

图 8-19　三层电梯控制 PLC 外部接线图

（3）按照控制要求编制三层电梯控制 PLC 程序

具体编制方法略。

（4）操作步骤

①检查实训设备中器材及调试程序。

②按照 I/O 端口分配表或接线图完成 PLC 与实训模块之间的接线,认真检查,确保正确无误。

③打开示例程序或用户自己编写的控制程序,进行编译,有错误时根据提示信息修改,直至无误,用 PC/PPI 通信编程电缆连接计算机串口与 PLC 通信口,打开 PLC 主机电源开关,下载程序至 PLC 中,下载完毕后将 PLC 的"RUN/STOP"开关拨至 RUN 状态。

④将行程开关 SQ1 拨到 ON,SQ2、SQ3 拨到 OFF,表示电梯停在底层。

⑤选择电梯楼层选择按钮或上下按钮。例如按下 D3 电梯方向指示灯 UP 亮,底层指示灯 L1 亮,表明电梯离开底层。将行程开关 SQ1 拨到 OFF,二层指示灯 L2 亮,将行程开关 SQ2 拨到 ON 表明电梯到达二层。将行程开关 SQ2 拨到 OFF 表明电梯离开二层。三层指示灯 L3 亮,将行程开关 SQ3 拨到 ON 表明电梯到达三层。

⑥重复步骤⑤,按下不同的选择按钮,观察电梯的运行过程。

（5）思考与总结

①总结 RS 触发器指令的使用方法。

②总结记录 PLC 与外部设备的接线过程及注意事项。

③完成项目训练报告。

5. 任务评价

从 I/O 分配、PLC 硬件接线、PLC 程序编制及调试运行等方面进行综合评价。

参 考 文 献

[1] 王永华.现代电气控制及 PLC 应用技术[M].3 版.北京:北京航空航天大学出版社,2013.

[2] 张君霞,戴明宏.电气控制与 PLC(西门子)[M].北京:机械工业出版社,2012.

[3] 方承远.工厂电气控制技术[M].北京:机械工业出版社,2000.

[4] 王仁祥.常用低压电器原理及其控制技术[M].北京:机械工业出版社,2006.

[5] 西门子公司.SIMATIC S7-200 可编程序控制器系统手册[M].2004.

[6] 李长久.PLC 原理及应用[M].北京:机械工业出版社,2006.

[7] 赵春生.可编程序控制器应用技术[M].北京:人民邮电出版社,2008.

[8] 张永革.电气控制与 PLC[M].天津:天津大学出版社,2013.

[9] 吕清泉.自动化生产线安装与调试[M].北京:中国铁道出版社,2010.

[10] 赵春生.可编程序控制器应用技术[M].北京:人民邮电出版社,2008.

[11] 阳宪惠.工业数据通信与控制网络[M].北京:清华大学出版社,2003.

[12] 中华人民共和国国家标准 GB/T 5094-2003—2005.工业系统、装置与设备以及工业产品-结构原则与参照代号[S].北京:中国标准出版社,2005.

[13] 中华人民共和国国家标准 GB/T 20939-2007.技术产品及技术产品文件结构原则字母代码-按项目用途和任务划分的主类和子类[S].北京:中国标准出版社,2007.